◎山东大学出版基金资助项目(SDUPF036)

水工结构力学分析方法

刘建华　编著
韩　勃　主审

山东大学出版社
SHANDONG UNIVERSITY PRESS
·济南·

内容简介

本书阐述了水工建筑物设计中多个方面力学计算的理论与方法，共7章，包括绪论、土石坝的稳定计算、土石坝渗流计算的有限单元法、大体积混凝土水工结构温度场计算的有限单元法、水工建筑物应力和变形计算的有限单元法、有限单元法计算水工结构力学问题时的若干理论和方法、一个新的弹塑性屈服(破坏)准则。

本书可作为水利、土木等专业本科生和研究生的教材或参考书，也可作为相关专业工程技术人员的参考用书。

图书在版编目(CIP)数据

水工结构力学分析方法/刘建华编著. --济南：山东大学出版社，2024.7

智能建造与智慧交通系列教材

ISBN 978-7-5607-7803-7

Ⅰ.①水… Ⅱ.①刘… Ⅲ.①水工结构－结构力学－教材 Ⅳ.①TV3

中国国家版本馆CIP数据核字(2023)第217773号

策划编辑 祝清亮

责任编辑 蒋新政

封面设计 王秋忆

水工结构力学分析方法

SHUIGONG JIEGOU LIXUE FENXI FANGFA

出版发行 山东大学出版社

社　　址 山东省济南市山大南路20号

邮政编码 250100

发行热线 (0531)88363008

经　　销 新华书店

印　　刷 山东和平商务有限公司

规　　格 787毫米×1092毫米 1/16

17印张 360千字

版　　次 2024年7月第1版

印　　次 2024年7月第1次印刷

定　　价 58.00元

前　言

解决洪涝与干旱、工业农业及居民生活供水、水力发电、生态环境等水问题，控制和利用水资源，都需要建设水利工程、发展水利事业。各种类型水工建筑物的设计方法包括力学计算方法，若干水工建筑物教科书、专门科技书籍和不同水工建筑物的设计规范已经做了详细阐述，本书不再重复各种水工建筑物的力学计算方法。本书主要阐述水工建筑物设计中几个重要的力学计算的理论，包括土石坝的稳定计算、土石坝的渗流计算、大体积混凝土水工结构温度场计算、水工结构的应力与变形计算。本书侧重讲述新一代的有限元数值方法，以期帮助学生和工程技术人员理解、掌握与应用这几个理论与方法，提高专业素质和能力。

本书还介绍了一个由作者提出的岩土类材料弹塑性屈服(破坏)准则。书中不同方面的计算，附有相应的Fortran语言计算程序，还附有几个AutoCAD VBA程序。这些计算程序都通过了算例考核，读者可以直接应用，也可以在该程序基础上进行扩展编程、增加功能，以满足自己的应用需要。作者期望本书对水工结构力学计算的教学和水工建筑物的工程设计有所帮助。

本书由山东大学土建与水利学院教师刘建华编著，由山东大学土建与水利学院韩勃教授主审。作者在水工结构工程领域进行了多年教学和科研工作，所教课程有水工建筑学、水工结构数值分析方法、水工结构力学分析方法等本科生和硕士研究生课程。

本书得到了山东大学出版基金的资助，作者所在学院及山东大学出版社也给予了大力支持。作者在此表示深深的感谢。

本书编写时参考了若干已经出版的书籍和已经发表的文献，参考文献中未一一列出，在此向各位作者一并表示衷心的感谢。

由于作者的水平有限，书中难免存在不当之处，诚恳地希望读者们批评指正。

作　者

2024年6月

前言

目　录

绪　论

水工建筑物,或者水工建筑物的某一构件或组成部分,均属于水工结构。例如,土石坝、拱坝、重力坝、水闸等水工建筑物属于水工结构;土石坝的防渗心墙、地基,水闸的底板、闸墩、机架桥等水工建筑物的组成部分或构件也属于水工结构。水工结构不仅包括混凝土结构、钢筋混凝土结构、土石料结构、土基和岩基,也包括金属结构等,如水工钢闸门。水工结构力学分析主要针对这些结构和介质。

水利工程中水工建筑物的类型有:

(1)挡水建筑物:坝、闸、堤防等。

(2)泄水建筑物:泄水重力坝、泄水拱坝、水闸、岸边溢洪道、泄水隧洞等。

(3)输水建筑物:输水隧洞、输水涵管、渠道、渡槽等。

(4)取(进)水建筑物:引水隧洞的进口段、灌溉渠首、进水闸、扬水站等。

(5)河流整治建筑物:丁坝、顺坝、导流堤、护底、护坡等。

(6)专门建筑物:水电站建筑物(如压力前池、调压室、厂房、尾水隧洞等),灌渠沉沙池、冲沙闸,过坝建筑物(如船闸、升船机、鱼道、过木道)等。

主要和常用的水工建筑物有重力坝、拱坝、土石坝、水闸、岸边溢洪道、水工隧洞、水工地下洞室、过坝建筑物(通航建筑物、过木建筑物)、渠首及渠系建筑物(渠道、渡槽、倒虹吸、涵洞等)、河流整治建筑物(丁坝、顺坝、护底、护岸等)。

水工建筑物的设计,一方面需要通过理论计算分析,另一方面极其依赖工程经验。尤其是大型或重要建筑物的设计,理论计算分析是必不可少的。水工结构的理论计算分析可分为水力学和力学分析两个主要方面。水工结构力学分析主要包括结构应力与材料强度、变形、稳定性、渗流以及温度场等计算分析。结构应力与材料强度计算可采用材料力学方法和结构力学方法,如重力坝的应力与强度计算采用材料力学法,拱坝的应力与强度计算采用拱梁分载法、将坝体空间结构转化为结构力学杆件体系;水工结构稳定计算可采用刚体极限平衡法,如重力坝、拱坝、土石坝、水闸等建筑物的稳定性计算均采用刚体极限平衡法;水工结构渗流计算也需针对不同情况,采用不同的近似方法。这些方法被称为常规方法。材料力学方法、结构力学方法、刚体极限平衡法仍是当前水工结构有关力学计算分析的主要方法。

除了常规方法,有限单元法是水工结构力学计算分析的重要方法,可用于水工结构应力与材料强度、变形、稳定性、渗流和温度场等方面的计算分析,或者为常规方法提供校核或论证,或者作为主要计算方法。在渗流和温度场计算中,有限单元法已成为主要方法,一些传统近似理论方法已不宜再使用;一般情况下,有限单元法渗流计算还可取代渗流模拟试验,水工结构渗流分析已很少采用试验法。水工混凝土结构内力计算与配筋可直接采用有限单元法计算。

不同水工建筑物设计需要的力学计算概述如下。

1.重力坝设计的力学计算

重力坝设计的力学计算包括重力坝抗滑稳定计算、坝体应力计算、浇筑块温度与坝体稳定温度场计算、重力坝抗震计算等几个主要方面。

重力坝抗滑稳定计算是用来核算坝体沿坝基面或坝基内软弱结构面的抗滑稳定安全度的。其计算方法在我国以刚体极限平衡法为主,重要工程或复杂地基情况多采用有限单元法或地质力学模型试验复核。

刚体极限平衡法是指通过研究判断,选取可能的滑动面和滑动体,将滑动体划分为一块或多块刚体,基于一个或数个刚体作用力平衡方程,计算坝体抗滑稳定安全度。我国水利部门重力坝设计规范采用"单一安全系数法",将抗滑稳定安全系数定义为沿滑动面极限抗滑剪力与实际抗滑剪力的比值,基于刚体作用力平衡方程,计算出抗滑稳定安全系数,以表示坝体的抗滑稳定安全度。我国水电能源部门重力坝设计规范采用基于概率可靠度理论的"分项系数极限状态设计法",要求坝体抗滑稳定性满足有关设计表达式,以满足坝体抗滑稳定可靠度不低于目标可靠度。

重力坝坝体应力计算用于核算材料强度,目前主要采用的计算方法是材料力学法,重要工程或复杂情况须采用有限单元法复核。

重力坝浇筑块温度计算用于确定混凝土浇筑块的最高温度、最高平均温度、最大内外温差等指标,以用于重力坝施工期温度控制。重力坝坝体稳定温度场计算用于计算坝体的平均温度场,以进行重力坝纵缝或临时横缝接缝灌浆设计。重力坝浇筑块与坝体温度计算的主要方法是有限单元法。

2.拱坝设计的力学计算

拱坝设计的力学计算包括坝体应力计算、拱坝稳定计算、浇筑块温度与坝体稳定温度场计算、拱坝抗震计算等几个主要方面。

拱坝坝体应力计算的主要计算方法有拱梁分载法和有限单元法;对重要拱坝和高拱坝,或情况复杂的拱坝,除采用拱梁分载法外,还可采用有限单元法计算,必要时还需进行结构模型试验验证。

拱坝稳定计算主要是计算坝肩岩体在拱端力系作用下的抗滑稳定性。在我国,目前拱坝稳定计算多采用刚体极限平衡法,大型工程或复杂地基的建筑物,还需要辅以有限单元法和/或地质力学模型试验复核。

拱坝浇筑块温度计算用于确定混凝土浇筑块的最高温度、最高平均温度、最大内外温差等指标,以进行拱坝施工期温度控制。拱坝坝体稳定温度场计算用于计算坝体的平均温度场,以进行拱坝横缝封拱灌浆和纵缝接缝灌浆设计、确定拱坝的温度荷载。拱坝浇筑块温度与坝体稳定温度场计算的主要方法是有限单元法。

3.土石坝设计的力学计算

土石坝设计的力学计算包括土石坝渗流计算、土石坝稳定计算、土石坝沉降计算、土石坝应力与变形计算、土石坝抗震计算等几个主要方面。

土石坝渗流计算的方法有水力学近似公式方法、手绘流网法、电模拟试验方法和有限单元法。其中,有限单元法是工程渗流计算的一种有效方法,渗流计算有限单元法出现后,其他方法已很少再用。

我国土石坝设计中常采用刚体极限平衡法计算土石坝稳定性,具体有简化毕肖普法、摩根斯顿-普赖斯法等。较高的土石坝或重要的土石坝还应结合有限单元法对应力与变形进行计算、分析坝坡的稳定性,以及通过模型试验分析校核坝的稳定性。

土石坝沉降计算,是估算在土体自重和其他荷载作用下,竣工时坝体和坝基的沉降量和最终沉降量,用于竣工后确定坝顶的预留沉降超高和分析坝体裂缝,一般采用分层总和法。

重要和高度较大的土石坝、建于复杂或软弱地基上的土石坝应采用有限单元法进行坝的应力和变形计算,用于确定竣工后坝顶的预留沉降超高,分析坝体裂缝问题和分析坝体抗滑稳定性。

特高土石坝(一般指高度超过200 m的土石坝)还应分析研究长期流变变形、长期稳定性和耐久性问题。

4.水闸设计的力学计算

在水闸的设计过程中,水力学方面的计算包括闸孔过流计算、水闸防渗与排水设计计算、水闸消能与防冲设计计算等,力学方面的计算包括闸室、边墩、翼墙等单元的稳定计算,河岸边坡稳定计算,闸室构件内力与配筋计算,地基沉降计算,地基(如钢筋混凝土灌注桩基础)设计中的有关计算等。

5.水工隧洞设计的力学计算

在水工隧洞的设计过程中,水力学方面的计算包括过流能力计算、消能与防冲能力计算、高速水流问题(掺气、压力脉动、冲击波、空化空蚀)计算等。力学方面的计算包括隧洞围岩稳定性计算,围岩衬砌内力与材料强度计算、配筋计算,锚杆、锚索、钢拱架等支护构件的受力计算,进口结构(如进水塔、闸门井等)和出口结构(如控制闸等)设计中的构件内力与配筋计算、结构稳定性计算等。

隧洞围岩稳定性力学计算只是隧洞围岩稳定性分析和支护与衬砌方案确定的依据之一，具体还需要结合其他方法和判据（见下面“水电站地下厂房洞室群设计的力学计算”部分）。

6.水电站地下厂房洞室群设计的力学计算

水电站地下厂房洞室群设计的一个重要内容是研究分析洞室围岩的稳定性，确定支护方案。目前分析研究地下洞室围岩稳定性、确定支护方案的主要方法有：

（1）围岩工程地质分类：把地下洞室围岩的稳定性和支护方案作为一个工程地质问题。我国依据围岩的岩质类型、岩石强度、岩体完整程度、岩体结构、地下水等的特点和指标，将围岩工程地质分为五类，每种类型都有不同的稳定特点和建议支护方法。

（2）力学计算：把地下洞室围岩的稳定性和支护方案作为一个力学问题。采用有关理论与方法（有限单元法等），计算地下洞室围岩的稳定性，锚杆、锚索、钢拱架等支护构件的受力，为地下洞室围岩稳定性研究分析与支护方案的确定提供依据。

（3）工程类比：参考借鉴洞室规模与地质条件类似的已有工程，评价地下洞室围岩的稳定性和设计支护方案。

（4）地质力学模型试验。

（5）施工过程中观测监测：根据地下洞室开挖施工中观测监测到的地质情况及围岩稳定与变形情况，及时修正支护方案与支护参数，多采用预案设计与动态设计相结合、系统支护与随机支护相结合的方式。

地下洞室群设计中的力学计算是研究分析地下洞室围岩稳定性、确定支护方案的重要方法和重要内容。但研究分析地下洞室围岩的稳定性、确定支护方案，还不能完全依据力学计算，需要以上几种方法相结合。

7.岸边溢洪道设计的力学计算

岸边溢洪道是水利枢纽中的泄洪建筑物。在岸边溢洪道的设计过程中，水力学计算包括结合各段纵、横剖面尺寸的确定进行泄流能力与水面线计算，出口消能与防冲计算，高速水流问题（掺气、压力脉动、冲击波、空化空蚀）计算，收缩段、扩散段、转弯段水力学问题计算等。岸边溢洪道设计中的力学计算包括控制段水闸中各单元的稳定计算、水闸构件应力计算、材料强度校核、构件内力计算以及配筋计算等。

8.渠道、渡槽、倒虹吸、涵洞、跌水陡坡等渠系建筑物设计的力学计算

在渠道、渡槽、倒虹吸、涵洞、跌水陡坡等渠系建筑物的设计过程中，水力学计算主要是结合建筑物纵、横剖面尺寸的确定，进行输水能力与水面线计算。力学计算主要包括建筑物各单元的稳定性计算，包括抗滑、抗倾覆、地基承载力等方面，建筑物构件的内力与配筋计算等。

本书将水工结构力学计算方法中有限单元法之外的其他方法，称为水工结构力学计

算的常规方法。

采用有限单元法进行水工结构力学计算时，需要通过计算程序（软件）由计算机进行。采用常规方法进行水工结构力学计算时，也可以编写计算程序，利用计算机计算。

在水工结构力学计算中，针对许多方面的计算，包括重力坝稳定计算、重力坝应力计算、拱坝拱梁分载法应力计算、土石坝稳定计算、土石坝渗流计算、土石坝应力与变形计算、一些构件的内力与配筋计算等，人们开发了若干商业软件以供使用，包括常规方法的软件和有限单元法软件。

在水工结构力学计算中，工程技术人员如果能够使用熟悉的计算机语言（如Fortran语言、C语言、Java语言等）编写计算程序，利用计算机计算，将大大节省时间，提高计算效率和准确率。一方面，与使用商业软件计算相比，使用自己编写的程序计算具有更高的准确率和灵活性；由于对商业软件内部处理过程不了解，使用时可能发生错误，对其计算结果的精度和合理性可能无法判定。另一方面，自己编程计算一些问题，可以节约时间、经费，更有利于设计工作。通常情况下，采用常规方法的计算编程比有限单元法计算编程容易，但有些问题无法采用常规方法的计算编程来解决，此时需要使用有限单元法计算编程。

本书讲述水工结构力学计算中的多方面内容，侧重讲述有限单元法，并讲述了其他文献没有涉及或讲述不多的内容。

第1章　土石坝的稳定计算

土石坝的失稳破坏形式为部分坝体滑动塌落，土石坝稳定计算是土石坝设计中的重要内容。土石坝坝坡抗滑稳定计算采用刚体极限平衡法，具体计算方法有简化毕肖普法、摩根斯顿-普赖斯法、滑楔法等，在实际计算过程中，需要选取若干代表性工况和若干代表性断面，计算坝坡抗滑稳定安全系数，该系数应满足土石坝设计规范规定的安全系数标准。对于高度较大的土石坝，还应结合有限单元法对应力与变形进行计算、分析坝坡的稳定性，并可进行离心模型试验研究复核坝坡的稳定性。

本章主要讲述采用简化毕肖普法进行土石坝稳定计算。

1.1　简化毕肖普法、有关处理方法与计算程序

本节讲述简化毕肖普法的基本公式与特点，并给出了土石坝稳定计算有关处理方法和简化毕肖普法的计算程序。

1.1.1　简化毕肖普法简介

毕肖普法采用圆弧滑动面，并将滑动体划分为若干竖向土条。土条i受到的作用力如图1-1所示。

图1-1中，O、R分别为圆弧滑动面的圆心和半径；T_i为土条i滑动面（近似为平面，下同）上的剪力；N_i为土条i滑动面上的有效法向力；u_i为土条i滑动面上的孔隙水压力；E_i、E_{i+1}、X_i、X_{i+1}分别为土条i两个竖向侧面上作用的水平力和竖向力，是土条之间的相互作用力；W_i为土条i的重量；Q_i为土条i上作用的水平力，如水平地震惯性力；x_i为土条重量W_i的作用点与滑弧圆心点O在水平向的距离，即W_i对O点的力臂；e_i为水平力Q_i的作用点与滑弧圆心点O在竖向的距离，即Q_i对O点的力臂；α_i为土条i的滑动面与水平线的夹角。

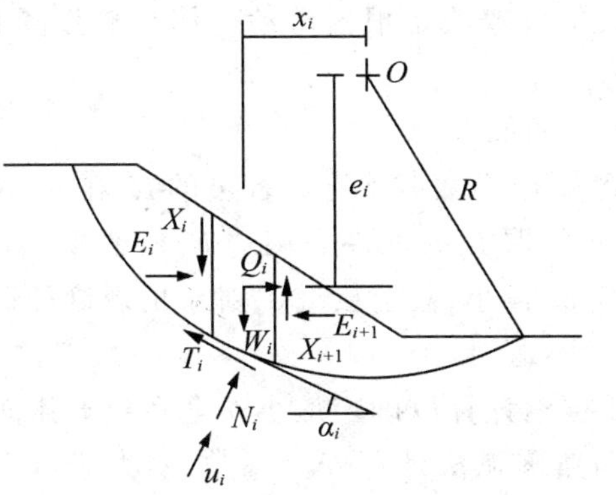

图1-1　土条i受到的作用力

基于莫尔-库伦准则，土条i底面的剪力为：

$$T_i=\frac{1}{K_c}\left(c_i'l_i+N_i\tan\varphi_i'\right) \tag{1-1}$$

式中，K_c为滑动体的抗滑稳定安全系数；c_i'、φ_i'分别为土条i滑动面上土体的有效抗剪强度指标——凝聚力和内摩擦角；l_i为土条i滑动面的长度。

土条i在竖向的平衡方程为：

$$\left(N_i+u_il_i\right)\cos\alpha_i=W_i+X_i-X_{i+1}-T_i\sin\alpha_i \tag{1-2}$$

将式(1-1)和式(1-2)联立求解，得到：

$$T_i=\frac{1}{K_c}\cdot\frac{1}{m_i}\left[c_i'b_i+\left(W_i-u_ib_i+X_i-X_{i+1}\right)\tan\varphi_i'\right] \tag{1-3}$$

式中，参数$m_i=\cos\alpha_i(1+\tan\alpha_i\tan\varphi_i'/K_c)$；$b_i$为土条$i$的水平宽度。

滑动土体对滑弧圆心点O的整体力矩平衡方程为：

$$\sum W_ix_i-\sum T_iR+\sum Q_ie_i=0 \tag{1-4}$$

将式(1-3)代入式(1-4)，得到毕肖普法抗滑稳定安全系数方程为：

$$K_c=\frac{\sum\frac{1}{m_i}\left[c_i'b_i+\left(W_i-u_ib_i+X_i-X_{i+1}\right)\tan\varphi_i'\right]}{\sum W_i\sin\alpha_i+\sum Q_ie_i/R} \tag{1-5}$$

式(1-5)中，由于X_i和X_{i+1}是未知的，为使问题可解，毕肖普假定X_i和X_{i+1}近似相等、可相互抵消，即可取$X_i-X_{i+1}=0$，由此得到简化毕肖普法抗滑稳定安全系数方程为：

$$K_c=\frac{\sum\frac{1}{m_i}\left[c_i'b_i+(W_i-u_ib_i)\tan\varphi_i'\right]}{\sum W_i\sin\alpha_i+\sum Q_ie_i/R} \tag{1-6}$$

使用简化毕肖普法时，通常根据式(1-6)确定坝坡抗滑稳定安全系数K_c。由式(1-1)可知，简化毕肖普法抗滑稳定安全系数K_c的定义是土条滑动面上的极限抗滑力与滑动土体处于平衡状态时土条滑动面上的实际抗滑力的比值，且各土条的抗滑稳定安全系数取值相同。由式(1-4)可知,毕肖普法是根据滑动土体绕滑弧圆心的整体力矩平衡方程来确定抗滑稳定安全系数的。

简化毕肖普法的应用说明如下。

(1)式(1-6)两边均含安全系数K_c(公式右边的K_c在m_i的表达式中),需要迭代求解。可假定公式右边K_c初值取1,并取左右两边K_c值的平均值进行迭代计算。

(2)α_i为负值可能会使m_i很小,甚至接近0,对于出现这种情况的滑弧,简化毕肖普法计算的安全系数误差较大、不适用。

建议在进行大量滑弧搜索计算以确定最小安全系数滑弧面及安全系数的过程中,同时采用简化毕肖普法和瑞典圆弧法计算安全系数,对发生以下情况的滑弧面,应进行标记和专门研究。

①滑弧面中存在m_i很小的土条(钱家欢、殷宗泽主编的《土工原理与计算(第二版)》一书中建议$m_i \leqslant 0.2$)。

②简化毕肖普法安全系数计算值小于瑞典圆弧法安全系数计算值的滑弧面。

③在一定误差控制标准下,式(1-6)迭代求解不收敛、安全系数K_c无解的滑弧面。

对出现以上情况的滑弧面的专门研究包括:研究这些滑弧面的合理的安全系数值,包括采用其他方法进行计算,对计算不收敛的情况,可适当降低迭代收敛标准;根据瑞典圆弧法计算结果,发现这些滑弧面不是最小安全系数滑弧面时,可以不予计算。

(3)有渗流情况的处理方法:工程计算中常采用"容重代替法"近似考虑渗透力的作用,常有下面两种情况。

①坡外水位低于坝内浸润线的情况,如图1-2所示。土条重量W_i的计算方法如下:

浸润线以上1243部分的重量W_a:按自然重度计算。

浸润线以下3487部分的重量$W_b + W_c$:3487部分的饱和重量减去与坡外水位对应的5687部分面积的水重,这相当于3465部分的重量W_b按饱和重度计算,5687部分的重量W_c按浮重度计算。

扣除坡外水位作用后,土条底面上作用有超静孔隙水压力$u = u_1 - u_2$。式(1-6)分子中$\left(W_i - u_i b_i\right)$项相当于将土条重量$W_i$减去3465部分面积的水重,这相当于土条的重量$W_b$按浮重度计算。

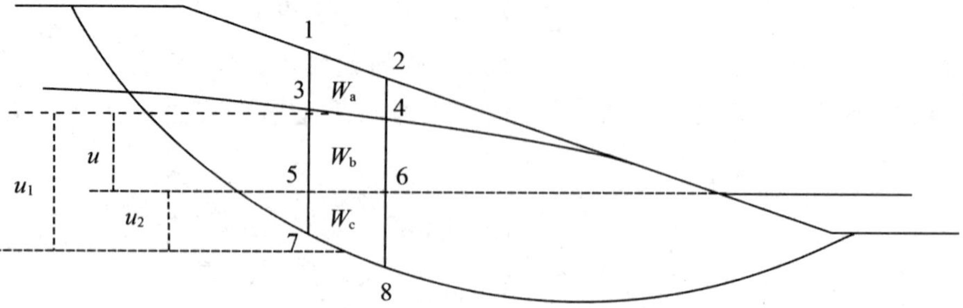

u_1为土条底面总孔隙水压力;u_2为土条底面对应的坡外水位静孔隙水压力;

$u = u_1 - u_2$为土条底面作用的超静孔隙水压力。

图1-2 坡外水位低于坝内浸润线的情况

也就是说，该种情况下土条重量 W_i 将分为三部分：

a. W_a：按自然重度计算。

b. W_b：式(1-6)分子中的 W_i 项按浮重度计算，分母中的 W_i 项按饱和重度计算。

c. W_c：按浮重度计算。

②坡外水位高于坝内浸润线的情况，如图1-3所示。土条重量 W_i 的计算方法如下：

坡外水位以上1243部分的重量 W_a：按自然重度计算。

坡外水位以下3487部分的重量 W_d+W_c：3487部分的实际重量减去与坡外水位对应的3487部分面积的水重，这相当于3465部分的重量 W_d 按自然重度减去水重度计算，5687部分的重量 W_c 按浮重度计算。

扣除坡外水位作用后，土条底面上作用有超静孔隙水压力 $u=u_1-u_2$，其为负值。式(1-6)的分子中 $\left(W_i-u_ib_i\right)$ 项相当于土条重量 W_i 加上3465部分面积的水重，这相当于土条的重量 W_d 按自然重度减去水重度再加上水重度计算，即土条的重量 W_d 按自然重度计算。

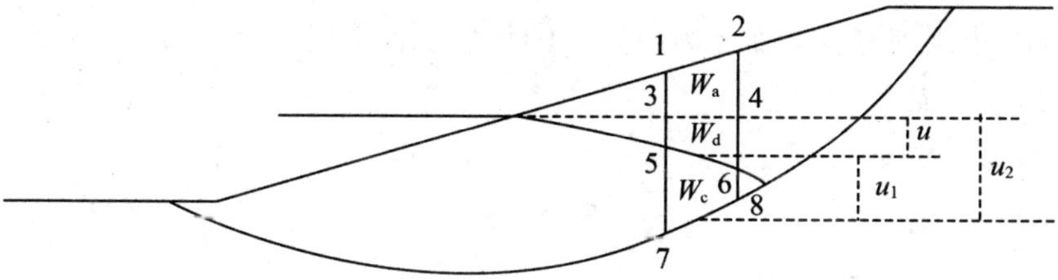

图1-3 坡外水位高于坝内浸润线的情况

也就是说，该种情况下土条重量 W_i 将分为三部分：

a. W_a：按自然重度计算。

b. W_d：式(1-6)分子中的 W_i 项按自然重度计算，分母中的 W_i 项按自然重度减去水重度计算。

c. W_c：按浮重度计算。

(4)地震作用工况，式(1-6)中 Q_i 代表水平地震惯性力；可将土条重量 W_i 代之以 $W_i \pm V_i$ 计入竖向地震惯性力 V_i，每个滑弧安全系数计算结果取按"+"和"−"两种计算方式计算的结果中的较小值。

(5)最小抗滑稳定安全系数滑弧面的确定，可采用计算机搜索的方式。

1.1.2 土石坝稳定计算剖面处理

(1)建立坐标系。

(2)进行剖面结点编号。坝体轮廓线、土层分界线、浸润线的转折点均需编号，结点编号顺序无特别要求。

(3)确定土层划分、土层编号与土层顶面线结点号。在土石坝剖面中,可认为各土层在水平方向的延伸长度相等。以图1-4为例说明,土层(2)向左延伸到b点后消失,但也可认为土层(2)并没有消失而继续向左延伸,只不过在$a—b$段厚度变为0;同样可以认为土层(4)在$k—j$段和$g—f$段的厚度为0。按此原则,所有土层的长度均可视为L,剖面可视为由(1)(2)(3)(4)四个土层“摞加”而成。

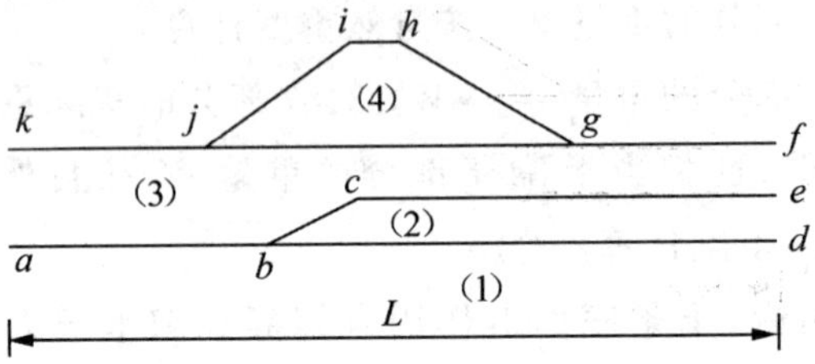

图1-4　土石坝剖面土层划分、土层编号与土层顶面线结点号示意(一)

各种复杂剖面都可以画出类似图1-4所示示意图,即将剖面视为由若干水平分布长度相等的土层自下而上“摞加”而成。

图1-4中,土层编号自下而上为(1)(2)(3)(4)。各土层顶面线为:

土层(1):$a—d$;

土层(2):$a—b—c—e$;

土层(3):$k—f$;

土层(4):$k—j—i—h—g—f$。

下面再举两个例子。在图1-5所示剖面中,土层编号自下而上依次为(1)(2)(3)(4)。各土层顶面线为:

土层(1):$a—d$;

土层(2):$k—e—b—c—m—f$;

土层(3):$k—e—n—p—m—f$;

土层(4):$k—j—i—h—g—f$。

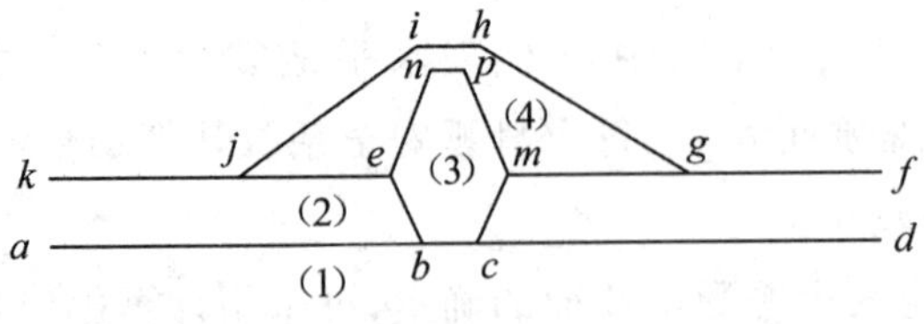

图1-5　土石坝剖面土层划分、土层编号与土层顶面线结点号示意(二)

在图1-6所示剖面中,地基土层中有一个四边形夹层$bpec$,此时需要作辅助线将地基土层分成两个土层。土层编号自下而上依次为(1)(2)(3)(4)(5)。各土层顶面线为:

土层(1):$m—n$;

土层(2):$a—b—p—e—d$;

土层(3)：$a—b—c—e—d$；

土层(4)：$k—f$；

土层(5)：$k—j—i—h—g—f$。

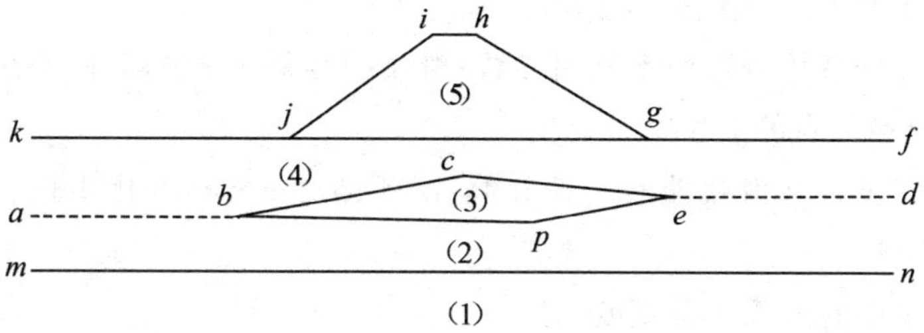

图1-6　土石坝剖面土层划分、土层编号与土层顶面线结点号示意(三)

总之，编程时要将剖面划分为水平分布长度相等的若干土层，将剖面视为由若干土层自下而上"摞加"而成。土层编号的要求是自下而上依次编号，相邻的$i+1$土层的顶面线在i土层顶面线上面或者部分重合。

1.1.3　简化毕肖普法土石坝稳定计算程序

土石坝稳定计算需要编写计算程序，利用计算机完成。

用Fortran语言(Fortran 77)编写的几种工况的简化毕肖普法土石坝稳定计算程序见本章1.3节，具体工况如下：①竣工无水期；②稳定渗流期；③水库水位降落期；④稳定渗流期组合地震情况。

其他工况的计算程序，如竣工无水期组合地震情况、水库水位降落期组合地震情况，可在这几种工况的计算程序的基础上编写。

1.1.4　简化毕肖普法土石坝稳定计算程序输入数据说明与算例

1.1.4.1　竣工无水期计算程序

建立一个文件名为"data-A.txt"的文本文件，在该文件中依次输入下面的数据：

(1)剖面结点数、剖面土层数、各土层顶面线结点数：NP、NL、MP。其中，MP取各土层顶面线结点数的最大值。

(2)结点坐标$XY(NP,2)$。按结点编号顺序，从第1点到最后1点依次输入结点编号、结点x坐标、结点y坐标。

(3)各土层顶面线结点编号$NN(NL,MP)$。从第1个土层到最后1个土层依次输入土层编号、土层顶面线的结点编号(从左到右依次输入，直线段中间结点可以略去，不足MP个在后面以0补齐)。

(4)各土层力学指标$CT(NL,3)$。从第1个土层到最后1个土层依次输入土层编号、土层的重度、内摩擦角、凝聚力。

地下水位应作为土层的分界线,地下水位以上的土层采用自然重度,地下水位以下的土层采用浮重度。计算程序不能考虑施工期超静孔隙水压力,因此可采用总应力强度指标,或认为孔隙水压力为零,采用有效强度指标。

(5)最小安全系数滑弧搜索范围参数:滑弧圆心最小x坐标、圆心最大x坐标、圆心最大y坐标、滑弧最低点的y坐标。

(6)最小安全系数滑弧搜索步长参数:滑弧圆心x坐标变化步长、圆心y坐标变化步长、滑弧半径变化步长。

(7)计算采用的滑弧土条宽度。

计算程序中,各物理量的单位规定为:长度与坐标,m;土体重度,kN/m^3;土体内摩擦角,°;土体凝聚力,kN/m^2。下同。

1.1.4.2 稳定渗流期计算程序

建立一个文件名为"data-B.txt"的文本文件,在该文件中依次输入下面的数据:

(1)剖面结点数、剖面土层数、各土层顶面线及浸润线结点数:NP、NL、MP。其中,MP取各土层顶面线结点数和浸润线结点数的最大值。

(2)结点坐标$XY(NP,2)$。按结点编号顺序,从第1点到最后1点依次输入结点编号、结点x坐标、结点y坐标。

(3)各土层顶面线结点编号$NN(NL,MP)$。从第1个土层到最后1个土层依次输入土层编号、土层顶面线的结点编号(从左到右依次输入,直线段中间结点可以略去,不足MP个在后面以0补齐)。

(4)浸润线结点号$NSF(MP)$,从最左端水库水位线起点到最右端下游水位线终点依次输入,直线段中间结点可以略去,若不足MP个可在后面用0补齐。

(5)各土层力学指标$CT(NL,4)$。从第1个土层到最后1个土层依次输入土层编号,土层的自然重度、饱和重度、内摩擦角、凝聚力。

进行稳定渗流期计算时,根据坝体浸润线的位置,采用"容重代替法"近似考虑渗透力的作用。土层抗剪强度指标采用有效强度指标,或固结不排水抗剪强度指标。

(6)最小安全系数滑弧搜索范围参数:滑弧圆心最小x坐标、圆心最大x坐标、圆心最大y坐标、滑弧最低点的y坐标。

(7)最小安全系数滑弧搜索步长参数:滑弧圆心x坐标变化步长、圆心y坐标变化步长、滑弧半径变化步长。

(8)计算采用的滑弧土条宽度。

1.1.4.3 水库水位降落期计算程序

创建一个文件名为"data-C.txt"的文本文件。水库水位降落期输入数据与稳定渗流期输入数据的区别是:水库水位降落期要输入水库水位降落后的浸润线位置信息,即输入水库水位降落后的浸润线结点号$NSF(MP)$,从最左端降落后的水库水位线起点到最右端下游水位线终点依次输入，直线段中间结点可以略去；结点数不足 MP 个可在后面用0补齐。另外，与稳定渗流期相比，水库水位降落期结点数及一些结点的坐标会有所变动。

1.1.4.4　稳定渗流期组合地震情况计算程序

本情况土石坝稳定计算程序参考《水工建筑物抗震设计规范》(SL 203—1997)。计算程序采用拟静力法，并采用简化毕肖普法，只考虑顺河流方向的水平地震惯性力。

作用于土条 i 重心的水平地震惯性力计算公式[《水工建筑物抗震设计规范》(SL 203—1997)中的公式]为：

$$F_{hi} = a_h \xi G_{Ei} \alpha_i / g \tag{1-7}$$

式中，a_h 为水平向设计地震加速度；ξ 为地震作用效应折减系数，一般可取0.25；G_{Ei} 为土条实重，即水上为湿重，水下为饱和重；α_i 为质点 i 的地震惯性力动态分布系数；g 为重力加速度。

在设计烈度(在基本烈度基础上确定的作为工程设防依据的地震烈度)为7、8、9度时，水平向设计地震加速度 a_h 分别取 $0.1g$、$0.2g$ 和 $0.4g$。

质点 i 的地震惯性力动态分布系数 α_i 按《水工建筑物抗震设计规范》(SL 203—1997)规定的土石坝坝体动态分布系数的分布图形取值，本计算程序只考虑坝高 $H \leqslant 40$ m情况；在设计烈度为7、8、9度时，分布图形中的 α_m[为《水工建筑物抗震设计规范》(SL 203—1997)表5.1.3中的量，具体内容可参见该规范5.1.3条]分别取3.0、2.5和2.0。

针对本地震情况编写计算程序，创建一个文件名为"data-D.txt"的文本文件，在该文件中依次输入下面的数据：

(1)剖面结点数，剖面土层数，各土层顶面线及浸润线结点数，设计烈度：*NP*，*NL*，*MP*，*ID*。

(2)剖面坝顶 y 坐标值，上游坝基面 y 坐标值，下游坝基面 y 坐标值：*ytop*，*ybase1*，*ybase2*。

(3)1.1.4.2节中稳定渗流期计算程序所需的(2)～(8)的数据。

1.1.4.5　土石坝稳定计算程序算例

设有一个土石坝稳定计算剖面(见图1-7)，坝体分区，地基土层，剖面尺寸和上、下游水位均如图所标。

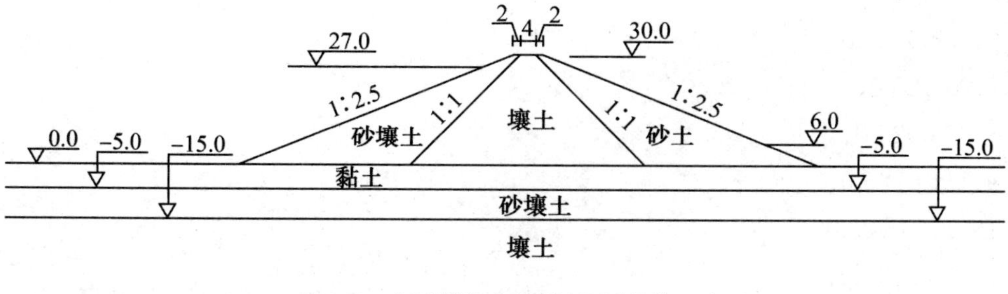

图1-7　土石坝稳定计算剖面(单位：m)

坝体与坝基各区域的物理力学指标如表1-1所示。

表1-1　坝体与坝基各区域物理力学指标

区域	自然重度 $\gamma/(kN/m^3)$	饱和重度 $\gamma_{sat}/(kN/m^3)$	内摩擦角 $\varphi/(°)$	凝聚力 c/kPa
坝体壤土	18.6	20.0	23.0	30.0
坝体砂壤土	18.5	20.5	25.0	25.0
坝体砂土	19.0	20.5	27.0	0.0
坝基黏土	16.0	18.5	12.0	25.0
坝基砂壤土	16.5	18.0	17.0	10.0
坝基壤土	17.0	19.5	16.0	12.0

(1)竣工无水期坝坡稳定计算

首先建立坐标系,再对土石坝剖面结点和土层进行编号,竣工无水期坝坡稳定计算简图如图1-8所示。

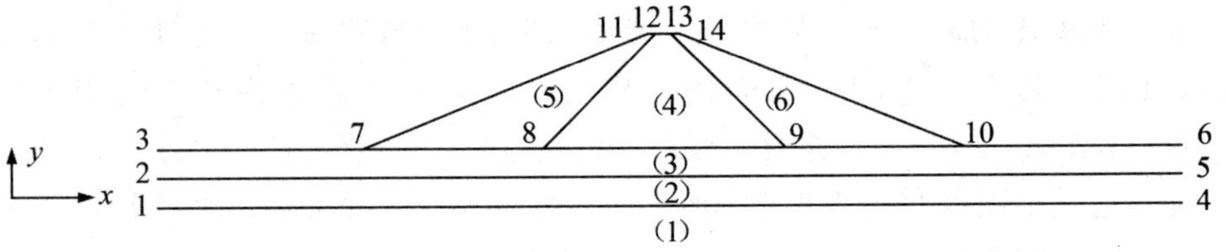

图1-8　竣工无水期坝坡稳定计算简图

依据计算程序的规定,创建的"data-A.txt"中的内容如下:

```
14,6,6,
1,-100.0,10.0,
2,-100.0,20.0,
3,-100.0,25.0,
4,258.0,10.0,
5,258.0,20.0,
6,258.0,25.0,
7,0.0,25.0,
8,47.0,25.0,
9,111.0,25.0,
10,158.0,25.0,
11,75.0,55.0,
```

```
12,77.0,55.0,
13,81.0,55.0,
14,83.0,55.0,
1,1,4,0,0,0,0,
2,2,5,0,0,0,0,
3,3,6,0,0,0,0,
4,3,8,12,13,9,6,
5,3,7,11,13,9,6,
6,3,7,11,14,10,6,
1,17.0,16.0,12.0,
2,16.5,17.0,10.0,
3,16.0,12.0,25.0,
4,18.6,23.0,30.0,
5,18.5,25.0,25.0,
6,19.0,27.0,0.0,
-100.0,260.0,120.0,-20.0,
1.5,1.5,1.5,
2.5,
```

对Fortran语言计算程序编译、运行后，得到的计算结果存入名为“竣工无水期计算结果.txt”的文件中。竣工无水期坝坡稳定性计算结果如下。

①上游坝坡：

抗滑稳定安全系数：$K_1=1.357$。

最小安全系数滑弧位置：圆心坐标XC、YC为21.50、88.50，半径RC为69.00。

②下游坝坡：

抗滑稳定安全系数：$K_2=1.294$。

最小安全系数滑弧位置：圆心坐标XC、YC为141.50、79.50，半径RC为60.00。

(2)稳定渗流期坝坡稳定计算

首先建立坐标系，再对土石坝剖面结点、土层和浸润线结点进行编号，稳定渗流期坝坡稳定计算简图如图1-9所示。

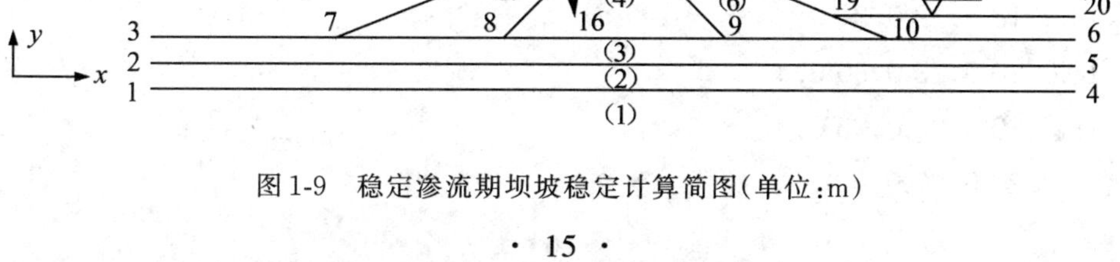

图1-9　稳定渗流期坝坡稳定计算简图(单位：m)

依据计算程序的规定，创建的“data-B.txt”中的内容如下：

```
20,6,6,
1,-100.0,10.0,
2,-100.0,20.0,
3,-100.0,25.0,
4,258.0,10.0,
5,258.0,20.0,
6,258.0,25.0,
7,0.0,25.0,
8,47.0,25.0,
9,111.0,25.0,
10,158.0,25.0,
11,75.0,55.0,
12,77.0,55.0,
13,81.0,55.0,
14,83.0,55.0,
15,-100.0,52.0,
16,67.5,52.0,
17,93.83,47.45,
18,128.65,36.67,
19,143.0,31.0,
20,258.0,31.0,
1,1,4,0,0,0,0,
2,2,5,0,0,0,0,
3,3,6,0,0,0,0,
4,3,8,12,13,9,6,
5,3,7,11,13,9,6,
6,3,7,11,14,10,6,
15,16,17,18,19,20,
1,17.0,19.5,16.0,12.0,
2,16.5,18.0,17.0,10.0,
3,16.0,18.5,12.0,25.0,
4,18.6,20.0,23.0,30.0,
5,18.5,20.5,25.0,25.0,
6,19.0,20.5,27.0,0.0,
```

－100.0,260.0,120.0,－20.0,

1.5,1.5,1.5,

2.5,

对Fortran语言计算程序编译、运行后,得到的计算结果存入名为“稳定渗流期计算结果.txt”的文件中。稳定渗流期坝坡稳定性计算结果如下。

①上游坝坡:

抗滑稳定安全系数:$K_1=1.532$。

最小安全系数滑弧位置:圆心坐标XC、YC为23.00、79.50,半径RC为64.50。

②下游坝坡:

抗滑稳定安全系数:$K_2=0.743$。

最小安全系数滑弧位置:圆心坐标XC、YC为140.00、45.00,半径RC为15.00。

(3)水库水位降落期坝坡稳定计算

首先建立坐标系,再对土石坝剖面结点、土层和水库水位降落后的浸润线结点进行编号,水库水位降落期坝坡稳定计算简图如图1-10所示。

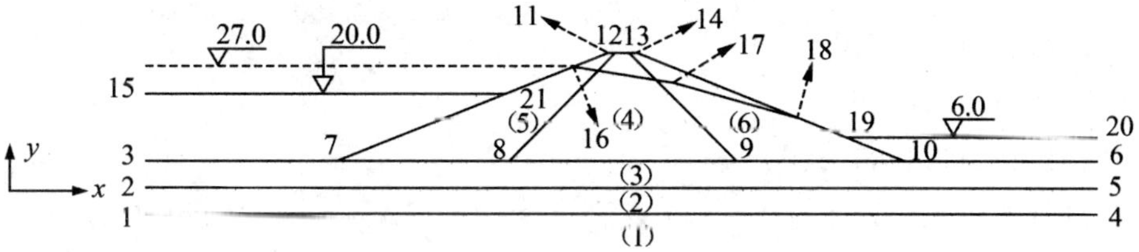

图1-10　水库水位降落期坝坡稳定计算简图(单位:m)

依据计算程序的规定,创建的“data-C.txt”中的内容如下:

21,6,7,

1,－100.0,10.0,

2,－100.0,20.0,

3,－100.0,25.0,

4,258.0,10.0,

5,258.0,20.0,

6,258.0,25.0,

7,0.0,25.0,

8,47.0,25.0,

9,111.0,25.0,

10,158.0,25.0,

11,75.0,55.0,

12,77.0,55.0,

13,81.0,55.0,

14,83.0,55.0,

15,−100.0,45.0,

16,67.5,52.0,

17,93.83,47.45,

18,128.65,36.67,

19,143.0,31.0,

20,258.0,31.0,

21,50.0,45.0,

1,1,4,0,0,0,0,0,

2,2,5,0,0,0,0,0,

3,3,6,0,0,0,0,0,

4,3,8,12,13,9,6,0,

5,3,7,11,13,9,6,0,

6,3,7,11,14,10,6,0,

15,21,16,17,18,19,20,

1,17.0,19.5,16.0,12.0,

2,16.5,18.0,17.0,10.0,

3,16.0,18.5,12.0,25.0,

4,18.6,20.0,23.0,30.0,

5,18.5,20.5,25.0,25.0,

6,19.0,20.5,27.0,0.0,

−100.0,260.0,120.0,−20.0,

1.5,1.5,1.5,

2.5,

对计算程序编译、运行后,得到的计算结果存入名为“水库水位降落期计算结果.txt”的文件中。水库水位降落期坝坡稳定性计算结果如下。

①上游坝坡:

抗滑稳定安全系数:$K_1=1.222$。

最小安全系数滑弧位置:圆心坐标XC、YC为24.50、84.00,半径RC为69.00。

②下游坝坡:

抗滑稳定安全系数:K_2=0.743。

最小安全系数滑弧位置:圆心坐标XC、YC为140.00、45.00,半径RC为15.00。

(4)稳定渗流期组合地震情况坝坡稳定计算

坐标系,土石坝剖面结点、土层、浸润线结点编号如图1-9所示,设计烈度设为8度。

依据计算程序的规定,创建的“data-D.txt”中的内容如下:

```
20,6,6,8,
55.0,25.0,25.0
1,-100.0,10.0,
2,-100.0,20.0,
3,-100.0,25.0,
4,258.0,10.0,
5,258.0,20.0,
6,258.0,25.0,
7,0.0,25.0,
8,47.0,25.0,
9,111.0,25.0,
10,158.0,25.0,
11,75.0,55.0,
12,77.0,55.0,
13,81.0,55.0,
14,83.0,55.0,
15,-100.0,52.0,
16,67.5,52.0,
17,93.83,47.45,
18,128.65,36.67,
19,143.0,31.0,
20,258.0,31.0,
1,1,4,0,0,0,0,
2,2,5,0,0,0,0,
3,3,6,0,0,0,0,
4,3,8,12,13,9,6,
5,3,7,11,13,9,6,
6,3,7,11,14,10,6,
15,16,17,18,19,20,
```

1,17.0,19.5,16.0,12.0,

2,16.5,18.0,17.0,10.0,

3,16.0,18.5,12.0,25.0,

4,18.6,20.0,23.0,30.0,

5,18.5,20.5,25.0,25.0,

6,19.0,20.5,27.0,0.0,

−100.0,260.0,120.0,−20.0,

1.5,1.5,1.5,

2.5,

对Fortran语言计算程序编译、运行后,得到的计算结果存入名为“稳定渗流期组合地震情况计算结果.txt”的文件中。稳定渗流期组合地震情况坝坡稳定性计算结果如下。

①上游坝坡:

抗滑稳定安全系数:K_1=1.120。

最小安全系数滑弧位置:圆心坐标XC、YC为21.50、88.50,半径RC为73.50。

②下游坝坡:

抗滑稳定安全系数:K_2=0.601。

最小安全系数滑弧位置:圆心坐标XC、YC为141.50、43.50,半径RC为13.50。

1.2 土石坝稳定计算工程实例

某水库工程的主要任务是拦蓄天然径流,向乡村地区供水。拦河坝为砾砂黏土均质土坝,最大坝高31.2 m;工程等级为Ⅴ等,土坝建筑物级别为5级,工程设计烈度为8度。土坝最大坝高剖面如图1-11所示(高程系统是书中自定的)。

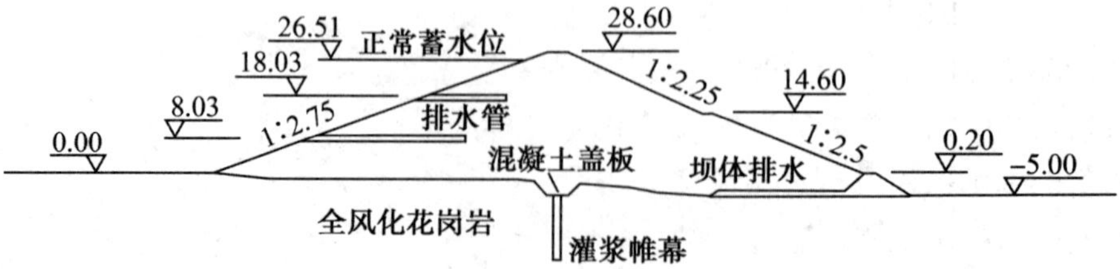

图1-11　土坝最大坝高剖面(单位:m)

坝体和坝基各区域的物理力学指标如表1-2所示。

表1-2　坝体和坝基各区域物理力学指标

区域	内摩擦角 φ/(°)	凝聚力 c/kPa	自然重度 γ/(kN/m^3)	饱和重度 γ_{sat}/(kN/m^3)
坝体土料(砾砂黏土)	22.0	20.0	18.8	19.2
坝体排水体(堆石外包碎石垫层和砂垫层)	40.0	0.0	24.0	26.0
坝基(全风化花岗岩)	29.5	31.0	16.0	18.5

本节使用前面所设计的Fortran语言计算程序,采用简化毕肖普法计算了以下几种工况的土坝最大坝高剖面的坝坡抗滑稳定性。

1.2.1 不同工况的计算结果

1.2.1.1 竣工无水期

上游坝坡抗滑稳定安全系数$K_1=1.687$,下游坝坡抗滑稳定安全系数$K_2=1.553$。上游坝坡和下游坝坡最小抗滑稳定安全系数滑弧位置如图1-12所示,图中标注了滑弧的圆心坐标、半径R以及抗滑稳定安全系数K的数值,圆心坐标、半径、标高的单位均为m。

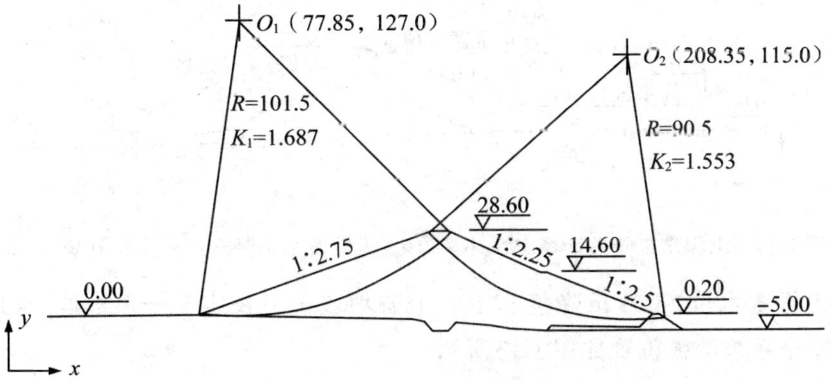

图1-12　土坝竣工无水期稳定性计算结果

1.2.1.2 正常蓄水位26.51 m稳定渗流期

上游坝坡抗滑稳定安全系数$K_1=2.059$,下游坝坡抗滑稳定安全系数$K_2=1.364$。上游坝坡和下游坝坡最小抗滑稳定安全系数滑弧位置如图1-13所示。

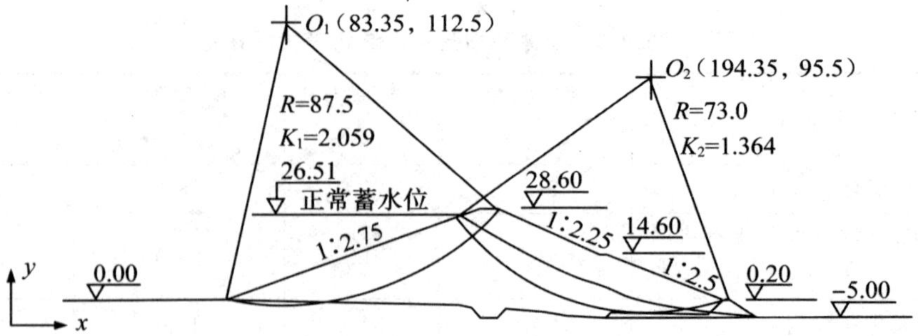

图 1-13　土坝正常蓄水位稳定渗流期稳定性计算结果(单位:m)

1.2.1.3　正常蓄水位 26.51 m 水位降落期

坝坡抗滑稳定性计算按水位骤降处理,水库水位降落后坝内浸润线位置与正常蓄水位稳定渗流浸润线位置相同。

①从正常蓄水位 26.51 m 降落至死水位。上游坝坡抗滑稳定安全系数 $K_1=1.055$,最小抗滑稳定安全系数滑弧位置如图 1-14 所示。

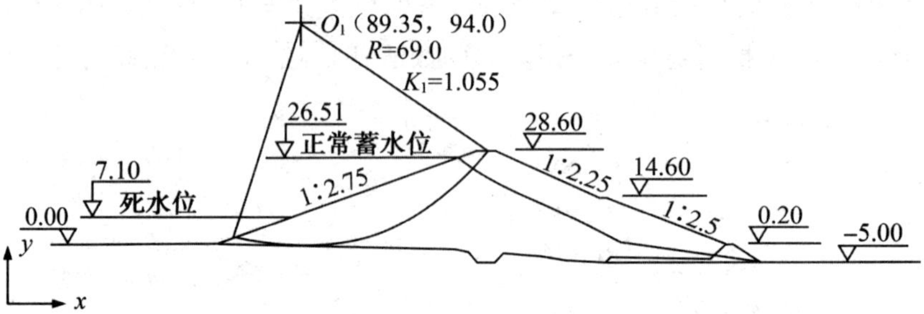

图 1-14　土坝水位降落期稳定性计算结果(正常蓄水位降落至死水位)(单位:m)

②从正常蓄水位 26.51 m 降落 12 m。上游坝坡抗滑稳定安全系数 $K_1=1.273$,最小抗滑稳定安全系数滑弧位置如图 1-15 所示。

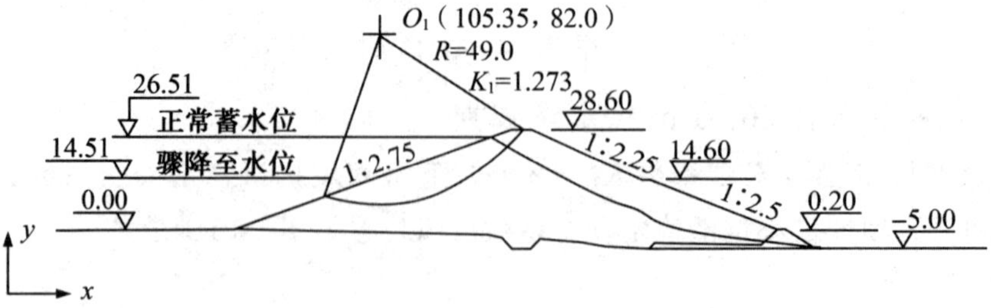

图 1-15　土坝水位降落期稳定性计算结果(正常蓄水位降落 12 m)(单位:m)

1.2.1.4　正常蓄水位 26.51 m 稳定渗流期组合 8 度地震情况

上游坝坡抗滑稳定安全系数 $K_1=1.403$,下游坝坡抗滑稳定安全系数 $K_2=1.087$。

上游坝坡和下游坝坡最小抗滑稳定安全系数滑弧位置如图1-16所示。

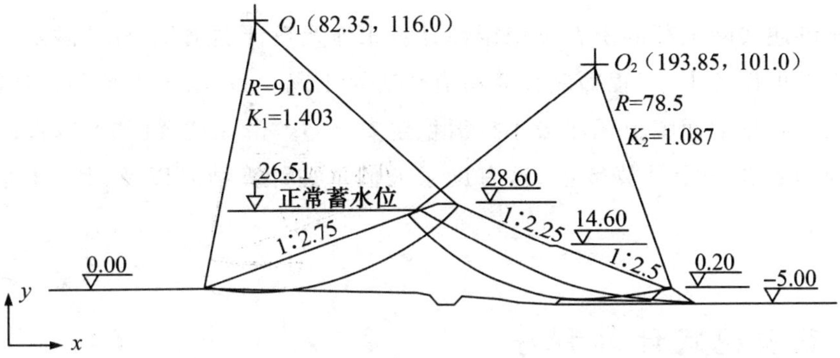

图1-16　土坝正常蓄水位组合8度地震稳定性计算结果(单位:m)

1.2.2　土坝稳定性计算结果与评价

土坝各计算工况下的上游和下游坝坡抗滑稳定性计算结果如表1-3所示。

表1-3　土坝稳定性计算结果

运用条件	计算工况	计算部位	安全系数	规范允许安全系数
正常运用条件	正常蓄水位稳定渗流期	上游坝坡	2.059	1.25
		下游坝坡	1.364	
	正常蓄水位降落至死水位	上游坝坡	1.055	
	正常蓄水位降落12 m	上游坝坡	1.273	
非常运用条件Ⅰ	竣工无水期	上游坝坡	1.687	1.15
		下游坝坡	1.553	
非常运用条件Ⅱ	正常蓄水位组合8度地震	上游坝坡	1.403	1.10
		下游坝坡	1.087	

水位从正常蓄水位降落至死水位(按骤降计算)时,上游坝坡抗滑稳定安全系数为1.055,不满足规范要求;水位从正常蓄水位降落12 m(按骤降计算)时,上游坝坡抗滑稳定安全系数为1.273,刚好满足规范要求。这说明水位降落幅度应控制在12 m以内,以保证上游坝坡的稳定性。

正常蓄水位组合8度地震工况下,下游坝坡抗滑稳定安全系数为1.087,略低于规范要求。这说明正常蓄水位组合地震工况下,坝坡的抗滑稳定性不足。

1.2.3 说明

本节所讲述实际工程的土石坝稳定性计算未涉及设计洪水位、校核洪水位等其他多个工况。土石坝设计中,工程师应计算所有代表性工况。另外,土石坝稳定计算结果中,工程师应在土石坝剖面图上标注最小抗滑稳定安全系数滑弧位置(如本算例的各个示意图),而不是只给出一个计算数值,这有助于人们掌握计算结果以及判断计算结果的合理性。

1.3 土石坝稳定计算程序

本计算程序所采用的计算方法为简化毕肖普法,并采用Fortran 77语言编写。

在Fortran语言程序代码中,不区分英语字母大小写,因此使用大写和小写均可。本书各部分所附的Fortran程序中英语字母统一采用大写。另外,Fortran 77程序有固定的书写格式。程序行的第1列～第5列为标号区,用于书写语句标号;程序行的第6列用于书写续行标志字符;程序行的第7列～第72列为语句区,用于书写程序语句;注释行是第1列有字母C或星号“*”的行。本书所附的各个计算程序均按照Fortran语言的固定格式编写。但在一些地方,由于排版原因,属于同一行的语句被分成了两行。

1.3.1 竣工无水期

竣工无水期计算程序如下。

```
      DIMENSION XY(3000,2),NN(50,200),MAT(3000,3),CT(50,3)
      DIMENSION HCC(3000,5),HSS(3000,50,3),WW(3000),STH(3000,2)
      CHARACTER CH2*1,CH3*1
C     *************读入土石坝剖面计算数据*************
      OPEN(5,FILE='DATA-A.TXT',STATUS='OLD')
      READ(5,*)NP,NL,MP
      READ(5,*)(IL,(XY(I,J),J=1,2),I=1,NP)
      READ(5,*)(IL,(NN(I,J),J=1,MP),I=1,NL)
      READ(5,*)(IL,(CT(I,J),J=1,3),I=1,NL)
      READ(5,*)X01,X02,Y01,Y00
      READ(5,*)DX0,DY0,DR
      READ(5,*)BS0
      CLOSE(5)
```

```
      OPEN(7,FILE='竣工无水期计算结果.TXT',STATUS='UNKNOWN')
      WRITE(7,2)
2     FORMAT(3X,'竣工无水期坝坡稳定计算输入数据:')
      WRITE(7,3)
3     FORMAT('-----------------------------------------------')
      WRITE(7,4)NP,NL,MP
4     FORMAT(3X,'剖面结点数NP,剖面土层数NL,土层顶面线结点数MP:',3I6)
      WRITE(7,5)
5     FORMAT(/3X,'剖面结点坐标:')
      WRITE(7,6) (I,(XY(I,J),J=1,2),I=1,NP)
6     FORMAT(I3,':',F9.3,',',F9.3,10X,I3,':',F9.3,',',F9.3)
      WRITE(7,7)
7     FORMAT(/3X,'土层顶面线结点号:')
      DO I=1,NL
      WRITE(7,46) I,(NN(I,J),J=1,MP)
      ENDDO
46    FORMAT(I4,':',1X,13I6)
      WRITE(7,9)
9     FORMAT(/3X,'土层力学指标:'
      WRITE(7,10)(I,(CT(I,J),J=1,3),I=1,NL)
10    FORMAT(2X,I3,':',3X,F7.3,3X,F7.3,3X,F7.3)
      WRITE(7,40)X01,X02,Y01,Y00
40    FORMAT(/3X,'最小安全系数滑弧搜索范围参数X01,X02,Y01,Y00:',
     #4F12.2)
      WRITE(7,42) DX0,DY0,DR
42    FORMAT(/3X,'最小安全系数滑弧搜索步长参数DX0,DY0,DR:',3F8.2)
      WRITE(7,44)BS0
44    FORMAT(/3X,'滑弧土条宽度取值 BS0:',F10.2)
      MX0=(X02-X01)/DX0
      MY0=(Y01-Y00)/DY0
      MR=(Y01-Y00)/DR
      CKU=1000.0
      CKD=1000.0
      DO IA1=1,MX0+1
```

```
      XC=X01+(IA1-1)*DX0
      DO I=1,MP-1
      I1=I
      I2=I+1
      N1=NN(NL,I1)
      N2=NN(NL,I2)
      X1=XY(N1,1)
      X2=XY(N2,1)
      IF(XC.GE.X1.AND.XC.LE.X2)THEN
      Y1=XY(N1,2)
      Y2=XY(N2,2)
      TK=(Y2-Y1)/(X2-X1)
      CB=Y2-TK*X2
      YCC=TK*XC+CB
      GOTO 135
      ENDIF
      ENDDO
135   CONTINUE
      DO IA2=1,MY0+1
      YC=Y01-(IA2-1)*DY0
      IF (YC.LT.YCC) GOTO 102
      DO IA3=1,MR+1
      RC=DR*IA3
      IF((YC-RC).LT.Y00) GOTO 100

C    **********求滑弧起、终点**********
      CH2='O'
      CH3='O'
      DO I=1,MP-1
      I1=I
      I2=I+1
      N1=NN(NL,I1)
      N2=NN(NL,I2)
      X1=XY(N1,1)
```

```
      Y1=XY(N1,2)
      X2=XY(N2,1)
      Y2=XY(N2,2)
      TK=(Y2-Y1)/(X2-X1)
      CB=Y2-TK*X2
      AA=1.0+TK**2
      BB=2.0*TK*(CB-YC)-2.0*XC
      CC=XC**2+(CB-YC)**2-RC**2
      DT=BB**2-4*AA*CC
      IF(DT.GE.0.0)THEN
      X11=(-BB-SQRT(DT))/(2*AA)
      X22=(-BB+SQRT(DT))/(2*AA)
      IF(X11.GE.X1.AND.X11.LE.X2)THEN
      XA=X11
      YA=TK*XA+CB
      CH2='S'
      ENDIF
      IF(X22.GE.X1.AND.X22.LE.X2)THEN
      XB=X22
      YB=TK*XB+CB
      CH3='S'
      GOTO 11
      ENDIF
      ENDIF
      ENDDO
11    CONTINUE
      IF(CH2.EQ.'O'.OR.CH3.EQ.'O') GOTO 95
      IF(ABS(YA-YB).LT.1.0) GOTO 95
      COA=(YC-YA)/RC
      COB=(YC-YB)/RC
      IF(COA.LT.0.1736) GOTO 95
      IF(COB.LT.0.1736) GOTO 95
      XBS=XB-XA
      MN=XBS/BS0
```

```
      IF(MN.GT.1000)THEN
      WRITE(*,*)'土条数太多,数组出界! '
      STOP
      ENDIF
      IF(MN.LT.3) GOTO 95
      BS=XBS/MN

C     *********求土条底部三点的坐标、土条底部倾角的正弦和余弦值*********
      DO I=1,MN
      XX1=XA+BS*(I-1)
      XX2=XA+BS*(I-1)+0.5*BS
      XX3=XA+BS*I
      YY1=YC-SQRT(RC**2-(XX1-XC)**2)
      YY2=YC-SQRT(RC**2-(XX2-XC)**2)
      YY3=YC-SQRT(RC**2-(XX3-XC)**2)
      HCC(I,1)=YY1
      HCC(I,2)=YY2
      HCC(I,3)=YY3
      IF(YA.LT.YB) HCC(I,4)=(XX2-XC)/RC
      IF(YA.GT.YB) HCC(I,4)=(XC-XX2)/RC
      HCC(I,5)=(YC-YY2)/RC
      ENDDO

C     *********求土条与各土层顶面线三个交点的坐标*********
      DO I=1,MN
      XX1=XA+BS*(I-1)
      XX2=XA+BS*(I-1)+0.5*BS
      XX3=XA+BS*I
      DO J=1,NL
      DO K=1,MP-1
      N1=NN(J,K)
      N2=NN(J,K+1)
      XL1=XY(N1,1)
      XL2=XY(N2,1)
```

```
      IF(XX1.LE.XL2.AND.XX1.GE.XL1)THEN
      YL1=XY(N1,2)
      YL2=XY(N2,2)
      TK=(YL2-YL1)/(XL2-XL1)
      CB=YL2-TK*XL2
      YY1=TK*XX1+CB
      HSS(I,J,1)=YY1
      ENDIF
      IF(XX2.LE.XL2.AND.XX2.GE.XL1)THEN
      YL1=XY(N1,2)
      YL2=XY(N2,2)
      TK=(YL2-YL1)/(XL2-XL1)
      CB=YL2-TK*XL2
      YY2=TK*XX2+CB
      HSS(I,J,2)=YY2
      ENDIF
      IF(XX3.LE.XL2.AND.XX3.GE.XL1)THEN
      YL1=XY(N1,2)
      YL2=XY(N2,2)
      TK=(YL2-YL1)/(XL2  XL1)
      CB=YL2-TK*XL2
      YY3=TK*XX3+CB
      HSS(I,J,3)=YY3
      GOTO 22
      ENDIF
      ENDDO
22    CONTINUE
      ENDDO
      ENDDO

C     **********排除过于浅薄的滑弧体**********
      HIM=0.0
      DO I=1,MN
      HIX=HSS(I,NL,2)-HCC(I,2)
```

```
      IF(HIX.GT.HIM) HIM=HIX
      ENDDO
      IF(HIM.LT.2.5) GOTO 95

C     **********确定滑弧通过的土层**********
      DO I=1,MN
      DO J=1,NL
      H11=ABS(HSS(I,J,1)-HCC(I,1))
      IF(HSS(I,J,1).GE.HCC(I,1).OR.H11.LT.0.01)THEN
      MAT(I,1)=J
      GOTO 35
      ENDIF
      ENDDO
35    CONTINUE
      DO J=1,NL
      H12=ABS(HSS(I,J,2)-HCC(I,2))
      IF(HSS(I,J,2).GE.HCC(I,2).OR.H12.LT.0.01)THEN
      MAT(I,2)=J
      GOTO 36
      ENDIF
      ENDDO
36    CONTINUE
      DO J=1,NL
      H13=ABS(HSS(I,J,3)-HCC(I,3))
      IF(HSS(I,J,3).GE.HCC(I,3).OR.H13.LT.0.01)THEN
      MAT(I,3)=J
      GOTO 37
      ENDIF
      ENDDO
37    CONTINUE
      ENDDO

C     **********确定各土条滑动面的强度指标**********
      DO I=1,MN
```

```
      M1=MAT(I,1)
      M2=MAT(I,2)
      M3=MAT(I,3)
      FA1=CT(M1,2)*0.01745329
      FA2=CT(M2,2)*0.01745329
      FA3=CT(M3,2)*0.01745329
      FAA=(FA1+FA2+FA3)/3.0
      C1=CT(M1,3)
      C2=CT(M2,3)
      C3=CT(M3,3)
      CA=(C1+C2+C3)/3.0
      STH(I,1)=DTAN(FAA)
      STH(I,2)=CA
      ENDDO

C    **********确定各土条重量**********
      DO I=1,MN
      WW(I)=0.0
      DO J=1,NL
      IF(HSS(I,J,2).LT.HCC(I,2)) HSS(I,J,2)=HCC(I,2)
      ENDDO
      DO J=1,NL
      IF(J.EQ.1) YBT=HCC(I,2)
      IF(J.GT.1) YBT=HSS(I,J-1,2)
      WW(I)=WW(I)+(HSS(I,J,2)-YBT)*BS*CT(J,1)
      ENDDO
      ENDDO

C    **********简化毕肖普法计算**********
      CK=1.0
      ITT=0
77    CONTINUE
      ITT=ITT+1
      S0=0.0
```

```
      T0=0.0
      T01=0.0
      DO I=1,MN
      TS=HCC(I,4)/HCC(I,5)
      CC=(1.0+STH(I,1)*TS/CK)*HCC(I,5)
      IF(ABS(CC).LT.0.00001) GOTO 95
      S0=S0+WW(I)*HCC(I,4)
      T0=T0+(WW(I)*STH(I,1)+BS*STH(I,2))/CC
      T01=T01+WW(I)*HCC(I,5)*STH(I,1)+BS*STH(I,2)/HCC(I,5)
      ENDDO
      IF(S0.LT.1.0) GOTO 95
      IF(T0.LT.1.0) GOTO 95
      CK1=T0/S0
      ERR=ABS((CK1-CK)/CK)
      IF(ITT.GT.100)THEN
      IF(CK1.LT.CK) CK=CK1
      GOTO 78
      ENDIF
      IF(ERR.GT.0.005)THEN
      CK=(CK+CK1)/2.0
      GOTO 77
      ENDIF
78    CONTINUE
      CKRD=T01/S0
      IF(CK.LT.CKRD) GOTO 95
      IF(YA.LT.YB.AND.CK.LT.CKU )THEN
      CKU=CK
      XCU=XC
      YCU=YC
      RCU=RC
      ENDIF
      IF(YA.GT.YB.AND.CK.LT.CKD )THEN
      CKD=CK
      XCD=XC
```

```
      YCD=YC
      RCD=RC
      ENDIF
95    CONTINUE
      ENDDO
100   CONTINUE
      ENDDO
102   CONTINUE
      ENDDO

C   **********计算结果输出**********
      WRITE(7,129)
129   FORMAT(//3X,'竣工无水期坝坡抗滑稳定计算结果:')
      WRITE(7,130)
130   FORMAT('--------------------------------')
      WRITE(7,150)
150   FORMAT('上游坝坡:')
      WRITE(7,131) CKU
      WRITE(7,137)  XCU,YCU,RCU
131   FORMAT(3X,'抗滑稳定安全系数:K= ',F7.3)
137   FORMAT(3X,'最小安全系数滑弧位置:圆心XC、YC,半径RC:',3F12.2)
      WRITE(7,152)
152   FORMAT(/'下游坝坡:')
      WRITE(7,140) CKD
      WRITE(7,145) XCD,YCD,RCD
140   FORMAT(3X,'抗滑稳定安全系数:K= ',F7.3)
145   FORMAT(3X,'最小安全系数滑弧位置:圆心XC、YC,半径RC:',3F12.2)
      CLOSE(7)
      STOP
      END
```

1.3.2　稳定渗流期

稳定渗流期计算程序如下。

```
      DIMENSION XY(3000,2),NN(50,200),MAT(3000,3),CT(50,4),NSF(200)
```

```
      DIMENSION HCC(3000,5),HSS(3000,50,3),WW(3000),WW1(3000)
      DIMENSION HWA(3000,50,3),HSF(3000),PU(3000),STH(3000,2)
      CHARACTER CH2*1,CH3*1
C   ************读入土石坝剖面计算数据*************
      OPEN(5,FILE='DATA-B.TXT',STATUS='OLD')
      READ(5,*)NP,NL,MP
      READ(5,*)(IL,(XY(I,J),J=1,2),I=1,NP)
      READ(5,*)(IL,(NN(I,J),J=1,MP),I=1,NL)
      READ(5,*)(NSF(I),I=1,MP)
      READ(5,*)(IL,(CT(I,J),J=1,4),I=1,NL)
      READ(5,*)X01,X02,Y01,Y00
      READ(5,*)DX0,DY0,DR
      READ(5,*)BS0
      CLOSE(5)
      OPEN(7,FILE='稳定渗流期计算结果.TXT',STATUS='UNKNOWN')
      WRITE(7,2)
2     FORMAT(3X,'稳定渗流期坝坡稳定计算输入数据:')
      WRITE(7,3)
3     FORMAT('-------------------------------------')
      WRITE(7,4) NP,NL,MP
4     FORMAT(3X,'剖面结点数NP,剖面土层数NL,
     #土层顶面线及浸润线结点数MP:',3I6)
      WRITE(7,5)
5     FORMAT(/3X,'剖面结点坐标:')
      WRITE(7,6) (I,(XY(I,J),J=1,2),I=1,NP)
6     FORMAT(I3,':',F9.3,',',F9.3,10X,I3,':',F9.3,',',F9.3)
      WRITE(7,7)
7     FORMAT(/3X,'土层顶面线结点号:')
      DO I=1,NL
      WRITE(7,46) I,(NN(I,J),J=1,MP)
      ENDDO
46    FORMAT(I4,':',1X,13I6)
      WRITE(7,47)
47    FORMAT(/3X,'浸润线结点号:')
```

```
      WRITE(7,48)(NSF(I),I=1,MP)
48    FORMAT(13I6)
      WRITE(7,9)
9     FORMAT(/3X,'土层力学指标:')
      WRITE(7,10)(I,(CT(I,J),J=1,4),I=1,NL)
10    FORMAT(2X,I3,':',F7.3,3X,F7.3,3X,F7.3,3X,F7.3)
      WRITE(7,40) X01,X02,Y01,Y00
40    FORMAT(/3X,'最小安全系数滑弧搜索范围参数 X01, X02, Y01,Y00:',
     #4F12.2)
      WRITE(7,42) DX0,DY0,DR
42    FORMAT(/3X,'最小安全系数滑弧搜索步长参数 DX0, DY0, DR:',3F8.2)
      WRITE(7,44) BS0
44    FORMAT(/3X,'滑弧土条宽度取值 BS0:',F10.2)

C     **********确定上游水位和下游水位**********
      N1=NSF(1)
      YWU=XY(N1,2)
      DO I=1,MP
      N1=NSF(I)
      IF(N1.EQ.0)THEN
      N2=NSF(I-1)
      YWD=XY(N2,2)
      GOTO 199
      ENDIF
      ENDDO
      N2=NSF(MP)
      YWD=XY(N2,2)
199   CONTINUE
      MX0=(X02  X01)/DX0
      MY0=(Y01-Y00)/DY0
      MR=(Y01-Y00)/DR
      CKU=1000.0
      CKD=1000.0
      DO IA1=1,MX0+1
```

```
      XC=X01+(IA1-1)*DX0
      DO I=1,MP-1
      I1=I
      I2=I+1
      N1=NN(NL,I1)
      N2=NN(NL,I2)
      X1=XY(N1,1)
      X2=XY(N2,1)
      IF(XC.GE.X1.AND.XC.LE.X2)THEN
      Y1=XY(N1,2)
      Y2=XY(N2,2)
      TK=(Y2-Y1)/(X2-X1)
      CB=Y2-TK*X2
      YCC=TK*XC+CB
      GOTO 135
      ENDIF
      ENDDO
135   CONTINUE
      DO IA2=1,MY0+1
      YC=Y01-(IA2-1)*DY0
      IF (YC.LT.YCC) GOTO 102
      DO IA3=1,MR+1
      RC=DR*IA3
      IF((YC-RC).LT.Y00) GOTO 100

C     *********求滑弧起、终点**********
      CH2='O'
      CH3='O'
      DO I=1,MP-1
      I1=I
      I2=I+1
      N1=NN(NL,I1)
      N2=NN(NL,I2)
      X1=XY(N1,1)
```

```
      Y1=XY(N1,2)
      X2=XY(N2,1)
      Y2=XY(N2,2)
      TK=(Y2-Y1)/(X2-X1)
      CB=Y2-TK*X2
      AA=1.0+TK**2
      BB=2.0*TK*(CB-YC)-2.0*XC
      CC=XC**2+(CB-YC)**2-RC**2
      DT=BB**2-4*AA*CC
      IF(DT.GE.0.0)THEN
      X11=(-BB-SQRT(DT))/(2*AA)
      X22=(-BB+SQRT(DT))/(2*AA)
      IF(X11.GE.X1.AND.X11.LE.X2)THEN
      XA=X11
      YA=TK*XA+CB
      CH2='S'
      ENDIF
      IF(X22.GE.X1.AND.X22.LE.X2) THEN
      XB=X22
      YB=TK*XB+CB
      CH3='S'
      GOTO 11
      ENDIF
      ENDIF
      ENDDO
11    CONTINUE
      IF(CH2.EQ.'O'.OR.CH3.EQ.'O') GOTO 95
      IF(ABS(YA-YB).LT.1.0) GOTO 95
      COA=(YC-YA)/RC
      COB=(YC-YB)/RC
      IF(COA.LT.0.1736) GOTO 95
      IF(COB.LT.0.1736) GOTO 95
      XBS=XB-XA
      MN=XBS/BS0
```

```
      IF(MN.GT.1000)THEN
      WRITE(*,*)'土条数太多,数组出界!'
      STOP
      ENDIF
      IF(MN.LT.3) GOTO 95
      BS=XBS/MN

C     *********求各土条底部三点的坐标、土条底部倾角的正弦和余弦值*********
      DO I=1,MN
      XX1=XA+BS*(I-1)
      XX2=XA+BS*(I-1)+0.5*BS
      XX3=XA+BS*I
      YY1=YC-SQRT(RC**2-(XX1-XC)**2)
      YY2=YC-SQRT(RC**2-(XX2-XC)**2)
      YY3=YC-SQRT(RC**2-(XX3-XC)**2)
      HCC(I,1)=YY1
      HCC(I,2)=YY2
      HCC(I,3)=YY3
      IF(YA.LT.YB) HCC(I,4)=(XX2-XC)/RC
      IF(YA.GT.YB) HCC(I,4)=(XC-XX2)/RC
      HCC(I,5)=(YC-YY2)/RC
      ENDDO

C     *********求各土条与各土层顶面线三个交点的坐标*********
      DO I=1,MN
      XX1=XA+BS*(I-1)
      XX2=XA+BS*(I-1)+0.5*BS
      XX3=XA+BS*I
      DO J=1,NL
      DO K=1,MP-1
      N1=NN(J,K)
      N2=NN(J,K+1)
      XL1=XY(N1,1)
      XL2=XY(N2,1)
```

```
      IF(XX1.LE.XL2.AND.XX1.GE.XL1)THEN
      YL1=XY(N1,2)
      YL2=XY(N2,2)
      TK=(YL2-YL1)/(XL2-XL1)
      CB=YL2-TK*XL2
      YY1=TK*XX1+CB
      HSS(I,J,1)=YY1
      ENDIF
      IF(XX2.LE.XL2.AND.XX2.GE.XL1)THEN
      YL1=XY(N1,2)
      YL2=XY(N2,2)
      TK=(YL2-YL1)/(XL2-XL1)
      CB=YL2-TK*XL2
      YY2=TK*XX2+CB
      HSS(I,J,2)=YY2
      ENDIF
      IF(XX3.LE.XL2.AND.XX3.GE.XL1)THEN
      YL1=XY(N1,2)
      YL2=XY(N2,2)
      TK=(YL2-YL1)/(XL2-XL1)
      CB=YL2-TK*XL2
      YY3=TK*XX3+CB
      HSS(I,J,3)=YY3
      GOTO 22
      ENDIF
      ENDDO
22    CONTINUE
      ENDDO
      ENDDO

C    **********排除过于浅薄的滑弧体**********
      HIM=0.0
      DO I=1,MN
      HIX=HSS(I,NL,2)-HCC(I,2)
```

```
      IF(HIX.GT.HIM) HIM=HIX
      ENDDO
      IF(HIM.LT.2.5) GOTO 95
C     **********确定滑弧通过的土层**********
      DO I=1,MN
      DO J=1,NL
      H11=ABS(HSS(I,J,1)-HCC(I,1))
      IF(HSS(I,J,1).GE.HCC(I,1).OR.H11.LT.0.01)THEN
      MAT(I,1)=J
      GOTO 35
      ENDIF
      ENDDO
35    CONTINUE
      DO J=1,NL
      H12=ABS(HSS(I,J,2)-HCC(I,2))
      IF(HSS(I,J,2).GE.HCC(I,2).OR.H12.LT.0.01)THEN
      MAT(I,2)=J
      GOTO 36
      ENDIF
      ENDDO
36    CONTINUE
      DO J=1,NL
      H13=ABS(HSS(I,J,3)-HCC(I,3))
      IF(HSS(I,J,3).GE.HCC(I,3).OR.H13.LT.0.01)THEN
      MAT(I,3)=J
      GOTO 37
      ENDIF
      ENDDO
37    CONTINUE
      ENDDO

C     **********确定各土条滑动面的强度指标**********
      DO I=1,MN
      M1=MAT(I,1)
```

```
      M2=MAT(I,2)
      M3=MAT(I,3)
      FA1=CT(M1,3)*0.01745329
      FA2=CT(M2,3)*0.01745329
      FA3=CT(M3,3)*0.01745329
      FAA=(FA1+FA2+FA3)/3.0
      C1=CT(M1,4)
      C2=CT(M2,4)
      C3=CT(M3,4)
      CA=(C1+C2+C3)/3.0
      STH(I,1)=TAN(FAA)
      STH(I,2)=CA
      ENDDO

C   *********确定各土条中线与浸润线交点的y坐标*********
      DO I=1,MN
      XX2=XA+BS*(I-1)+0.5*BS
      DO K=1,MP-1
      N1=NSF(K)
      N2=NSF(K+1)
      XL1=XY(N1,1)
      XL2=XY(N2,1)
      IF(XX2.LE.XL2.AND.XX2.GE.XL1)THEN
      YL1=XY(N1,2)
      YL2=XY(N2,2)
      TK=(YL2-YL1)/(XL2-XL1)
      CB=YL2-TK*XL2
      YY2=TK*XX2+CB
      HSF(I)=YY2
      GOTO 23
      ENDIF
      ENDDO
23    CONTINUE
      ENDDO
```

```
C    ***确定各土条水上、坡外水位与浸润线之间及水下三部分的高度****
      IF(YA.LT.YB) THEN
      DO I=1,MN
      DO J=1,NL
      IF(HSS(I,J,2).LT.HCC(I,2)) HSS(I,J,2)=HCC(I,2)
      IF(J.EQ.1) YBT=HCC(I,2)
      IF(J.GT.1) YBT=HSS(I,J-1,2)
      HI=HSS(I,J,2)-YBT
      HI1=HSS(I,J,2)-YWU
      IF(HI1.LT.0.0) HI1=0.0
      IF(HI1.GT.HI) HI1=HI
      HY=HI-HI1
      HSW=HSS(I,J,2)-HI1
      HI2=HSW-HSF(I)
      IF(HI2.LT.0.0) HI2=0.0
      IF(HI2.GT.HY) HI2=HY
      HI3=HI-HI1-HI2
      HWA(I,J,1)=HI1
      HWA(I,J,2)=HI2
      HWA(I,J,3)=HI3
      ENDDO
      ENDDO
      ENDIF
      IF(YA.GT.YB)THEN
      DO I=1,MN
      DO J=1,NL
      IF(HSS(I,J,2).LT.HCC(I,2)) HSS(I,J,2)=HCC(I,2)
      IF(J.EQ.1) YBT=HCC(I,2)
      IF(J.GT.1) YBT=HSS(I,J-1,2)
      HI=HSS(I,J,2)-YBT
      HI1=HSS(I,J,2)-HSF(I)
      IF(HI1.LT.0.0) HI1=0.0
      IF(HI1.GT.HI) HI1=HI
      HY=HI-HI1
```

```
      HSW＝HSS(I,J,2)－HI1
      HI2＝HSW－YWD
      IF(HI2.LT.0.0) HI2＝0.0
      IF(HI2.GT.HY) HI2＝HY
      HI3＝HI－HI1－HI2
      HWA(I,J,1)＝HI1
      HWA(I,J,2)＝HI2
      HWA(I,J,3)＝HI3
      ENDDO
      ENDDO
      ENDIF

C    **********确定各土条的滑动力重量(公式分母中的重量)**********
      IF(YA.LT.YB)THEN
      DO I＝1,MN
      WW(I)＝0.0
      DO J＝1,NL
      WW(I)＝WW(I)＋BS*(HWA(I,J,1)*CT(J,1)＋HWA(I,J,2)*(CT(J,1)－
9.8)＋
     #HWA(I,J,3)*(CT(J,2)－9.8))
      ENDDO
      ENDDO
      ENDIF
      IF(YA.GT.YB)THEN
      DO I＝1,MN
      WW(I)＝0.0
      DO J＝1,NL
      WW(I)＝WW(I)＋BS*(HWA(I,J,1)*CT(J,1)＋HWA(I,J,2)*CT(J,2)＋
     #HWA(I,J,3)*(CT(J,2)－9.8))
      ENDDO
      ENDDO
      ENDIF

C    *********确定各土条的抗滑力重量(公式分子中的重量)**********
```

```
      IF(YA.LT.YB)THEN
      DO I=1,MN
      WW1(I)=0.0
      DO J=1,NL
      WW1(I)=WW1(I)+BS*(HWA(I,J,1)*CT(J,1)+HWA(I,J,2)*CT(J,1)+
     #HWA(I,J,3)*(CT(J,2)-9.8))
      ENDDO
      ENDDO
      ENDIF
      IF(YA.GT.YB)THEN
      DO I=1,MN
      WW1(I)=0.0
      DO J=1,NL
      WW1(I)=WW1(I)+BS*(HWA(I,J,1)*CT(J,1)+HWA(I,J,2)*(CT(J,2)-
9.8)+
     #HWA(I,J,3)*(CT(J,2)-9.8))
      ENDDO
      ENDDO
      ENDIF

C     **********简化毕肖普法计算**********
      CK=1.0
      ITT=0
77    CONTINUE
      ITT=ITT+1
      S0=0.0
      T0=0.0
      T01=0.0
      DO I=1,MN
      TS=HCC(I,4)/HCC(I,5)
      CC=(1.0+STH(I,1)*TS/CK)*HCC(I,5)
      IF(ABS(CC).LT.0.00001) GOTO 95
      S0=S0+WW(I)*HCC(I,4)
      T0=T0+(WW1(I)*STH(I,1)+BS*STH(I,2))/CC
```

```
      T01=T01+WW1(I)*HCC(I,5)*STH(I,1)+BS*STH(I,2)/HCC(I,5)
      ENDDO
      IF(S0.LT.1.0) GOTO 95
      IF(T0.LT.1.0) GOTO 95
      CK1=T0/S0
      ERR=ABS((CK1-CK)/CK)
      IF(ITT.GT.100)THEN
      IF(CK1.LT.CK) CK=CK1
      GOTO 78
      ENDIF
      IF(ERR.GT.0.005)THEN
      CK=(CK+CK1)/2.0
      GOTO 77
      ENDIF
78    CONTINUE
      CKRD=T01/S0
      IF(CK.LT.CKRD) GOTO 95
      IF(YA.LT.YB.AND.CK.LT.CKU )THEN
      CKU=CK
      XCU=XC
      YCU=YC
      RCU=RC
      ENDIF
      IF(YA.GT.YB.AND.CK.LT.CKD )THEN
      CKD=CK
      XCD=XC
      YCD=YC
      RCD=RC
      ENDIF
95    CONTINUE
      ENDDO
100   CONTINUE
      ENDDO
102   CONTINUE
```

```
      ENDDO

C   **********计算结果输出**********
      WRITE(7,150)
150   FORMAT(//3X,'稳定渗流期坝坡抗滑稳定计算结果:')
      WRITE(7,151)
151   FORMAT('----------------------------------------')
      WRITE(7,152)
152   FORMAT('上游坝坡:')
      WRITE(7,130) CKU
      WRITE(7,137) XCU,YCU,RCU
130   FORMAT(3X,'抗滑稳定安全系数:K= ',F7.3)
137   FORMAT(3X,'最小安全系数滑弧位置:圆心XC、YC,半径RC:',3F12.2)
      WRITE(7,154)
154   FORMAT(/'下游坝坡:')
      WRITE(7,140) CKD
      WRITE(7,145) XCD,YCD,RCD
140   FORMAT(3X,'抗滑稳定安全系数:K=',F7.3)
145   FORMAT(3X,'最小安全系数滑弧位置:圆心XC、YC,半径RC:',3F12.2)
      CLOSE(7)
      STOP
      END
```

1.3.3 水库水位降落期

水库水位降落期计算程序如下。

```
      DIMENSION XY(3000,2),NN(50,200),MAT(3000,3),CT(50,4),NSF(200)
      DIMENSION HCC(3000,5),HSS(3000,50,3),WW(3000),WW1(3000)
      DIMENSION HWA(3000,50,3),HSF(3000),PU(3000),STH(3000,2)
      CHARACTER CH2*1,CH3*1

C   ************读入土石坝剖面计算数据*************
      OPEN (5,FILE='DATA-C.TXT',STATUS='OLD')
      READ(5,*)NP,NL,MP
      READ(5,*)(IL,(XY(I,J),J=1,2),I=1,NP)
```

```
      READ(5,*)(IL,(NN(I,J),J=1,MP),I=1,NL)
      READ(5,*) (NSF(I),I=1,MP)
      READ(5,*)(IL,(CT(I,J),J=1,4),I=1,NL)
      READ(5,*) X01,X02,Y01,Y00
      READ(5,*) DX0,DY0,DR
      READ(5,*) BS0
      CLOSE(5)
      OPEN (7,FILE='水库水位降落期计算结果.TXT',STATUS='UNKNOWN')
      WRITE(7,2)
2     FORMAT(3X,'水库水位降落期坝坡稳定计算输入数据:')
      WRITE(7,3)
3     FORMAT('---------------------------------------')
      WRITE(7,4) NP,NL,MP
4     FORMAT(3X,'剖面结点数NP,剖面土层数NL,
     #土层顶面线及浸润线结点数MP:',3I6)
      WRITE(7,5)
5     FORMAT(/3X,'剖面结点坐标:')
      WRITE(7,6) (I,(XY(I,J),J=1,2),I=1,NP)
6     FORMAT(I3,':',F9.3,',',F9.3,10X,I3,':',F9.3,',',F9.3)
      WRITE(7,7)
7     FORMAT(/3X,'土层顶面线结点号:')
      DO I=1,NL
      WRITE(7,46)I,(NN(I,J),J=1,MP)
      ENDDO
46    FORMAT(I4,':',1X,13I6)
      WRITE(7,47)
47    FORMAT(/3X,'水库水位降落后浸润线结点号:')
      WRITE(7,48) (NSF(I),I=1,MP)
48    FORMAT(13I6)
      WRITE(7,9)
9     FORMAT(/3X,'土层力学指标:')
      WRITE(7,10)(I,(CT(I,J),J=1,4),I=1,NL)
10    FORMAT(2X,I3,':',F7.3,3X,F7.3,3X,F7.3,3X,F7.3)
      WRITE(7,40) X01,X02,Y01,Y00
```

```
40   FORMAT(/3X,'最小安全系数滑弧搜索范围参数 X01, X02, Y01,Y00:',
   #4F12.2)
     WRITE(7,42) DX0,DY0,DR
42   FORMAT(/3X,'最小安全系数滑弧搜索步长参数 DX0, DY0, DR:',3F8.2)
     WRITE(7,44) BS0
44   FORMAT(/3X,'滑弧土条宽度取值 BS0:',F10.2)

C    ************确定上游水位和下游水位************
     N1=NSF(1)
     YWU=XY(N1,2)
     DO I=1,MP
     N1=NSF(I)
     IF(N1.EQ.0)THEN
     N2=NSF(I-1)
     YWD=XY(N2,2)
     GOTO 199
     ENDIF
     ENDDO
     N2=NSF(MP)
     YWD=XY(N2,2)
199  CONTINUE
     MX0=(X02-X01)/DX0
     MY0=(Y01-Y00)/DY0
     MR=(Y01-Y00)/DR
     CKU=1000.0
     CKD=1000.0
     DO IA1=1,MX0+1
     XC=X01+(IA1-1)*DX0
     DO I=1,MP-1
     I1=I
     I2=I+1
     N1=NN(NL,I1)
     N2=NN(NL,I2)
     X1=XY(N1,1)
```

```
      X2=XY(N2,1)
      IF(XC.GE.X1.AND.XC.LE.X2)THEN
      Y1=XY(N1,2)
      Y2=XY(N2,2)
      TK=(Y2-Y1)/(X2-X1)
      CB=Y2-TK*X2
      YCC=TK*XC+CB
      GOTO 135
      ENDIF
      ENDDO
135   CONTINUE
      DO IA2=1,MY0+1
      YC=Y01-(IA2-1)*DY0
      IF (YC.LT.YCC) GOTO 102
      DO IA3=1,MR+1
      RC=DR*IA3
      IF((YC-RC).LT.Y00) GOTO 100

C    *********求滑弧起、终点**********
      CH2='O'
      CH3='O'
      DO I=1,MP-1
      I1=I
      I2=I+1
      N1=NN(NL,I1)
      N2=NN(NL,I2)
      X1=XY(N1,1)
      Y1=XY(N1,2)
      X2=XY(N2,1)
      Y2=XY(N2,2)
      TK=(Y2-Y1)/(X2-X1)
      CB=Y2-TK*X2
      AA=1.0+TK**2
      BB=2.0*TK*(CB-YC)-2.0*XC
```

```
      CC=XC**2+(CB-YC)**2-RC**2
      DT=BB**2-4*AA*CC
      IF(DT.GE.0.0)THEN
      X11=(-BB-SQRT(DT))/(2*AA)
      X22=(-BB+SQRT(DT))/(2*AA)
      IF(X11.GE.X1.AND.X11.LE.X2)THEN
      XA=X11
      YA=TK*XA+CB
      CH2='S'
      ENDIF
      IF(X22.GE.X1.AND.X22.LE.X2) THEN
      XB=X22
      YB=TK*XB+CB
      CH3='S'
      GOTO 11
      ENDIF
      ENDIF
      ENDDO
11    CONTINUE
      IF(CH2.EQ.'O'.OR.CH3.EQ.'O') GOTO 95
      IF(ABS(YA-YB).LT.1.0) GOTO 95
      COA=(YC-YA)/RC
      COB=(YC-YB)/RC
      IF(COA.LT.0.1736) GOTO 95
      IF(COB.LT.0.1736) GOTO 95
      XBS=XB-XA
      MN=XBS/BS0
      IF(MN.GT.1000)THEN
      WRITE(*,*)'土条数太多,数组出界！'
      STOP
      ENDIF
      IF(MN.LT.3) GOTO 95
      BS=XBS/MN
```

```
C    *********求各土条底部三点的坐标、土条底部倾角的正弦和余弦值*********
      DO I=1,MN
      XX1=XA+BS*(I-1)
      XX2=XA+BS*(I-1)+0.5*BS
      XX3=XA+BS*I
      YY1=YC-SQRT(RC**2-(XX1-XC)**2)
      YY2=YC-SQRT(RC**2-(XX2-XC)**2)
      YY3=YC-SQRT(RC**2-(XX3-XC)**2)
      HCC(I,1)=YY1
      HCC(I,2)=YY2
      HCC(I,3)=YY3
      IF(YA.LT.YB) HCC(I,4)=(XX2-XC)/RC
      IF(YA.GT.YB) HCC(I,4)=(XC-XX2)/RC
      HCC(I,5)=(YC-YY2)/RC
      ENDDO

C    *********求各土条与各土层顶面线三个交点的坐标*********
      DO I=1,MN
      XX1=XA+BS*(I-1)
      XX2=XA+BS*(I-1)+0.5*BS
      XX3=XA+BS*I
      DO J=1,NL
      DO K=1,MP-1
      N1=NN(J,K)
      N2=NN(J,K+1)
      XL1=XY(N1,1)
      XL2=XY(N2,1)
      IF(XX1.LE.XL2.AND.XX1.GE.XL1)THEN
      YL1=XY(N1,2)
      YL2=XY(N2,2)
      TK=(YL2-YL1)/(XL2-XL1)
      CB=YL2-TK*XL2
      YY1=TK*XX1+CB
      HSS(I,J,1)=YY1
```

```
      ENDIF
      IF(XX2.LE.XL2.AND.XX2.GE.XL1)THEN
      YL1=XY(N1,2)
      YL2=XY(N2,2)
      TK=(YL2-YL1)/(XL2-XL1)
      CB=YL2-TK*XL2
      YY2=TK*XX2+CB
      HSS(I,J,2)=YY2
      ENDIF
      IF(XX3.LE.XL2.AND.XX3.GE.XL1)THEN
      YL1=XY(N1,2)
      YL2=XY(N2,2)
      TK=(YL2-YL1)/(XL2-XL1)
      CB=YL2-TK*XL2
      YY3=TK*XX3+CB
      HSS(I,J,3)=YY3
      GOTO 22
      ENDIF
      ENDDO
22    CONTINUE
      ENDDO
      ENDDO

C     **********排除过于浅薄的滑弧体**********
      HIM=0.0
      DO I=1,MN
      HIX=HSS(I,NL,2)-HCC(I,2)
      IF(HIX.GT.HIM) HIM=HIX
      ENDDO
      IF(HIM.LT.2.5) GOTO 95

C     **********确定滑弧通过的土层**********
      DO I=1,MN
      DO J=1,NL
```

```
      H11=ABS(HSS(I,J,1)-HCC(I,1))
      IF(HSS(I,J,1).GE.HCC(I,1).OR.H11.LT.0.01)THEN
      MAT(I,1)=J
      GOTO 35
      ENDIF
      ENDDO
35    CONTINUE
      DO J=1,NL
      H12=ABS(HSS(I,J,2)-HCC(I,2))
      IF(HSS(I,J,2).GE.HCC(I,2).OR.H12.LT.0.01)THEN
      MAT(I,2)=J
      GOTO 36
      ENDIF
      ENDDO
36    CONTINUE
      DO J=1,NL
      H13=ABS(HSS(I,J,3)-HCC(I,3))
      IF(HSS(I,J,3).GE.HCC(I,3).OR.H13.LT.0.01)THEN
      MAT(I,3)=J
      GOTO 37
      ENDIF
      ENDDO
37    CONTINUE
      ENDDO

C     **********确定各土条滑动面的强度指标**********
      DO I=1,MN
      M1=MAT(I,1)
      M2=MAT(I,2)
      M3=MAT(I,3)
      FA1=CT(M1,3)*0.01745329
      FA2=CT(M2,3)*0.01745329
      FA3=CT(M3,3)*0.01745329
      FAA=(FA1+FA2+FA3)/3.0
```

```
      C1=CT(M1,4)
      C2=CT(M2,4)
      C3=CT(M3,4)
      CA=(C1+C2+C3)/3.0
      STH(I,1)=DTAN(FAA)
      STH(I,2)=CA
      ENDDO
C     *********确定各土条中线与浸润线交点的y坐标*********
      DO I=1,MN
      XX2=XA+BS*(I-1)+0.5*BS
      DO K=1,MP-1
      N1=NSF(K)
      N2=NSF(K+1)
      XL1=XY(N1,1)
      XL2=XY(N2,1)
      IF(XX2.LE.XL2.AND.XX2.GE.XL1)THEN
      YL1=XY(N1,2)
      YL2=XY(N2,2)
      TK=(YL2-YL1)/(XL2-XL1)
      CB=YL2-TK*XL2
      YY2=TK*XX2+CB
      HSF(I)=YY2
      GOTO 23
      ENDIF
      ENDDO
23    CONTINUE
      ENDDO

C     ******确定各土条水上、坡外水位与浸润线之间及水下三部分的高度******
      IF(YA.LT.YB)THEN
      DO I=1,MN
      DO J=1,NL
      IF(HSS(I,J,2).LT.HCC(I,2)) HSS(I,J,2)=HCC(I,2)
      IF(J.EQ.1) YBT=HCC(I,2)
```

```
IF(J.GT.1) YBT=HSS(I,J-1,2)
HI=HSS(I,J,2)-YBT
HI1=HSS(I,J,2)-HSF(I)
IF(HI1.LT.0.0) HI1=0.0
IF(HI1.GT.HI) HI1=HI
HY=HI-HI1
HSW=HSS(I,J,2)-HI1
HI2=HSW-YWU
IF(HI2.LT.0.0) HI2=0.0
IF(HI2.GT.HY) HI2=HY
HI3=HI-HI1-HI2
HWA(I,J,1)=HI1
HWA(I,J,2)=HI2
HWA(I,J,3)=HI3
ENDDO
ENDDO
ENDIF
IF(YA.GT.YB) THEN
DO I=1,MN
DO J=1,NL
IF(HSS(I,J,2).LT.HCC(I,2)) HSS(I,J,2)=HCC(I,2)
IF(J.EQ.1) YBT=HCC(I,2)
IF(J.GT.1) YBT=HSS(I,J-1,2)
HI=HSS(I,J,2)-YBT
HI1=HSS(I,J,2)-HSF(I)
IF(HI1.LT.0.0) HI1=0.0
IF(HI1.GT.HI) HI1=HI
HY=HI-HI1
HSW=HSS(I,J,2)-HI1
HI2=HSW-YWD
IF(HI2.LT.0.0) HI2=0.0
IF(HI2.GT.HY) HI2=HY
HI3=HI-HI1-HI2
HWA(I,J,1)=HI1
HWA(I,J,2)=HI2
```

```
      HWA(I,J,3)=HI3
      ENDDO
      ENDDO
      ENDIF

C     **********确定各土条的滑动力重量(公式分母中的重量)**********
      DO I=1,MN
      WW(I)=0.0
      DO J=1,NL
      WW(I)=WW(I)+BS*(HWA(I,J,1)*CT(J,1)+HWA(I,J,2)*CT(J,2)+
     #HWA(I,J,3)*(CT(J,2)-9.8))
      ENDDO
      ENDDO

C     **********确定各土条的抗滑力重量(公式分子中的重量)**********
      DO I=1,MN
      WW1(I)=0.0
      DO J=1,NL
      WW1(I)=WW1(I)+BS*(HWA(I,J,1)*CT(J,1)+HWA(I,J,2)*(CT(J,2)-
9.8)+
     #HWA(I,J,3)*(CT(J,2)-9.8))
      ENDDO
      ENDDO

C     ************简化毕肖普法计算**********
      CK=1.0
      ITT=0
77    CONTINUE
      ITT=ITT+1
      S0=0.0
      T0=0.0
      T01=0.0
      DO I=1,MN
      TS=HCC(I,4)/HCC(I,5)
      CC=(1.0+STH(I,1)*TS/CK)*HCC(I,5)
```

```
      IF(ABS(CC).LT.0.00001) GOTO 95
      S0=S0+WW(I)*HCC(I,4)
      T0=T0+(WW1(I)*STH(I,1)+BS*STH(I,2))/CC
      T01=T01+WW1(I)*HCC(I,5)*STH(I,1)+BS*STH(I,2)/HCC(I,5)
      ENDDO
      IF(S0.LT.1.0) GOTO 95
      IF(T0.LT.1.0) GOTO 95
      CK1=T0/S0
      ERR=ABS((CK1-CK)/CK)
      IF(ITT.GT.100)THEN
      IF(CK1.LT.CK) CK=CK1
      GOTO 78
      ENDIF
      IF(ERR.GT.0.005)THEN
      CK=(CK+CK1)/2.0
      GOTO 77
      ENDIF
78    CONTINUE
      CKRD=T01/S0
      IF(CK.LT.CKRD) GOTO 95
      IF(YA.LT.YB.AND.CK.LT.CKU )THEN
      CKU=CK
      XCU=XC
      YCU=YC
      RCU=RC
      ENDIF
      IF(YA.GT.YB.AND.CK.LT.CKD )THEN
      CKD=CK
      XCD=XC
      YCD=YC
      RCD=RC
      ENDIF
95    CONTINUE
      ENDDO
```

```
100  CONTINUE
     ENDDO
102  CONTINUE
     ENDDO

C    **********计算结果输出**********
     WRITE(7,150)
150  FORMAT(//3X,'水库水位降落期坝坡抗滑稳定计算结果:')
     WRITE(7,151)
151  FORMAT('-----------------------------------------')
     WRITE(7,152)
152  FORMAT('上游坝坡:')
     WRITE(7,130) CKU
     WRITE(7,137) XCU,YCU,RCU
130  FORMAT(3X,'抗滑稳定安全系数:K= ',F7.3)
137  FORMAT(3X,'最小安全系数滑弧位置:圆心XC、YC,半径RC:',3F12.2)
     WRITE(7,154)
154  FORMAT(/'下游坝坡:')
     WRITE(7,140) CKD
     WRITE(7,145) XCD,YCD,RCD
140  FORMAT(3X,'抗滑稳定安全系数:K= ',F7.3)
145  FORMAT(3X,'最小安全系数滑弧位置:圆心XC、YC,半径RC:',3F12.2)
     CLOSE(7)
     STOP
     END
```

1.3.4 稳定渗流期组合地震情况

稳定渗流期组合地震情况计算程序如下。

```
     DIMENSION XY(3000,2),NN(50,200),MAT(3000,3),CT(50,4),NSF(200)
     DIMENSION HCC(3000,5),HSS(3000,50,3),WW(3000),WW1(3000),WWE
(3000)
     DIMENSION HWA(3000,50,3),HSF(3000),PU(3000),STH(3000,2),QQ
(3000)
     CHARACTER CH2*1,CH3*1
```

```
C    ************读入土石坝剖面计算数据*************
      OPEN(5,FILE='DATA-D.TXT',STATUS='OLD')
      READ(5,*)NP,NL,MP,ID
      READ(5,*)YTOP,YBASE1,YBASE2
      READ(5,*)(IL,(XY(I,J),J=1,2),I=1,NP)
      READ(5,*)(IL,(NN(I,J),J=1,MP),I=1,NL)
      READ(5,*)(NSF(I),I=1,MP)
      READ(5,*)(IL,(CT(I,J),J=1,4),I=1,NL)
      READ(5,*)X01,X02,Y01,Y00
      READ(5,*)DX0,DY0,DR
      READ(5,*)BS0
      CLOSE(5)
      OPEN (7,FILE='稳定渗流期组合地震情况计算结果.TXT',
     #STATUS='UNKNOWN')
      WRITE(7,2)
2     FORMAT(3X,'稳定渗流期组合地震情况计算输入数据:')
      WRITE(7,3)
3     FORMAT('------------------------------------------')
      WRITE(7,4) NP,NL,MP,ID
4     FORMAT(3X,'计算剖面结点数NP,剖面土层数NL,
     #土层顶面线及浸润线结点数MP,设计烈度ID:',4I6)
      WRITE(7,14)
14    FORMAT(/3X,'计算剖面坝顶y坐标,上游坝基面y坐标,
     #下游坝基面y坐标:')
      WRITE(7,15) YTOP,YBASE1,YBASE2
15    FORMAT(3X,F9.2,3X,F9.2,3X,F9.2)
      WRITE(7,5)
5     FORMAT(/3X,'剖面结点坐标:')
      WRITE(7,6) (I,(XY(I,J),J=1,2),I=1,NP)
6     FORMAT(I3,':',F9.3,',',F9.3,10X,I3,':',F9.3,',',F9.3)
      WRITE(7,7)
7     FORMAT(/3X,'土层顶面线结点号:')
      DO I=1,NL
```

```
      WRITE(7,46)I,(NN(I,J),J=1,MP)
      ENDDO
46    FORMAT(I4,':',1X,13I6)
      WRITE(7,47)
47    FORMAT(/3X,'浸润线结点号:')
      WRITE(7,48) (NSF(I),I=1,MP)
48    FORMAT(13I6)
      WRITE(7,9)
9     FORMAT(/3X,'土层力学指标:')
      WRITE(7,10)(I,(CT(I,J),J=1,4),I=1,NL)
10    FORMAT(2X,I3,':',F7.3,3X,F7.3,3X,F7.3,3X,F7.3)
      WRITE(7,40) X01,X02,Y01,Y00
40    FORMAT(/3X,'最小安全系数滑弧搜索范围参数X01, X02, Y01, Y00:',
     #4F12.2)
      WRITE(7,42) DX0,DY0,DR
42    FORMAT(/3X,'最小安全系数滑弧搜索步长参数 DX0, DY0, DR:',3F8.2)
      WRITE(7,44) BS0
44    FORMAT(/3X,'滑弧土条宽度取值 BS0:',F10.2)
      IF(ID.EQ.7) AFM=3.0
      IF(ID.EQ.7) AFI=0.1
      IF(ID.EQ.8) AFM=2.5
      IF(ID.EQ.8) AFI=0.2
      IF(ID.EQ.9) AFM=2.0
      IF(ID.EQ.9) AFI=0.4

C    ************确定上游水位和下游水位************
      N1=NSF(1)
      YWU=XY(N1,2)
      DO I=1,MP
      N1=NSF(I)
      IF(N1.EQ.0)THEN
      N2=NSF(I-1)
      YWD=XY(N2,2)
      GOTO 199
```

```
      ENDIF
      ENDDO
      N2=NSF(MP)
      YWD=XY(N2,2)
199   CONTINUE
      MX0=(X02-X01)/DX0
      MY0=(Y01-Y00)/DY0
      MR=(Y01-Y00)/DR
      CKU=1000.0
      CKD=1000.0
      DO IA1=1,MX0+1
      XC=X01+(IA1-1)*DX0
      DO I=1,MP-1
      I1=I
      I2=I+1
      N1=NN(NL,I1)
      N2=NN(NL,I2)
      X1=XY(N1,1)
      X2=XY(N2,1)
      IF(XC.GE.X1.AND.XC.LE.X2)THEN
      Y1=XY(N1,2)
      Y2=XY(N2,2)
      TK=(Y2-Y1)/(X2-X1)
      CB=Y2-TK*X2
      YCC=TK*XC+CB
      GOTO 135
      ENDIF
      ENDDO
135   CONTINUE
      DO IA2=1,MY0+1
      YC=Y01-(IA2-1)*DY0
      IF (YC.LT.YCC) GOTO 102
      DO IA3=1,MR+1
      RC=DR*IA3
```

```
      IF((YC-RC).LT.Y00) GOTO 100

C    *********求滑弧起、终点**********
      CH2='O'
      CH3='O'
      DO I=1,MP-1
      I1=I
      I2=I+1
      N1=NN(NL,I1)
      N2=NN(NL,I2)
      X1=XY(N1,1)
      Y1=XY(N1,2)
      X2=XY(N2,1)
      Y2=XY(N2,2)
      TK=(Y2-Y1)/(X2-X1)
      CB=Y2-TK*X2
      AA=1.0+TK**2
      BB=2.0*TK*(CB-YC)-2.0*XC
      CC=XC**2+(CB-YC)**2-RC**2
      DT=BB**2-4*AA*CC
      IF(DT.GE.0.0)THEN
      X11=(-BB-SQRT(DT))/(2*AA)
      X22=(-BB+SQRT(DT))/(2*AA)
      IF(X11.GE.X1.AND.X11.LE.X2)THEN
      XA=X11
      YA=TK*XA+CB
      CH2='S'
      ENDIF
      IF(X22.GE.X1.AND.X22.LE.X2)THEN
      XB=X22
      YB=TK*XB+CB
      CH3='S'
      GOTO 11
      ENDIF
```

```
      ENDIF
      ENDDO
11    CONTINUE
      IF(CH2.EQ.'O'.OR.CH3.EQ.'O') GOTO 95
      IF(ABS(YA-YB).LT.1.0) GOTO 95
      COA=(YC-YA)/RC
      COB=(YC-YB)/RC
      IF(COA.LT.0.1736) GOTO 95
      IF(COB.LT.0.1736) GOTO 95
      XBS=XB-XA
      MN=XBS/BS0
      IF(MN.GT.1000)THEN
      WRITE(*,*)'土条数太多,数组出界！'
      STOP
      ENDIF
      IF(MN.LT.3) GOTO 95
      BS=XBS/MN

C   *********求各土条底部三点的坐标、土条底部倾角的正弦和余弦值*********
      DO I=1,MN
      XX1=XA+BS*(I-1)
      XX2=XA+BS*(I-1)+0.5*BS
      XX3=XA+BS*I
      YY1=YC-SQRT(RC**2-(XX1-XC)**2)
      YY2=YC-SQRT(RC**2-(XX2-XC)**2)
      YY3=YC-SQRT(RC**2-(XX3-XC)**2)
      HCC(I,1)=YY1
      HCC(I,2)=YY2
      HCC(I,3)=YY3
      IF(YA.LT.YB) HCC(I,4)=(XX2-XC)/RC
      IF(YA.GT.YB) HCC(I,4)=(XC-XX2)/RC
      HCC(I,5)=(YC-YY2)/RC
      ENDDO
```

```
C    *********求各土条与各土层顶面线三个交点的坐标*********
      DO I=1,MN
      XX1=XA+BS*(I-1)
      XX2=XA+BS*(I-1)+0.5*BS
      XX3=XA+BS*I
      DO J=1,NL
      DO K=1,MP-1
      N1=NN(J,K)
      N2=NN(J,K+1)
      XL1=XY(N1,1)
      XL2=XY(N2,1)
      IF(XX1.LE.XL2.AND.XX1.GE.XL1)THEN
      YL1=XY(N1,2)
      YL2=XY(N2,2)
      TK=(YL2-YL1)/(XL2-XL1)
      CB=YL2-TK*XL2
      YY1=TK*XX1+CB
      HSS(I,J,1)=YY1
      ENDIF
      IF(XX2.LE.XL2.AND.XX2.GE.XL1)THEN
      YL1=XY(N1,2)
      YL2=XY(N2,2)
      TK=(YL2-YL1)/(XL2-XL1)
      CB=YL2-TK*XL2
      YY2=TK*XX2+CB
      HSS(I,J,2)=YY2
      ENDIF
      IF(XX3.LE.XL2.AND.XX3.GE.XL1)THEN
      YL1=XY(N1,2)
      YL2=XY(N2,2)
      TK=(YL2-YL1)/(XL2-XL1)
      CB=YL2-TK*XL2
      YY3=TK*XX3+CB
      HSS(I,J,3)=YY3
```

```
      GOTO 22
      ENDIF
      ENDDO
22    CONTINUE
      ENDDO
      ENDDO

C  **********排除过于浅薄的滑弧体**********
      HIM=0.0
      DO I=1,MN
      HIX=HSS(I,NL,2)-HCC(I,2)
      IF(HIX.GT.HIM) HIM=HIX
      ENDDO
      IF(HIM.LT.2.5) GOTO 95

C  **********确定滑弧通过的土层**********
      DO I=1,MN
      DO J=1,NL
      H11=ABS(HSS(I,J,1)-HCC(I,1))
      IF(HSS(I,J,1).GE.HCC(I,1).OR.H11.LT.0.01)THEN
      MAT(I,1)=J
      GOTO 35
      ENDIF
      ENDDO
35    CONTINUE
      DO J=1,NL
      H12=ABS(HSS(I,J,2)-HCC(I,2))
      IF(HSS(I,J,2).GE.HCC(I,2).OR.H12.LT.0.01)THEN
      MAT(I,2)=J
      GOTO 36
      ENDIF
      ENDDO
36    CONTINUE
      DO J=1,NL
      H13=ABS(HSS(I,J,3)-HCC(I,3))
```

```
      IF(HSS(I,J,3).GE.HCC(I,3).OR.H13.LT.0.01)THEN
      MAT(I,3)=J
      GOTO 37
      ENDIF
      ENDDO
37    CONTINUE
      ENDDO

C     **********确定各土条滑动面的强度指标**********
      DO I=1,MN
      M1=MAT(I,1)
      M2=MAT(I,2)
      M3=MAT(I,3)
      FA1=CT(M1,3)*0.01745329
      FA2=CT(M2,3)*0.01745329
      FA3=CT(M3,3)*0.01745329
      FAA=(FA1+FA2+FA3)/3.0
      C1=CT(M1,4)
      C2=CT(M2,4)
      C3=CT(M3,4)
      CA=(C1+C2+C3)/3.0
      STH(I,1)=TAN(FAA)
      STH(I,2)=CA
      ENDDO

C     *********确定各土条中线与浸润线交点的y坐标*********
      DO I=1,MN
      XX2=XA+BS*(I-1)+0.5*BS
      DO K=1,MP-1
      N1=NSF(K)
      N2=NSF(K+1)
      XL1=XY(N1,1)
      XL2=XY(N2,1)
      IF(XX2.LE.XL2.AND.XX2.GE.XL1)THEN
```

```
      YL1=XY(N1,2)
      YL2=XY(N2,2)
      TK=(YL2-YL1)/(XL2-XL1)
      CB=YL2-TK*XL2
      YY2=TK*XX2+CB
      HSF(I)=YY2
      GOTO 23
      ENDIF
      ENDDO
23    CONTINUE
      ENDDO

C   *********确定各土条水上、坡外水位与浸润线之间及水下三部分的高度*********
      IF(YA.LT.YB)THEN
      DO I=1,MN
      DO J=1,NL
      IF(HSS(I,J,2).LT.HCC(I,2)) HSS(I,J,2)=HCC(I,2)
      IF(J.EQ.1) YBT-HCC(I,2)
      IF(J.GT.1) YBT=HSS(I,J-1,2)
      HI=HSS(I,J,2)-YBT
      HI1=HSS(I,J,2)-YWU
      IF(HI1.LT.0.0) HI1=0.0
      IF(HI1.GT.HI) HI1=HI
      HY=HI-HI1
      HSW=HSS(I,J,2)-HI1
      HI2=HSW-HSF(I)
      IF(HI2.LT.0.0) HI2=0.0
      IF(HI2.GT.HY) HI2=HY
      HI3=HI-HI1-HI2
      HWA(I,J,1)=HI1
      HWA(I,J,2)=HI2
      HWA(I,J,3)=HI3
      ENDDO
      ENDDO
```

```
      ENDIF
      IF(YA.GT.YB)THEN
      DO I=1,MN
      DO J=1,NL
      IF(HSS(I,J,2).LT.HCC(I,2)) HSS(I,J,2)=HCC(I,2)
      IF(J.EQ.1) YBT=HCC(I,2)
      IF(J.GT.1) YBT=HSS(I,J-1,2)
      HI=HSS(I,J,2)-YBT
      HI1=HSS(I,J,2)-HSF(I)
      IF(HI1.LT.0.0) HI1=0.0
      IF(HI1.GT.HI) HI1=HI
      HY=HI-HI1
      HSW=HSS(I,J,2)-HI1
      HI2=HSW-YWD
      IF(HI2.LT.0.0) HI2=0.0
      IF(HI2.GT.HY) HI2=HY
      HI3=HI-HI1-HI2
      HWA(I,J,1)=HI1
      HWA(I,J,2)=HI2
      HWA(I,J,3)=HI3
      ENDDO
      ENDDO
      ENDIF

C   *******确定各土条的滑动力重量(公式分母中的重量)**********
      IF(YA.LT.YB)THEN
      DO I=1,MN
      WW(I)=0.0
      DO J=1,NL
      WW(I)=WW(I)+BS*(HWA(I,J,1)*CT(J,1)+HWA(I,J,2)*(CT(J,1)-
9.8)+
     #HWA(I,J,3)*(CT(J,2)-9.8))
      ENDDO
      ENDDO
```

```
      ENDIF
      IF(YA.GT.YB)THEN
      DO I=1,MN
      WW(I)=0.0
      DO J=1,NL
      WW(I)=WW(I)+BS*(HWA(I,J,1)*CT(J,1)+HWA(I,J,2)*CT(J,2)+
     #HWA(I,J,3)*(CT(J,2)-9.8))
      ENDDO
      ENDDO
      ENDIF

C     **********确定各土条的抗滑力重量(公式分子中的重量)**********
      IF(YA.LT.YB)THEN
      DO I=1,MN
      WW1(I)=0.0
      DO J=1,NL
      WW1(I)=WW1(I)+BS*(HWA(I,J,1)*CT(J,1)+HWA(I,J,2)*CT(J,1)+
     #HWA(I,J,3)*(CT(J,2)-9.8))
      ENDDO
      ENDDO
      ENDIF
      IF(YA.GT.YB)THEN
      DO I=1,MN
      WW1(I)=0.0
      DO J=1,NL
      WW1(I)=WW1(I)+BS*(HWA(I,J,1)*CT(J,1)+HWA(I,J,2)*(CT(J,2)-
9.8)+
     #HWA(I,J,3)*(CT(J,2)-9.8))
      ENDDO
      ENDDO
      ENDIF

C     **********确定各土条水平地震惯性力**********
      IF(YA.LT.YB)THEN
```

```
      DO I=1,MN
      YSM=(HSS(I,NL,2)+HCC(I,2))*0.5
      CY11=YSM-YBASE1
      IF(CY11.LT.0.0) CY11=0.0
      AFSI=1.0+(AFM-1.0)/(YTOP-YBASE1)*CY11
      WWE(I)=0.0
      DO J=1,NL
      WWE(I)=WWE(I)+BS*(HWA(I,J,1)*CT(J,1)+HWA(I,J,2)*CT(J,1)+
     #HWA(I,J,3)*CT(J,2))
      ENDDO
      QQ(I)=AFI*0.25*AFSI*WWE(I)
      ENDDO
      ENDIF
      IF(YA.GT.YB)THEN
      DO I=1,MN
      YSM=(HSS(I,NL,2)+HCC(I,2))*0.5
      CY11=YSM-YBASE2
      IF(CY11.LT.0.0) CY11=0.0
      AFSI=1.0+(AFM-1.0)/(YTOP-YBASE2)*CY11
      WWE(I)=0.0
      DO J=1,NL
      WWE(I)=WWE(I)+BS*(HWA(I,J,1)*CT(J,1)+HWA(I,J,2)*CT(J,2)+
     #HWA(I,J,3)*CT(J,2))
      ENDDO
      QQ(I)=AFI*0.25*AFSI*WWE(I)
      ENDDO
      ENDIF

C     **********简化毕肖普法计算**********
      CK=1.0
      ITT=0
77    CONTINUE
      ITT=ITT+1
      S0=0.0
```

```
      T0=0.0
      T01=0.0
      DO I=1,MN
      TS=HCC(I,4)/HCC(I,5)
      CC=(1.0+STH(I,1)*TS/CK)*HCC(I,5)
      YSM=(HSS(I,NL,2)+HCC(I,2))*0.5
      IF(ABS(CC).LT.0.00001) GOTO 95
      S0=S0+WW(I)*HCC(I,4)+QQ(I)*(YC-YSM)/RC
      T0=T0+(WW1(I)*STH(I,1)+BS*STH(I,2))/CC
      T01=T01+(WW1(I)*HCC(I,5)-QQ(I)*HCC(I,4))*STH(I,1)+
     #BS*STH(I,2)/HCC(I,5)
      ENDDO
      IF(S0.LT.1.0) GOTO 95
      IF(T0.LT.1.0) GOTO 95
      CK1=T0/S0
      ERR=ABS((CK1-CK)/CK)
      IF(ITT.GT.100) THEN
      IF(CK1.LT.CK) CK=CK1
      GOTO 78
      ENDIF
      IF(ERR.GT.0.005)THEN
      CK=(CK+CK1)/2.0
      GOTO 77
      ENDIF
78    CONTINUE
      CKRD=T01/S0
      IF(CK.LT.CKRD) GOTO 95
      IF(YA.LT.YB.AND.CK.LT.CKU )THEN
      CKU=CK
      XCU=XC
      YCU=YC
      RCU=RC
      ENDIF
      IF(YA.GT.YB.AND.CK.LT.CKD )THEN
```

```
      CKD=CK
      XCD=XC
      YCD=YC
      RCD=RC
      ENDIF
95    CONTINUE
      ENDDO
100   CONTINUE
      ENDDO
102   CONTINUE
      ENDDO

C     **********计算结果输出**********
      WRITE(7,150)
150   FORMAT(//3X,'稳定渗流期组合地震情况坝坡抗滑稳定计算结果:')
      WRITE(7,151)
151   FORMAT('--------------------------------------------------')
      WRITE(7,152)
152   FORMAT('上游坝坡:')
      WRITE(7,130) CKU
      WRITE(7,137) XCU,YCU,RCU
130   FORMAT(3X,'抗滑稳定安全系数:K= ',F7.3)
137   FORMAT(3X,'最小安全系数滑弧位置:圆心XC、YC,半径RC:',3F12.2)
      WRITE(7,154)
154   FORMAT(/'下游坝坡:')
      WRITE(7,140) CKD
      WRITE(7,145) XCD,YCD,RCD
140   FORMAT(3X,'抗滑稳定安全系数:K= ',F7.3)
145   FORMAT(3X,'最小安全系数滑弧位置:圆心XC、YC,半径RC:',3F12.2)
      CLOSE(7)
      STOP
      END
```

第2章　土石坝渗流计算的有限单元法

20世纪50年代,R.W.克劳夫(R. W. Clough)等为求解固体连续结构的应力和变形,最早提出了有限单元法。20世纪60年代,O. C. 辛克维奇(O. C. Zienkiewicz)等将有限单元法推广到求解以拟调和泊松方程(quasi-harmonic Poisson′s equations)为支配方程的渗流、热传导、电磁场等非结构力学问题。

渗流计算是土石坝设计中的一项重要工作内容。渗流计算的目的是获得坝体内浸润线位置、渗压水头、渗流比降、渗流量等数据,为土石坝设计提供依据。土石坝渗流计算的方法有近似公式法、手绘流网法、试验法及有限单元法。其中有限单元法是土石坝渗流计算的有效方法,已被广泛应用,其他方法已经较少使用。

利用有限单元法进行渗流计算的基本原理是把连续的渗流域离散为有限数量单元的集合体来进行计算。其基本步骤为:应用变分原理或加权余量法获得渗流域中关于未知结点水头的线性方程组;求解具有多阶系数矩阵的线性方程组,得到未知结点水头值,作为水头函数的近似解;进一步计算出通过某断面的渗流量、单元或结点处的渗流比降,绘制渗流域的等势线。

2.1　渗流问题的基本微分方程、边界条件及离散化

2.1.1　渗流问题的基本微分方程与边界条件

2.1.1.1　渗流问题的基本微分方程

对于平面介质中的渗流,在渗流域中任意一点处取微元体,微元体边界上的渗流速度如图2-1所示,这里略去了更高阶的无穷小量。

微元体左侧边界进入微元体的渗流速度与右侧边界流出微元体的渗流速度相抵消,下部边界进入微元体的渗流速度与上部边界流出微元体的渗流速度相抵消,进而得到微

元体右侧边界上和上部边界上均匀分布的流入或流出(负值代表流入)微元体的渗流速度,如图2-2所示。

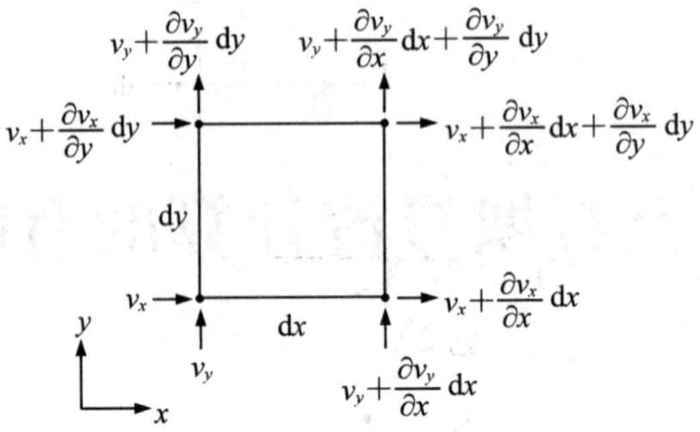

图2-1　渗流域中微元体及其边界上的渗流速度

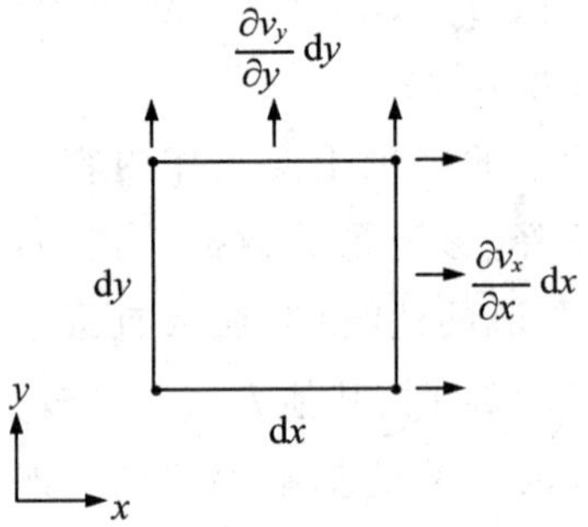

图2-2　微元体边界上流入(或流出)的净渗流速度

根据进入微元体的水量和流出微元体的水量守恒,由图2-2,可得到如下方程:

$$\left(\frac{\partial v_x}{\partial x}\mathrm{d}x\right)\mathrm{d}y+\left(\frac{\partial v_y}{\partial y}\mathrm{d}y\right)\mathrm{d}x=0 \tag{2-1}$$

当微元体渗流服从达西(Darcy)定律时,有:

$$\begin{cases} v_x=-k_x\dfrac{\partial H}{\partial x} \\ v_y=-k_y\dfrac{\partial H}{\partial y} \end{cases} \tag{2-2}$$

式中,k_x、k_y分别为x方向和y方向的渗透系数;加“-”号是为了使渗流速度向着坐标轴正向时为正值。

将式(2-2)代入式(2-1),得到渗流问题的基本微分方程,这是一个拟调和方程。

$$\frac{\partial}{\partial x}\left(k_x\frac{\partial H}{\partial x}\right)+\frac{\partial}{\partial y}\left(k_y\frac{\partial H}{\partial y}\right)=0 \tag{2-3}$$

在均质各向同性土体中,$k_x=k_y=k$,是一个常数,渗流基本微分方程可化为拉普拉斯(Laplace)方程：

$$\frac{\partial^2 H}{\partial x^2}+\frac{\partial^2 H}{\partial y^2}=0 \tag{2-4}$$

2.1.1.2　土石坝渗流问题求解的边界条件

在进行土石坝渗流问题的求解时，将渗流域的边界分为两类，用图2-3说明。渗流计算中，通常取坐标系x轴为水头参考面(基准面)，如图2-3所示。

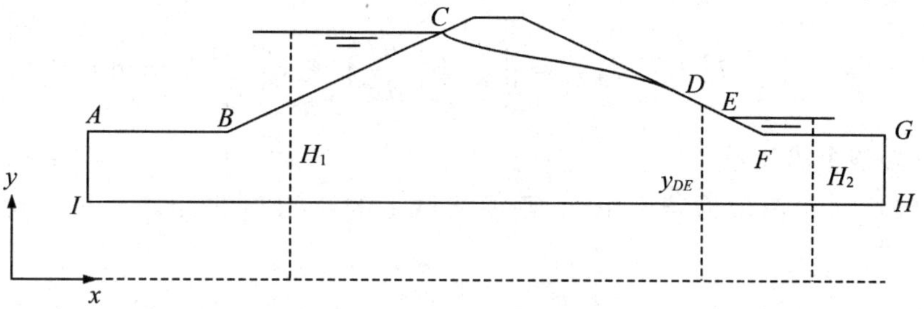

图2-3　土石坝的渗流域、水头参考面及渗流域边界条件示意

(1)第Ⅰ类边界——已知水头边界：包括上游入渗边界ABC、下游渗出边界EFG和下游坝坡上自由渗出段边界DE。

上游入渗边界ABC上各点水头均等于上游水头，即$H(x,y)|_{ABC}=H_1$。

下游渗出边界EFG上各点水头均等于下游水头，即$H(x,y)|_{EFG}=H_2$。

下游坝坡上自由渗出段边界DE上各点水头等于其位置水头，即$H(x,y)|_{DE}=y_{DE}$。

(2)第Ⅱ类边界——已知流量边界：包括浸润线边界CD、地基内部边界$AIHG$。在这类边界上，沿边界各点法线方向流入或流出渗流域的渗流速度即单位边界面积的渗流量，简称单位渗流量，是已知的，即有：

$$k_n\frac{\partial H(x,y)}{\partial n}|_{CD}=q_{CD}(x,y)\text{(已知)}$$

$$k_n\frac{\partial H(x,y)}{\partial n}|_{AIHG}=q_{AIHG}(x,y)\text{(已知)}$$

对于土石坝的稳定渗流，浸润线边界CD和地基内部边界$AIHG$是一根流线，没有流量穿过该边界，为不透水边界，即沿该边界上各点法线方向的渗流速度为0，有：

$$k_n\frac{\partial H(x,y)}{\partial n}|_{CD}=0$$

$$k_n\frac{\partial H(x,y)}{\partial n}|_{AIHG}=0$$

在土石坝有限单元法稳定渗流计算中，为了使地基内部边界$AIHG$为不透水边界，要求选取的坝基范围足够大、地基内部边界$AIHG$在足够远处。

在求解渗流问题时，第Ⅰ类边界上沿边界法线方向流入或流出的单位渗流量 $k_n \dfrac{\partial H(x,y)}{\partial n}$ 是不需要已知的，而第Ⅱ类边界上的水头是未知待求的。

2.1.2 渗流问题的离散化

根据变分原理，对于稳定渗流，满足第Ⅰ类已知水头边界条件和第Ⅱ类已知流量边界条件，并使式(2-5)所示泛函 $I[H(x,y)]$ 取得极小值的函数 $H(x,y)$ 是渗流问题的解。

$$I[H(x,y)]=\iint_D \frac{1}{2}\left[k_x\left(\frac{\partial H}{\partial x}\right)^2+k_y\left(\frac{\partial H}{\partial y}\right)^2\right]\mathrm{d}x\mathrm{d}y \tag{2-5}$$

式中，D 为整个渗流域。

把渗流域 D 离散为若干单元，则渗流域上的泛函 $I[H(x,y)]$ 可表达为单元域上的泛函之和。

$$I[H(x,y)]=\sum_{e=1}^{E}\iint_e \frac{1}{2}\left[k_x\left(\frac{\partial H}{\partial x}\right)^2+k_y\left(\frac{\partial H}{\partial y}\right)^2\right]\mathrm{d}x\mathrm{d}y=\sum_{e=1}^{E} I^e\left[H\left(x,y\right)\right] \tag{2-6}$$

式中，E 为单元总数；e 为单元。

单元域上的泛函表达式为：

$$I^e[H(x,y)]=\iint_e \frac{1}{2}\left[k_x\left(\frac{\partial H}{\partial x}\right)^2+k_y\left(\frac{\partial H}{\partial y}\right)^2\right]\mathrm{d}x\mathrm{d}y \tag{2-7}$$

各单元域内的水头函数 $H(x,y)$ 可用与单元结点水头 H_l(l 为结点编号，$l=1,2,\cdots,n$)有关的线性函数近似表达。这样就不必在整个渗流域内寻找适当的水头函数，而是在各单元中都近似将线性函数作为水头函数。当单元划分得足够小时，误差也将足够小，因此这样做是可行的。

单元泛函 $I^e[H(x,y)]$ 只与该单元结点水头 H_l 有关，把渗流域泛函 $I[H(x,y)]$ 表达为单元泛函 $I^e[H(x,y)]$ 之和后，渗流域泛函 $I[H(x,y)]$ 就变成了渗流域上结点水头的多元函数 $I(H_1,H_2,\cdots,H_n)$，其中 n 为渗流域上的结点水头总数。这样，渗流域上泛函的极值问题就转化为多元函数的极值问题。多元函数 I 的极值条件为：

$$\begin{cases}\dfrac{\partial I}{\partial H_1}=0\\ \dfrac{\partial I}{\partial H_2}=0\\ \quad\vdots\\ \dfrac{\partial I}{\partial H_n}=0\end{cases} \tag{2-8}$$

式(2-8)包括 n 个结点水头对应的 n 个极值条件方程，这些方程是以结点水头为未知量的线性方程。在不引入已知水头边界条件的情况下，式(2-8)的解是不确定的。引入已知水头边界条件，建立由未知结点水头对应方程组成的方程组，并求解该方程组，就可得到各未知的结点水头。

根据式(2-6)，式(2-8)可表示为：

$$\begin{cases}\dfrac{\partial I}{\partial H_1}=\sum\limits_{e=1}^{E}\dfrac{\partial I^e}{\partial H_1}=0\\\dfrac{\partial I}{\partial H_2}=\sum\limits_{e=1}^{E}\dfrac{\partial I^e}{\partial H_2}=0\\\vdots\\\dfrac{\partial I}{\partial H_n}=\sum\limits_{e=1}^{E}\dfrac{\partial I^e}{\partial H_n}=0\end{cases}\tag{2-9}$$

式(2-9)的每个方程中，渗流域泛函$I[H(x,y)]$对单元结点水头H_l求偏导数时，只有包含H_l的单元泛函$I^e[H(x,y)]$才参与求导，其他单元泛函$I^e[H(x,y)]$与H_l无关而不参与，这使得渗流域泛函$I[H(x,y)]$对结点水头的偏导数简化，也就是式(2-9)的系数矩阵是含有大量零元素的稀疏矩阵。

利用有限单元法进行渗流计算可总结为在一定边界条件下求解线性代数方程组，来确定未知的各结点水头值。有限单元法通过划分单元、选择单元水头函数，逼近渗流问题的准确解。只要单元划分得足够小，就能得到满足精度要求的近似解。有限单元法可用于几何形状和边界条件比较复杂的渗流域以及不均匀介质，是求解渗流问题的有效方法。

2.2　渗流计算的有限单元法

2.2.1　渗流域的离散

渗流域的离散是指把连续的渗流域划分为若干单元，从而建立有限元网格。计算人员可以根据经验和计算精度需要，将部分区域的单元划分得小一些、密集一些，如渗流比降和流线变化比较急剧的部位；部分区域的单元划分得大一些、稀疏一些，如离坝体较远的部位。单元要有良好的形态，避免出现过于尖锐和狭长的单元，可采用三角形单元或四边形单元等，小单元与大单元之间要逐渐过渡。这里介绍常用的三角形单元。

2.2.2　单元水头函数

三角形单元如图2-4所示，采用线性多项式来近似作为单元域上的水头函数，单元水头函数为：

$$H(x,y)=\alpha_1+\alpha_2 x+\alpha_3 y\tag{2-10}$$

式中，α_1、α_2、α_3为待定系数。

根据式(2-10)，三角形单元的结点水头值可表示为：

$$\begin{cases}H_i=\alpha_1+\alpha_2x_i+\alpha_3y_i\\H_j=\alpha_1+\alpha_2x_j+\alpha_3y_j\\H_m=\alpha_1+\alpha_2x_m+\alpha_3y_m\end{cases}\tag{2-11}$$

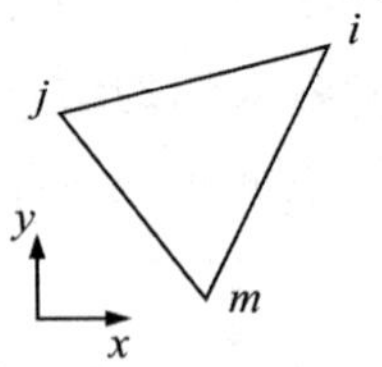

图 2-4　三角形单元

求解方程组(2-11)，可得到用结点水头和结点坐标表达的待定系数α_1、α_2和α_3的表达式。将α_1、α_2和α_3代回式(2-10)并整理，可得到：

$$H(x,y)=N_iH_i+N_jH_j+N_mH_m=[N_i\quad N_j\quad N_m]\boldsymbol{H}^e\tag{2-12}$$

式中，$\boldsymbol{H}^e=[H_i\quad H_j\quad H_m]^{\mathrm{T}}$，为单元结点水头列阵；$N_i$、$N_j$、$N_m$则可用式(2-13)表达。

$$\begin{cases}N_i=(a_i+b_ix+c_iy)/2A\\N_j=(a_j+b_jx+c_jy)/2A\\N_m=(a_m+b_mx+c_my)/2A\end{cases}\tag{2-13}$$

式中，N_i、N_j、N_m被称为单元水头形函数，其中，$a_i=x_jy_m-x_my_j$，$b_i=y_j-y_m$，$c_i=x_m-x_j$（i、j、m轮换）为单元的几何参数；A为三角形单元ijm的面积。按照解析几何学，为了使计算出的三角形单元的面积A不为负值，单元结点局部编号i、j、m的次序必须按逆时针转向排列。三角形单元的面积A可表示为：

$$A=\frac{1}{2}\begin{vmatrix}1&x_i&y_i\\1&x_j&y_j\\1&x_m&y_m\end{vmatrix}$$

2.2.3　单元特性方程

根据单元水头函数$H(x,y)$的表达式(2-12)和式(2-13)，单元水头函数$H(x,y)$的偏导数可表达为：

$$\begin{cases}\dfrac{\partial H}{\partial x}=\dfrac{1}{2A}(b_iH_i+b_jH_j+b_mH_m)\\[2ex]\dfrac{\partial H}{\partial y}=\dfrac{1}{2A}(c_iH_i+c_jH_j+c_mH_m)\end{cases}\tag{2-14}$$

将式(2-14)代入式(2-7)，可得到：

$$I^e\Big[H\big(x,y\big)\Big]=\frac{1}{8A}k_x(b_iH_i+b_jH_j+b_mH_m)^2+\frac{1}{8A}k_y(c_iH_i+c_jH_j+c_mH_m)^2\tag{2-15}$$

由式(2-15)可得到单元泛函$I^e[H(x,y)]$对单元结点水头偏导数的表达式：

$$\begin{cases}\dfrac{\partial I^e}{\partial H_i}=\dfrac{1}{4A}k_x\left(b_iH_i+b_jH_j+b_mH_m\right)b_i+\dfrac{1}{4A}k_y\left(c_iH_i+c_jH_j+c_mH_m\right)c_i\\ \dfrac{\partial I^e}{\partial H_j}=\dfrac{1}{4A}k_x\left(b_iH_i+b_jH_j+b_mH_m\right)b_j+\dfrac{1}{4A}k_y\left(c_iH_i+c_jH_j+c_mH_m\right)c_j\\ \dfrac{\partial I^e}{\partial H_m}=\dfrac{1}{4A}k_x\left(b_iH_i+b_jH_j+b_mH_m\right)b_m+\dfrac{1}{4A}k_y\left(c_iH_i+c_jH_j+c_mH_m\right)c_m\end{cases} \tag{2-16}$$

式(2-16)常用矩阵形式表达为：

$$\begin{bmatrix}\dfrac{\partial I^e}{\partial H_i}\\ \dfrac{\partial I^e}{\partial H_j}\\ \dfrac{\partial I^e}{\partial H_m}\end{bmatrix}=\boldsymbol{K}^e\begin{bmatrix}H_i\\H_j\\H_m\end{bmatrix} \tag{2-17}$$

式(2-17)中，矩阵$\boldsymbol{K}^e$被称为单元渗流矩阵，其表达式为：

$$\boldsymbol{K}^e=\frac{k_x}{4A}\begin{bmatrix}b_ib_i & b_ib_j & b_ib_m\\ b_jb_i & b_jb_j & b_jb_m\\ b_mb_i & b_mb_j & b_mb_m\end{bmatrix}+\frac{k_y}{4A}\begin{bmatrix}c_ic_i & c_ic_j & c_ic_m\\ c_jc_i & c_jc_j & c_jc_m\\ c_mc_i & c_mc_j & c_mc_m\end{bmatrix}=\begin{bmatrix}K_{ii} & K_{ij} & K_{im}\\ K_{ji} & K_{jj} & K_{jm}\\ K_{mi} & K_{mj} & K_{mm}\end{bmatrix} \tag{2-18}$$

式(2-17)被称为渗流问题的单元特性方程，它表达了单元泛函$I^e[H(x,y)]$对结点水头的偏导数与单元结点水头的关系。

单元渗流矩阵的元素$K_{rs}=\dfrac{k_x}{4A}b_rb_s+\dfrac{k_y}{4A}c_rc_s$，$r=i,j,m$，$s=i,j,m$，与单元的渗透系数和单元的几何参数有关。$K_{rs}$表示单元$s$结点的水头$H_s$对$r$结点的水头$H_r$的单元泛函偏导数$\dfrac{\partial I^e}{\partial H_r}$的贡献系数。

2.2.4　渗流问题求解方程组的建立

渗流问题求解方程组(2-9)中，方程$\dfrac{\partial I}{\partial H_l}=\sum\limits_{e=1}^{E}\dfrac{\partial I^e}{\partial H_l}=0$表示对整个渗流域$D$上的泛函$I\left[H(x,y)\right]$求偏导，并令其为0，这一极值条件不等价于式(2-17)中的$\dfrac{\partial I^e}{\partial H_l}=0$。某一个结点$l$可能为多个单元所共有，则结点水头$H_l$被包含在多个单元的泛函之中。将围绕结点$l$的各单元特性方程中的$\dfrac{\partial I^e}{\partial H_l}$叠加，然后令其为0，可得到结点水头$H_l$对应的方程。

根据式(2-17)，渗流问题求解方程组(2-9)可表示为：

$$\begin{cases}\dfrac{\partial I}{\partial H_1}=\sum_{e=1}^{E}(K_{1i}H_i+K_{1j}H_j+K_{1m}H_m)=0\\ \dfrac{\partial I}{\partial H_2}=\sum_{e=1}^{E}(K_{2i}H_i+K_{2j}H_j+K_{2m}H_m)=0\\ \qquad\vdots\\ \dfrac{\partial I}{\partial H_n}=\sum_{e=1}^{E}(K_{ni}H_i+K_{nj}H_j+K_{nm}H_m)=0\end{cases} \tag{2-19}$$

式(2-19)中的$\sum_{e=1}^{E}$表示对渗流域中的所有单元求和，但实际上只需对环绕结点l的单元求和，因为这些单元以外的其他单元都不含有H_l。

在不考虑渗流问题已知水头边界条件的情况下，渗流问题方程组(2-19)可用矩阵表达为：

$$\begin{bmatrix}K_{11} & K_{12} & \cdots & K_{1n}\\ K_{21} & K_{22} & \cdots & K_{2n}\\ \vdots & \vdots & \vdots & \vdots\\ K_{n1} & K_{n2} & \cdots & K_{nn}\end{bmatrix}\begin{bmatrix}H_1\\ H_2\\ \vdots\\ H_n\end{bmatrix}=\begin{bmatrix}0\\ 0\\ \vdots\\ 0\end{bmatrix} \tag{2-20}$$

式(2-20)可更简单地表示为：

$$\boldsymbol{KH}=\boldsymbol{O} \tag{2-21}$$

式中，$\boldsymbol{K}$为整体渗流矩阵；$\boldsymbol{H}$为由所有结点水头组成的列阵。由式(2-19)可知，整体渗流矩阵$\boldsymbol{K}$可由单元渗流矩阵叠加得到。

在没有引入已知水头边界条件的情况下，整体渗流矩阵$\boldsymbol{K}$的行列式$|\boldsymbol{K}|=0$。矩阵$\boldsymbol{K}$为奇异矩阵，渗流问题方程组没有确定的解。关于奇异矩阵和线性方程组的有解性，在第4章4.6节中有简要说明。

下面举例说明建立整体渗流矩阵和渗流问题方程组的方法。设如图2-5所示的简单有限元网格，该有限元网格由四个三角形单元组成。

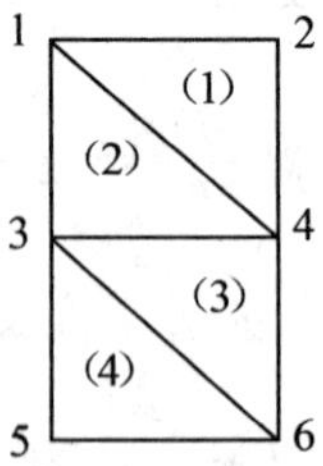

图2-5　简单有限元网格

各单元的渗流矩阵如下：

$$\boldsymbol{K}^1_{1,4,2}=\begin{bmatrix}K^1_{11} & K^1_{14} & K^1_{12}\\ K^1_{41} & K^1_{44} & K^1_{42}\\ K^1_{21} & K^1_{24} & K^1_{22}\end{bmatrix}$$

$$\boldsymbol{K}_{3,4,1}^{2}=\begin{bmatrix}K_{33}^{2} & K_{34}^{2} & K_{31}^{2}\\ K_{43}^{2} & K_{44}^{2} & K_{41}^{2}\\ K_{13}^{2} & K_{14}^{2} & K_{11}^{2}\end{bmatrix}$$

$$\boldsymbol{K}_{3,6,4}^{3}=\begin{bmatrix}K_{33}^{3} & K_{36}^{3} & K_{34}^{3}\\ K_{63}^{3} & K_{66}^{3} & K_{64}^{3}\\ K_{43}^{3} & K_{46}^{3} & K_{44}^{3}\end{bmatrix}$$

$$\boldsymbol{K}_{5,6,3}^{4}=\begin{bmatrix}K_{55}^{4} & K_{56}^{4} & K_{53}^{4}\\ K_{65}^{4} & K_{66}^{4} & K_{63}^{4}\\ K_{35}^{4} & K_{36}^{4} & K_{33}^{4}\end{bmatrix}$$

需要注意的是，单元渗流矩阵中各元素的位置与单元结点编号的排列顺序是对应的。

该有限元网格有6个结点，在不考虑已知水头边界条件的情况下，渗流问题的方程组可表示为：

$$\begin{bmatrix}\dfrac{\partial I}{\partial H_1}\\ \dfrac{\partial I}{\partial H_2}\\ \dfrac{\partial I}{\partial H_3}\\ \dfrac{\partial I}{\partial H_4}\\ \dfrac{\partial I}{\partial H_5}\\ \dfrac{\partial I}{\partial H_6}\end{bmatrix}=\begin{bmatrix}K_{11} & K_{12} & K_{13} & K_{14} & K_{15} & K_{16}\\ K_{21} & K_{22} & K_{23} & K_{24} & K_{25} & K_{26}\\ K_{31} & K_{32} & K_{33} & K_{34} & K_{35} & K_{36}\\ K_{41} & K_{42} & K_{43} & K_{44} & K_{45} & K_{46}\\ K_{51} & K_{52} & K_{53} & K_{54} & K_{55} & K_{56}\\ K_{61} & K_{62} & K_{63} & K_{64} & K_{65} & K_{66}\end{bmatrix}\begin{bmatrix}H_1\\ H_2\\ H_3\\ H_4\\ H_5\\ H_6\end{bmatrix}=\begin{bmatrix}0\\0\\0\\0\\0\\0\end{bmatrix}$$

整体渗流矩阵的各元素由单元渗流矩阵的元素叠加而成。该有限单元网格的整体渗流矩阵和渗流问题方程组为：

$$\begin{bmatrix}K_{11}^{1}+K_{11}^{2} & K_{12}^{1} & K_{13}^{2} & K_{14}^{1}+K_{14}^{2} & 0 & 0\\ K_{21}^{1} & K_{22}^{1} & 0 & K_{24}^{1} & 0 & 0\\ K_{31}^{2} & 0 & K_{33}^{2}+K_{33}^{3}+K_{33}^{4} & K_{34}^{2}+K_{34}^{3} & K_{35}^{4} & K_{36}^{3}+K_{36}^{4}\\ K_{41}^{1}+K_{41}^{2} & K_{42}^{1} & K_{43}^{2}+K_{43}^{3} & K_{44}^{1}+K_{44}^{2}+K_{44}^{3} & 0 & K_{46}^{3}\\ 0 & 0 & K_{53}^{4} & 0 & K_{55}^{4} & K_{56}^{4}\\ 0 & 0 & K_{63}^{3}+K_{63}^{4} & K_{64}^{3} & K_{65}^{4} & K_{66}^{3}+K_{66}^{4}\end{bmatrix}\begin{bmatrix}H_1\\ H_2\\ H_3\\ H_4\\ H_5\\ H_6\end{bmatrix}=\begin{bmatrix}0\\0\\0\\0\\0\\0\end{bmatrix}$$

在没有引入已知水头边界条件的情况下，该整体渗流矩阵$\boldsymbol{K}$为奇异矩阵，渗流问题方程组没有确定的解。

2.2.5　边界条件处理

渗流问题方程组(2-19)中的方程是根据泛函极值条件(2-8)建立的关于结点水头的

线性方程。渗流域中每个未知的结点水头都可作为泛函多元函数的一个自变量,存在一个极值条件方程,即式(2-19)所示的方程。第Ⅰ类边界上的已知结点水头不是泛函多元函数的自变量,因而不存在式(2-8)的极值条件,也就不存在式(2-19)所示的方程。这样,线性方程的数目恰好等于未知结点水头的数目,可以由这些方程组成的方程组求解未知的结点水头。第Ⅰ类边界上已知的结点水头形成各个线性方程中的常数项,这样第Ⅰ类已知水头边界条件得到满足。

设第Ⅰ类边界上的结点 q 的已知水头值为 $\overline{H}_q$,则取消式(2-20)中 q 结点水头对应的方程,并将 $\overline{H}_q$ 代入其他方程 p,由 $K_{pq}\overline{H}_q$ 形成方程 p 的常数项。通常将各方程的常数项移到方程右边,将渗流问题方程组表示为:

$$\boldsymbol{KH}=\boldsymbol{R} \tag{2-22}$$

式中,$\boldsymbol{K}$ 为引入已知水头边界条件后的整体渗流矩阵;$\boldsymbol{H}$ 为未知结点水头列阵;$\boldsymbol{R}$ 为常数项列阵。

下面用图 2-5 的例子说明。设结点 1 和结点 2 的水头已知,分别为 $\overline{H}_1$ 和 $\overline{H}_2$,则考虑已知水头边界条件后,渗流问题的方程组为:

$$\begin{cases}\dfrac{\partial I}{\partial H_3}=0\\[2mm]\dfrac{\partial I}{\partial H_4}=0\\[2mm]\dfrac{\partial I}{\partial H_5}=0\\[2mm]\dfrac{\partial I}{\partial H_6}=0\end{cases}$$

渗流问题的方程组可表示为:

$$\begin{bmatrix}K_{33} & K_{34} & K_{35} & K_{36}\\ K_{43} & K_{44} & K_{45} & K_{46}\\ K_{53} & K_{54} & K_{55} & K_{56}\\ K_{63} & K_{64} & K_{65} & K_{66}\end{bmatrix}\begin{bmatrix}H_3\\ H_4\\ H_5\\ H_6\end{bmatrix}=\begin{bmatrix}-K_{31}\overline{H}_1-K_{32}\overline{H}_2\\ -K_{41}\overline{H}_1-K_{42}\overline{H}_2\\ -K_{51}\overline{H}_1-K_{52}\overline{H}_2\\ -K_{61}\overline{H}_1-K_{62}\overline{H}_2\end{bmatrix}$$

由单元渗流矩阵的元素叠加,得到渗流问题具体的方程组为:

$$\begin{bmatrix}K_{33}^2+K_{33}^3+K_{33}^4 & K_{34}^2+K_{34}^3 & K_{35}^4 & K_{36}^3+K_{36}^4\\ K_{43}^2+K_{43}^3 & K_{44}^1+K_{44}^2+K_{44}^3 & 0 & K_{46}^3\\ K_{53}^4 & 0 & K_{55}^4 & K_{56}^4\\ K_{63}^3+K_{63}^4 & K_{64}^3 & K_{65}^4 & K_{66}^3+K_{66}^4\end{bmatrix}\begin{bmatrix}H_3\\ H_4\\ H_5\\ H_6\end{bmatrix}=\begin{bmatrix}-K_{31}^2\overline{H}_1\\ -(K_{41}^1+K_{41}^2)\overline{H}_1-K_{42}^1\overline{H}_2\\ 0\\ 0\end{bmatrix}$$

土石坝渗流问题的边界条件中,第Ⅱ类边界上的水头 H 值是未知的,但沿边界法向的渗流速度即单位渗流量 $k_n\dfrac{\partial H}{\partial n}$ 是已知的。对于第Ⅱ类边界条件,渗流问题泛函要增加一个边界项。设沿第Ⅱ类边界Γ_2法线方向的渗流速度即单位渗流量$k_n\dfrac{\partial H}{\partial n}=q$,边界法线$n$以外法线方向为正向,即单位渗流量通过边界流入渗流域时为正值,则渗流问题泛函的表达式为:

$$I[H(x,y)]=\iint_D \frac{1}{2}\left[k_x\left(\frac{\partial H}{\partial x}\right)^2+k_y\left(\frac{\partial H}{\partial y}\right)^2\right]\mathrm{d}x\mathrm{d}y-\int_{\Gamma_2} qH\mathrm{d}s \tag{2-23}$$

第Ⅱ类边界条件包含在泛函的极值条件中,可以满足。

对于土石坝稳定渗流,地基内部边界和浸润线边界沿边界法线方向的单位渗流量为0,因此式(2-23)中的积分项$\int_{\Gamma_2} qH\mathrm{d}s$为0,式(2-23)与式(2-5)相同。因此对于土石坝稳定渗流问题,采用式(2-5),第Ⅱ类边界条件是满足的。

2.2.6 单元渗流矩阵和整体渗流矩阵的特点

2.2.6.1 单元渗流矩阵

式(2-18)表达的单元渗流矩阵为:

$$\boldsymbol{K}^e=\frac{k_x}{4A}\begin{bmatrix} b_ib_i & b_ib_j & b_ib_m \\ b_jb_i & b_jb_j & b_jb_m \\ b_mb_i & b_mb_j & b_mb_m \end{bmatrix}+\frac{k_y}{4A}\begin{bmatrix} c_ic_i & c_ic_j & c_ic_m \\ c_jc_i & c_jc_j & c_jc_m \\ c_mc_i & c_mc_j & c_mc_m \end{bmatrix}=\begin{bmatrix} K_{ii} & K_{ij} & K_{im} \\ K_{ji} & K_{jj} & K_{jm} \\ K_{mi} & K_{mj} & K_{mm} \end{bmatrix}$$

该单元渗流矩阵有如下特点:

(1)该矩阵是对称矩阵。

(2)主对角线上的元素都是正值。

(3)各行的元素之和为0,各列的元素之和为0。

2.2.6.2 整体渗流矩阵

未引入已知水头边界条件的整体渗流矩阵$\boldsymbol{K}$有以下特点:

(1)该矩阵是对称矩阵。

(2)主对角线上的元素都是正值。

(3)各行的元素之和为0,各列的元素之和为0;$\boldsymbol{K}$是奇异矩阵,行列式$|\boldsymbol{K}|=0$,方程组$\boldsymbol{KH}=\boldsymbol{O}$无确定的解,即渗流问题无确定的解。

(4)由于只有处于同一个单元的两个结点水头对应的元素才不为0,因此$\boldsymbol{K}$中包含大量的零元素,$\boldsymbol{K}$是稀疏矩阵。

引入已知水头边界条件后,整体渗流矩阵$\boldsymbol{K}$有以下特点:(1)(2)(4)特点仍成立,(3)不再成立,行列式$|\boldsymbol{K}|$不再为0,$\boldsymbol{K}$不再是奇异矩阵,方程组$\boldsymbol{KH}=\boldsymbol{R}$有确定的解。

2.3 土石坝渗流计算中浸润线自由水面位置的确定

土石坝渗流问题求解中，一个麻烦的问题是确定浸润线自由水面的位置，因为事先并不知道它的几何位置。浸润线自由水面是渗流域边界的一部分，应满足第Ⅱ类边界条件。对于稳定渗流，浸润线为不透水边界，如前面所述。另外，浸润线为自由水面，浸润线上点的压力水头为0，总水头等于其位置水头，即$H=y$。可根据$H=y$的条件，通过试算法(或称为迭代法)确定浸润线的位置。

浸润线位置的试算过程如下：先假定一个浸润线的初始位置，进行渗流计算，得到各结点水头。检查浸润线上各结点，在设定的误差范围内，是否满足条件$H=y$。若浸润线上所有结点均满足$H=y$，则认为计算结果是正确的；否则修改浸润线上水头未知结点的y坐标，然后再次计算。如此，进行多次计算，直至浸润线自由水面上各结点均满足$H=y$后，得到最终的正确计算结果。

以浸润线上i结点为例，试算示意图如图2-6所示，设i结点的初始位置坐标为(x_0^i, y_0^i)，计算得到其结点水头H^i。如果$H^i \neq y_0^i$(在设定的误差标准下)，取$y_1^i=(y_0^i+H^i)/2$，再次进行计算得到其结点水头H^i；如果仍有$H^i \neq y_1^i$，取新的$y_2^i=(y_1^i+H^i)/2$，再次进行计算；如此，进行多次计算，直到浸润线上所有待求结点水头均满足$H^i \approx y^i$。

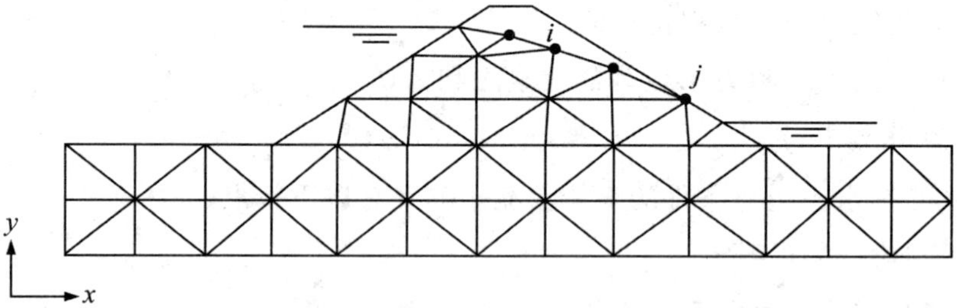

图2-6　土石坝渗流计算中浸润线位置试算示意图

浸润线位置试算中，修改浸润线上某结点的y坐标时，可能需要同时修改其x坐标(例如下游坝坡上的渗流逸出点结点j)，还应根据情况修改浸润线附近一些结点的位置，以保证有限元网格单元有正确和良好的形态，这可能需要在较大范围内修改若干结点的y坐标和x坐标。每次修改有限元网格，最好保持结点总数和单元总数不变。浸润线位置试算过程中，修改有限元网格若干结点的y坐标和x坐标的工作量较大，可根据具体情况编制计算程序。应根据经验，使假定的浸润线的位置尽量接近浸润线的实际位置，这样有限元网格变动不大，浸润线位置试算和渗流计算比较容易完成。如果假定的浸润线的位置与实际位置相差较远，就需要对有限元网格进行较大改动，这就会增加计算的难度。若出现这种情况，必要时可根据初步计算的启示，重新假定浸润线的位置，重新建立有限元网格。

本节讲述了土石坝有限单元法渗流计算中，确定浸润线位置的基本方法。为了确定浸润线自由水面的位置，人们还提出了单元渗流矩阵修改法、剩余流速法等方法。使用这些方法时无须修改有限元网格，解决了土石坝有限单元法渗流计算中，试算浸润线位置时需要修改有限元网格的问题。

2.4　渗流量和渗流比降的计算及对渗透系数和渗流速度的说明

有限单元法通过求解渗流问题方程组，得到结点水头和浸润线位置，根据结点水头可绘制渗流域等势线图。渗流量和渗流比降的计算方法如下。

2.4.1　土石坝剖面单宽渗流量的计算

2.4.1.1　通过单元边的渗流量

如图2-7所示，通过单位厚度的三角形单元边jm的渗流量可由下式计算：

$$Q_{jm}^{e}=lv_x\cos\theta+lv_y\sin\theta=-l\left(k_x\frac{\partial H}{\partial x}\cos\theta+k_y\frac{\partial H}{\partial y}\sin\theta\right)\tag{2-24}$$

式中，l为单元边jm的长度；v_x、v_y分别为x方向和y方向的渗流速度；k_x、k_y分别为x方向和y方向的渗透系数；$\frac{\partial H}{\partial x}$、$\frac{\partial H}{\partial y}$分别为单元内沿$x$方向和$y$方向的渗流比降；$\theta$为$jm$边法线方向与$x$轴的夹角。

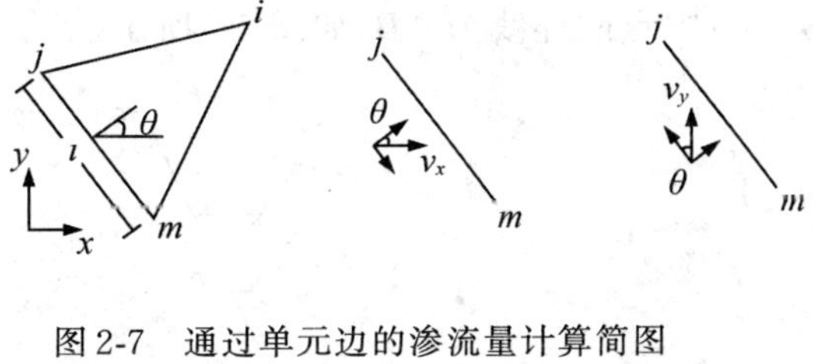

图2-7　通过单元边的渗流量计算简图

式(2-24)中各量的计算公式为：

$$\begin{cases}\dfrac{\partial H}{\partial x}=\dfrac{1}{2A}(b_iH_i+b_jH_j+b_mH_m)\\ \dfrac{\partial H}{\partial y}=\dfrac{1}{2A}(c_iH_i+c_jH_j+c_mH_m)\end{cases}$$

$$l=\sqrt{(x_j-x_m)^2+(y_j-y_m)^2}$$

$$\tan\theta=\frac{x_m-x_j}{y_j-y_m}$$

在进行土石坝剖面的单宽渗流量计算时,可取坝体和坝基中经过若干单元边的某一断面。把该断面上各单元边的渗流量相加,即得到通过该断面的土石坝剖面单宽渗流量。在工程计算中,为了提高计算精度,可选取偏上游和偏下游两个断面计算渗流量;然后取两个断面计算结果的平均值,作为土石坝剖面的单宽渗流量,如图2-8所示,。

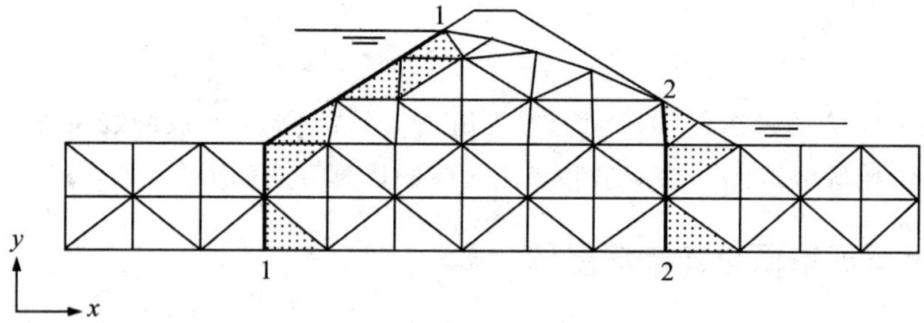

图2-8　土石坝剖面单宽渗流量计算示意图

图2-8中,选取上游断面1-1和下游断面2-2计算渗流量。

通过断面1-1的单宽渗流量:$Q_1=\sum Q^e$,其中Q^e为通过单元边的渗流量。

通过断面2-2的单宽渗流量:$Q_2=\sum Q^e$。

通过土石坝剖面的单宽渗流量:$Q=\dfrac{1}{2}(Q_1+Q_2)$。

2.4.1.2　通过单元两个边中点连线的渗流量

设单元两个边mi、jm中点的连线为AB,如图2-9所示。

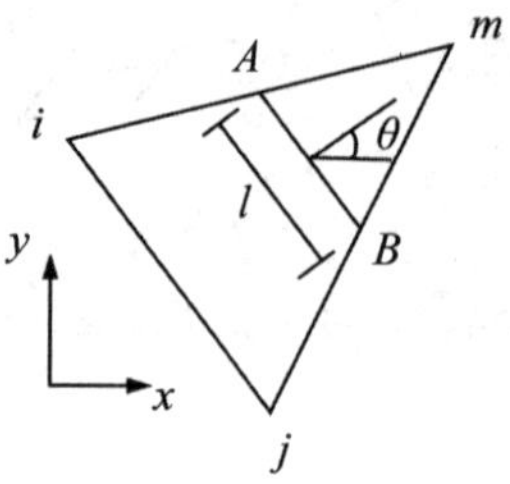

图2-9　通过单元边中点连线的渗流量计算简图

通过线段AB的流量可由下式计算：

$$Q_{AB}=lv_x\cos\theta+lv_y\sin\theta=-l\left(k_x\frac{\partial H}{\partial x}\cos\theta+k_y\frac{\partial H}{\partial y}\sin\theta\right) \tag{2-25}$$

式(2-25)中各量的计算公式为：

$$\begin{cases}\dfrac{\partial H}{\partial x}=\dfrac{1}{2A}(b_iH_i+b_jH_j+b_mH_m)\\ \dfrac{\partial H}{\partial y}=\dfrac{1}{2A}(c_iH_i+c_jH_j+c_mH_m)\end{cases}$$

$$l=\sqrt{(x_B-x_A)^2+(y_B-y_A)^2}$$

$$\tan\theta=\frac{x_B-x_A}{y_A-y_B}$$

有限单元法计算中，通常单元中心处渗流量计算结果精度高于单元边处，因而计算通过单元两个边中点连线的渗流量一般比计算通过单元边的渗流量精度高。

为提高计算精度，可取偏上游和偏下游两个断面计算渗流量；然后取两个断面渗流量计算值的平均值，作为土石坝剖面的单宽渗流量，如图2-10所示。

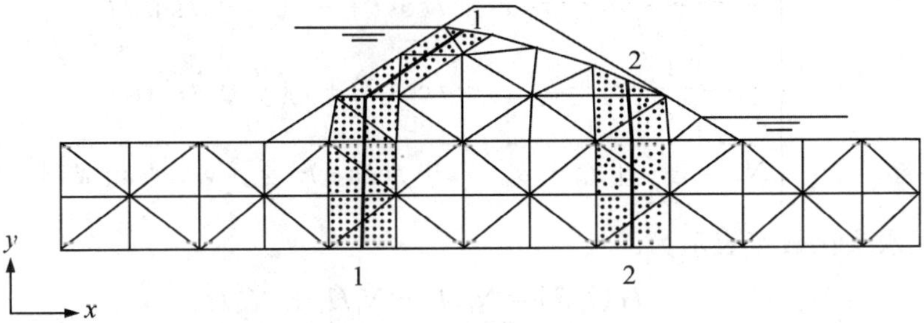

图2-10　土石坝单宽渗流量计算示意图

在图2-10中，选取上游断面1-1和下游断面2-2计算渗流量。

通过断面1-1的单宽渗流量：$Q_1=\sum Q^e$，其中Q^e为通过单元两边中点连线的渗流量。

通过断面2-2的单宽渗流量：$Q_2=\sum Q^e$。

通过土石坝剖面的单宽渗流量：$Q=\frac{1}{2}(Q_1+Q_2)$。

2.4.2　土石坝单元内最大渗流比降和下游最大渗流逸出比降的计算

2.4.2.1　单元内的最大渗流比降

如图2-11所示，设单元形心点坐标为$C(x_0,y_0)$，则单元内任意一点P的坐标可表示为：

$$\begin{cases} x = x_0 + t\cos\theta \\ y = y_0 + t\sin\theta \end{cases} \tag{2-26}$$

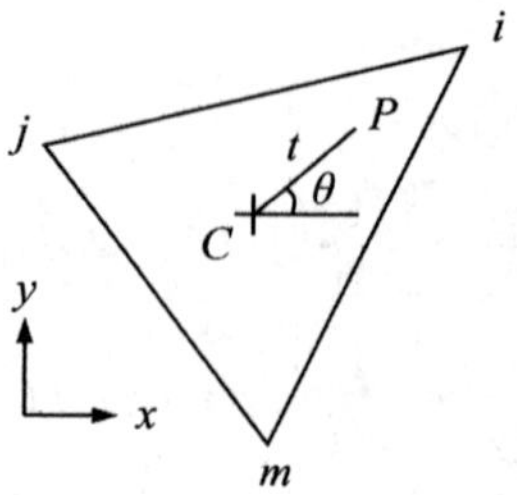

图2-11　单元及其内部点示意

单元水头函数的形函数为：

$$\begin{cases} N_i = (a_i + b_i x + c_i y)/2A \\ N_j = (a_j + b_j x + c_j y)/2A \\ N_m = (a_m + b_m x + c_m y)/2A \end{cases}$$

将式(2-26)代入式(2-13)，有：

$$\begin{cases} N_i = \dfrac{1}{2A}\left[a_i + b_i\left(x_0 + t\cos\theta\right) + c_i\left(y_0 + t\sin\theta\right)\right] \\ N_j = \dfrac{1}{2A}\left[a_j + b_j\left(x_0 + t\cos\theta\right) + c_j\left(y_0 + t\sin\theta\right)\right] \\ N_m = \dfrac{1}{2A}\left[a_m + b_m(x_0 + t\cos\theta) + c_m(y_0 + t\sin\theta)\right] \end{cases} \tag{2-27}$$

单元水头函数可表示为：

$$H(t,\theta) = N_i H_i + N_j H_j + N_m H_m \tag{2-28}$$

单元内沿θ方向的渗流比降为：

$$i_\theta = -\frac{\partial H}{\partial t} \tag{2-29}$$

将式(2-28)代入式(2-29)，并应用式(2-27)，有：

$$\begin{aligned} i_\theta &= -\left[\frac{1}{2A}(b_i\cos\theta + c_i\sin\theta)H_i + \frac{1}{2A}(b_j\cos\theta + c_j\sin\theta)H_j \right. \\ &\quad \left. + \frac{1}{2A}(b_m\cos\theta + c_m\sin\theta)H_m\right] \\ &= -\frac{1}{2A}(b_i H_i + b_j H_j + b_m H_m)\cos\theta - \frac{1}{2A}(c_i H_i + c_j H_j + c_m H_m)\sin\theta \\ &= -\frac{\partial H}{\partial x}\cos\theta - \frac{\partial H}{\partial y}\sin\theta \\ &= i_x\cos\theta + i_y\sin\theta \\ &= \sqrt{i_x^2 + i_y^2}\sin(\theta + \delta) \end{aligned} \tag{2-30}$$

式中，i_x和i_y分别为x方向和y方向的渗流比降；$\sin\delta=\frac{i_x}{\sqrt{i_x^2+i_y^2}}$，$\cos\delta=\frac{i_y}{\sqrt{i_x^2+i_y^2}}$。

由式(2-30)可知，单元内的最大渗流比降为：

$$i_{\max}=\sqrt{i_x^2+i_y^2} \tag{2-31}$$

单元内最大渗流比降的方向如图2-12所示，这也是单元内流线的方向，其中$\theta=\arctan\frac{|i_y|}{|i_x|}$。

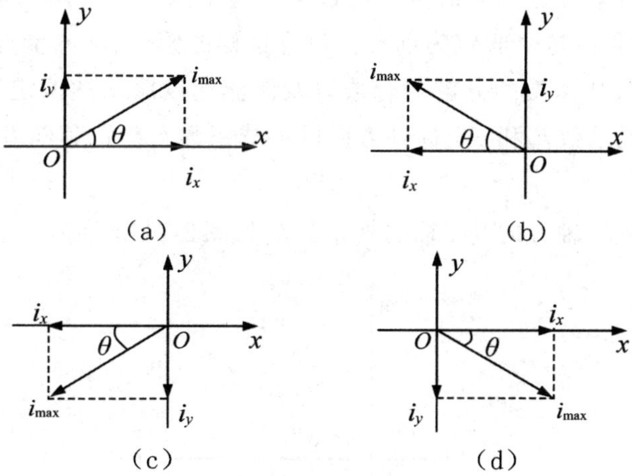

图2-12　单元内最大渗流比降方向示意图

2.4.2.2　土石坝下游最大渗流逸出比降

在土石坝设计中，可计算下游坝面和下游坝基面上各单元或各结点的最大渗流逸出比降，并根据允许比降，校核渗流变形稳定性；也可分别计算下游逸出面上各单元或各结点x方向和y方向的渗流逸出比降，根据x方向和y方向的允许比降，校核渗流变形稳定性。

土石坝下游渗流逸出面上各结点的最大渗流逸出比降，可取绕该结点所有单元的最大渗流逸出比降的平均值，并据此校核渗流逸出面上各结点的渗流变形稳定性，如图2-13所示。

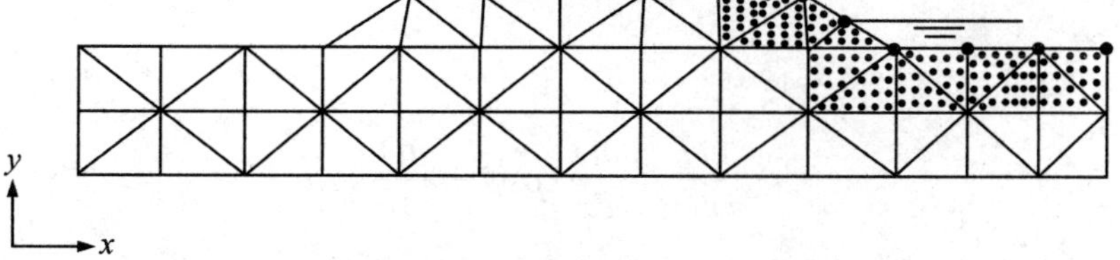

图2-13　土石坝下游坝面和坝基面最大渗流逸出比降计算的示意图

2.4.3 岩土体渗透系数和渗流域中渗流速度的说明

岩土体的渗透系数取决于岩土体的细观结构，不同方向可以有不同的渗透系数，不同方向的渗透系数也无必然联系。因此，并不能由某个或某几个方向的渗透系数确定其他方向的渗透系数。由于渗流速度取决于渗流比降和渗透系数，因此可知，渗流域中不同方向的渗流速度也无必然联系。渗流速度不一定像物理学中的质点运动一样服从速度的分解与合成。但是，在渗流理论中，一般假定渗流速度服从速度的分解与合成。前面讲的先计算通过单元边的渗流量和通过单元边中点连线的渗流量，进而计算出土石坝的单宽渗流量，就是以这个假定为前提。没有这样的假定，渗流量是无法求解的。

在渗流速度服从速度的分解与合成以及渗流速度服从达西定律的前提下，可以由x坐标轴方向的渗透系数k_x和y坐标轴方向的渗透系数k_y确定其他方向的渗透系数。说明如下：

在渗流域中，设t轴方向与x轴的夹角为θ，如图2-14所示。

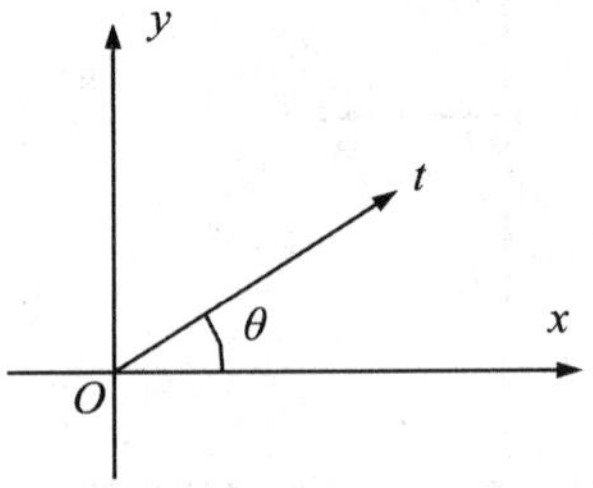

图2-14 渗流域中不同方向示意图

t轴方向（又称为θ方向）的渗流速度为：

$$v_t = -k_t \frac{\partial H}{\partial t} \tag{2-32}$$

t轴方向的渗流速度在坐标轴方向的分量为：

$$v_x = -k_x \frac{\partial H}{\partial x} = v_t \cos\theta \tag{2-33}$$

$$v_y = -k_y \frac{\partial H}{\partial y} = v_t \sin\theta \tag{2-34}$$

根据

$$\frac{\partial H}{\partial t} = \frac{\partial H}{\partial x} \cdot \frac{\partial x}{\partial t} + \frac{\partial H}{\partial y} \cdot \frac{\partial y}{\partial t} \tag{2-35}$$

以及$\dfrac{\partial x}{\partial t} = \cos\theta, \dfrac{\partial y}{\partial t} = \sin\theta$，得到：

$$\frac{\partial H}{\partial t} = \frac{\partial H}{\partial x}\cos\theta + \frac{\partial H}{\partial y}\sin\theta \tag{2-36}$$

根据式(2-32)、式(2-33)、式(2-34)和式(2-36)，得到：

$$\frac{1}{k_t}=\frac{\cos^2\theta}{k_x}+\frac{\sin^2\theta}{k_y} \tag{2-37}$$

式(2-37)可以变换为：

$$\frac{(\sqrt{k_t}\cos\theta)^2}{(\sqrt{k_x})^2}+\frac{(\sqrt{k_t}\sin\theta)^2}{(\sqrt{k_y})^2}=1 \tag{2-38}$$

在直角坐标系中，令$x=\sqrt{k_t}\cos\theta, y=\sqrt{k_t}\sin\theta$，则式(2-38)变为：

$$\frac{x^2}{(\sqrt{k_x})^2}+\frac{y^2}{(\sqrt{k_y})^2}=1 \tag{2-39}$$

这是一个椭圆方程，x轴方向的椭圆半轴长为$\sqrt{k_x}$，y轴方向的椭圆半轴长为$\sqrt{k_y}$。任意θ方向的渗透系数k_t可由该椭圆方程确定，如图2-15所示。

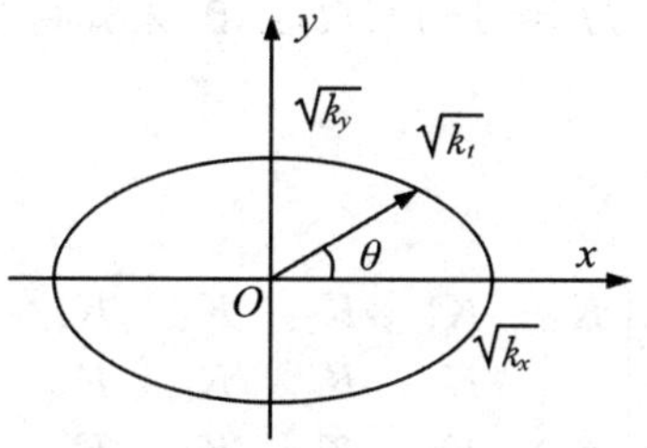

图2-15　渗流域中不同方向渗透系数简图

由图2-15可知，其他方向的渗透系数都小于x方向或y方向的渗透系数。当$k_x=k_y$时，椭圆变为圆，各个方向的渗透系数相等。

2.5　土石坝有限单元法渗流计算实例

为了进一步说明土石坝渗流计算的有限单元法，设计了如下例题：

设有一个均质土坝，上游水位15 m，下游水位0 m，坐标系、结点编号、单元编号均在图2-16中标明。本例题作为平面稳定渗流问题，单元渗流矩阵已给出，要求建立渗流问题方程组并求解未知结点水头。

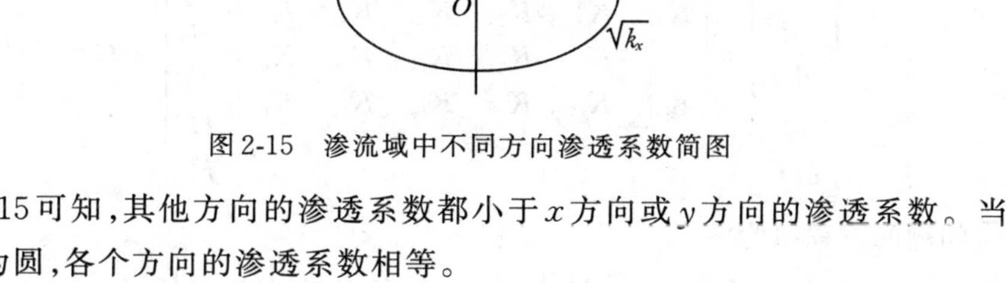

结点坐标：　1:（0.0，0.0）　　2:（22.5，15.0）
　　　　　　3:（64.5，0.0）　　4:（37.713，0.0）
　　　　　　5:（37.713，10.514）　6:（51.753，6.374）

图2-16　土石坝有限单元法渗流计算例题示意图(单位：m)

$$\boldsymbol{K}_{4,2,1}^{(1)}=\frac{k}{10}\begin{bmatrix}6.46 & -7.50 & 1.04\\ -7.50 & 12.57 & -5.07\\ 1.04 & -5.07 & 4.03\end{bmatrix}$$

$$\boldsymbol{K}_{4,5,2}^{(2)}=\frac{k}{10}\begin{bmatrix}7.86 & -9.34 & 1.47\\ -9.34 & 14.27 & -4.93\\ 1.47 & -4.93 & 3.46\end{bmatrix}$$

$$\boldsymbol{K}_{4,6,5}^{(3)}=\frac{k}{10}\begin{bmatrix}7.26 & -1.47 & -5.78\\ -1.47 & 3.74 & -2.27\\ -5.78 & -2.27 & 8.05\end{bmatrix}$$

$$\boldsymbol{K}_{4,3,6}^{(4)}=\frac{k}{10}\begin{bmatrix}5.95 & 4.05 & -10.00\\ 4.05 & 6.96 & -11.01\\ -10.00 & -11.01 & 21.01\end{bmatrix}$$

解:已知结点水头$H_1=H_2=15\ \mathrm{m}$,$H_3=0$,未知待求结点水头为H_4、H_5、H_6。

渗流问题的方程组为:

$$\begin{bmatrix}\dfrac{\partial I}{\partial H_4}\\ \dfrac{\partial I}{\partial H_5}\\ \dfrac{\partial I}{\partial H_6}\end{bmatrix}=\begin{bmatrix}K_{41} & K_{42} & K_{43} & K_{44} & K_{45} & K_{46}\\ K_{51} & K_{52} & K_{53} & K_{54} & K_{55} & K_{56}\\ K_{61} & K_{62} & K_{63} & K_{64} & K_{65} & K_{66}\end{bmatrix}\begin{bmatrix}H_1\\ H_2\\ H_3\\ H_4\\ H_5\\ H_6\end{bmatrix}=\boldsymbol{O}$$

渗流问题的方程组为:

$$\begin{bmatrix}K_{44} & K_{45} & K_{46}\\ K_{54} & K_{55} & K_{56}\\ K_{64} & K_{65} & K_{66}\end{bmatrix}\begin{bmatrix}H_4\\ H_5\\ H_6\end{bmatrix}=\begin{bmatrix}-K_{41}H_1-K_{42}H_2-K_{43}H_3\\ -K_{51}H_1-K_{52}H_2-K_{53}H_3\\ -K_{61}H_1-K_{62}H_2-K_{63}H_3\end{bmatrix}$$

渗流问题方程组可进一步表示为:

$$\boldsymbol{KH}=\boldsymbol{R}$$

渗流问题方程组的整体渗流矩阵为:

$$\boldsymbol{K}=\begin{bmatrix}K_{44}^{(1)}+K_{44}^{(2)}+K_{44}^{(3)}+K_{44}^{(4)} & K_{45}^{(2)}+K_{45}^{(3)} & K_{46}^{(3)}+K_{46}^{(4)}\\ K_{54}^{(2)}+K_{54}^{(3)} & K_{55}^{(2)}+K_{55}^{(3)} & K_{56}^{(3)}\\ K_{64}^{(3)}+K_{64}^{(4)} & K_{65}^{(3)} & K_{66}^{(3)}+K_{66}^{(4)}\end{bmatrix}$$

$$=\frac{k}{10}\begin{bmatrix}6.46+7.86+7.26+5.95 & -9.34-5.78 & -1.47-10.00\\ -9.34-5.78 & 14.27+8.05 & -2.27\\ -1.47-10.00 & -2.27 & 3.74+21.01\end{bmatrix}$$

$$=\frac{k}{10}\begin{bmatrix}27.53 & -15.12 & -11.47\\ -15.12 & 22.32 & -2.27\\ -11.47 & -2.27 & 24.75\end{bmatrix}$$

渗流问题方程组的常数项列阵为:

$$
\begin{aligned}
\boldsymbol{R} &= \begin{bmatrix} -K_{41}^{(1)}H_1-(K_{42}^{(1)}+K_{42}^{(2)})H_2-K_{43}^{(4)}H_3 \\ -0\times H_1-K_{52}^{(2)}\times H_2-0\times H_3 \\ -0\times H_1-0\times H_2-K_{63}^{(4)}H_3 \end{bmatrix} \\
&= \frac{k}{10}\begin{bmatrix} -(1.04)\times 15-(-7.5+1.47)\times 15 \\ -(-4.93)\times 15 \\ 0 \end{bmatrix} \\
&= \frac{k}{10}\begin{bmatrix} 74.85 \\ 73.95 \\ 0.00 \end{bmatrix}
\end{aligned}
$$

渗流问题具体的方程组为：

$$
\frac{k}{10}\begin{bmatrix} 27.53 & -15.12 & -11.47 \\ -15.12 & 22.32 & -2.27 \\ -11.47 & -2.27 & 24.75 \end{bmatrix}\begin{bmatrix} H_4 \\ H_5 \\ H_6 \end{bmatrix}=\frac{k}{10}\begin{bmatrix} 74.85 \\ 73.95 \\ 0.00 \end{bmatrix}
$$

求解该方程组得到：

$$
H_4=12.41\text{ m},\ H_5=12.42\text{ m},\ H_6=6.89\text{ m}
$$

由于浸润线位置是假定的，不满足在一定误差标准下$H_5=y_5$、$H_6=y_6$的条件，需要进一步进行浸润线位置试算，才能得到正确结果。进一步的计算这里略去。

2.6　土石坝有限单元法渗流计算程序说明与算例

采用有限单元法进行土石坝渗流计算时需要编制计算程序，利用计算机完成。采用Fortran语言（Fortran 77）编制的一个基本的有限单元法渗流计算程序见本章2.10节，本节是该程序的说明和算例。

2.6.1　有限单元法渗流计算程序说明

(1)选取计算剖面，建立坐标系，划分有限元网格，对单元、结点编号。进行结点编号时要先对已知水头结点编号，以方便程序处理；单元编号次序无特殊要求。

(2)建立一个文件名为“initial-data.txt”的文本文件，依次输入下面的数据：

①单元总数NE，结点总数NN，已知水头结点数NY，材料类型数NCL。

②结点编号，结点x坐标值、y坐标值（从第1号结点到第NN号结点依次输入）。

③单元编号，单元i、j、m三个结点的编号（从第1号单元到第NE号单元依次输入，单元i、j、m三个结点的编号按逆时针顺序输入）。

④单元编号，单元材料类型号（从第1号单元到第NE号单元依次输入）。

⑤材料类型编号，材料渗透系数数值（从第1号材料到第NCL号材料依次输入）。

⑥已知水头结点编号,已知结点水头值(从第1号结点到第NY号结点依次输入)。

(3)编译、运行计算程序,得到结点水头计算结果,存放在名为"Result.txt"的文件中。

该程序只完成一次计算,不自动进行浸润线位置试算。

2.6.2 有限单元法渗流计算程序算例

算例1 采用前面2.5节的例题,坐标系、有限元网格、单元编号、结点编号、结点坐标已在图2-16中标明。土体渗透系数$k=5.0\times10^{-7}$ m/s。

创建的已知数据文件"initial-data.txt"中的内容为:

```
4,6,3,1,
1,0.0,0.0,
2,22.5,15.0,
3,64.5,0.0,
4,37.713,0.0,
5,37.713,10.514,
6,51.753,6.374,
1,4,2,1,
2,4,5,2,
3,4,6,5,
4,4,3,6,
1,1,2,1,3,1,4,1,
1,5.0e-7,
1,15.0,2,15.0,3,0.0,
```

在计算结果文件"Result.txt"中,计算出的待求结点水头值(单位:m)为:

4:12.41。

5:12.42。

6:6.89。

这个结果与上节例题的计算结果一致。

算例2 环形介质渗流。如图2-17所示,环形介质内半径$R=13$ m,宽度5 m,渗透系数$k=5\times10^{-6}$ m/s,上游进口断面水头$H_1=30$ m,下游出口断面水头$H_2=5$ m。

这个渗流问题有理论解析解,可以与有限单元法的计算结果比较。

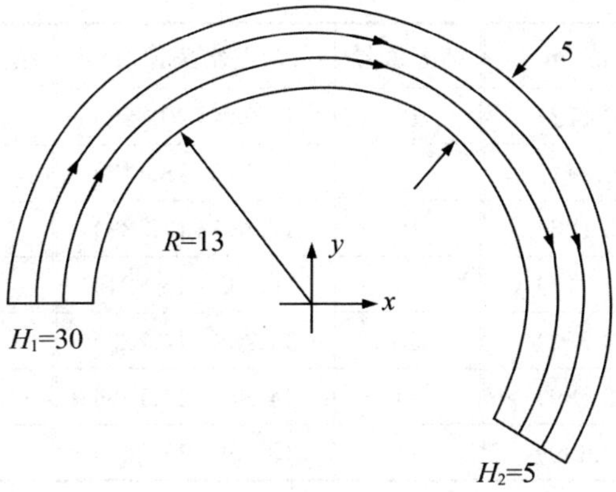

图 2-17　环形介质简图(单位:m)

该算例建立的有限单元网格以及结点编号和单元编号如图 2-18 所示。

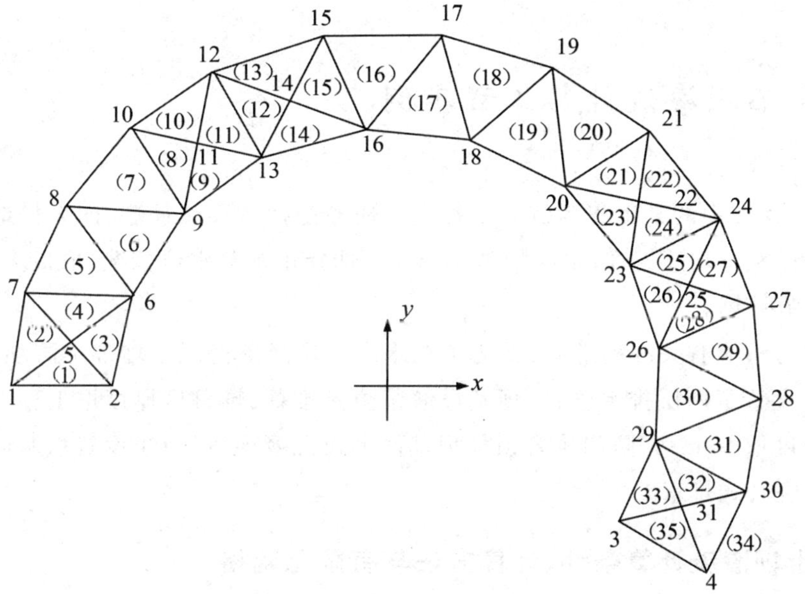

图 2-18　环形介质渗流计算有限元网格

环形介质渗流计算结点水头计算结果如表 2-1 所示,表中括号内的数值为理论解析解。可见,本算例有限单元法渗流计算的结果和理论解析解的结果很接近。

表 2-1　环形介质渗流计算结点水头计算结果

结点编号	结点水头值/m	结点编号	结点水头值/m	结点编号	结点水头值/m
5	28.961 (28.959)	14	21.513 (21.517)	23	12.100 (12.075)
6	27.526 (27.563)	15	20.601 (20.566)	24	12.077 (12.075)

续表

结点编号	结点水头值/m	结点编号	结点水头值/m	结点编号	结点水头值/m
7	28.213 (28.172)	16	19.985 (20.035)	25	11.083 (11.068)
8	26.341 (26.344)	17	18.433 (18.443)	26	9.693 (9.717)
9	25.156 (25.126)	18	17.386 (17.382)	27	10.360 (10.307)
10	24.469 (24.517)	19	16.339 (16.321)	28	8.545 (8.538)
11	23.721 (23.730)	20	14.788 (14.729)	29	7.398 (7.358)
12	22.693 (22.689)	21	14.172 (14.198)	30	6.730 (6.769)
13	22.675 (22.689)	22	13.259 (13.248)	31	6.007 (6.008)

如果将下游出口断面已知水头边界改为不透水边界，则有限单元法各结点水头计算结果均为30 m。当渗流域中没有水流流动、处于静水状态时，各结点的水头均等于上游边界水头，有限单元法计算结果正确地反映了这一特点。

2.7 土石坝渗流计算工程实例

仍以1.2节中的某工程为例。工程主要任务是拦蓄天然径流，向乡村地区供水。拦河坝为砾砂黏土均质土坝，最大坝高31.2 m。选择正常蓄水位情况，取最大坝高断面，进行稳定渗流计算。

土坝与渗流有关的构造有：①为了在水库水位降落情况下增加上游坝坡的稳定性，坝体上游设置了两层排水管；②坝基设灌浆防渗帷幕，帷幕区厚度取1.1 m，计算剖面防渗帷幕长度取15 m；③防渗帷幕顶部坝基面上设混凝土盖板；④设置坝基面褥垫和下游坝脚棱体组合式排水。

2.7.1 土坝渗流计算条件、计算方法与有限元网格

土坝渗流计算剖面简图如图2-19所示。

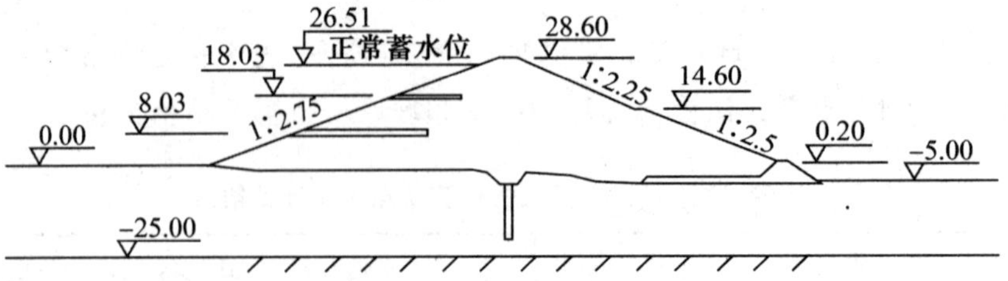

图2-19 土坝渗流计算剖面简图(单位：m)

坝体与坝基各区域渗透系数按表2-2取值。

表2-2　土坝渗流计算渗透系数取值

区域	渗透系数/(m/s)
坝体土料(砾砂黏土)	1.0×10^{-6}
下游排水体 (堆石外包碎石垫层和砂垫层)	1.0×10^{-4}
坝基(全风化花岗岩)	2.0×10^{-6}
上游坝体排水管 (碎石外包粗砂滤层)	1.0×10^{-4}
坝基灌浆帷幕	1.0×10^{-7}
截渗槽底部混凝土盖板	1.0×10^{-8}

本土坝渗流计算实例利用ANSYS软件建立有限元网格,将ANSYS有限元网格的"结点坐标"文件和"单元结点与单元属性"文件输出利用。本例对2.6节和2.10节介绍的一个基本的有限单元法渗流计算Fortran程序进行了扩展编程,增加了几个功能:①读入ANSYS有限元网格的结点坐标、单元结点编号以及单元材料类型号;②浸润线位置自动试算,包括网格结点坐标调整;③单元最大渗流比降计算。本例使用该扩展编程的Fortran程序进行了本土坝的渗流计算。

坝基根据经验取足够大的计算范围。网格采用三角形单元,坝体坝基渗流域共划分为6008个三角形单元,3148个结点。土坝正常蓄水位情况稳定渗流计算有限元网格如图2-20所示。

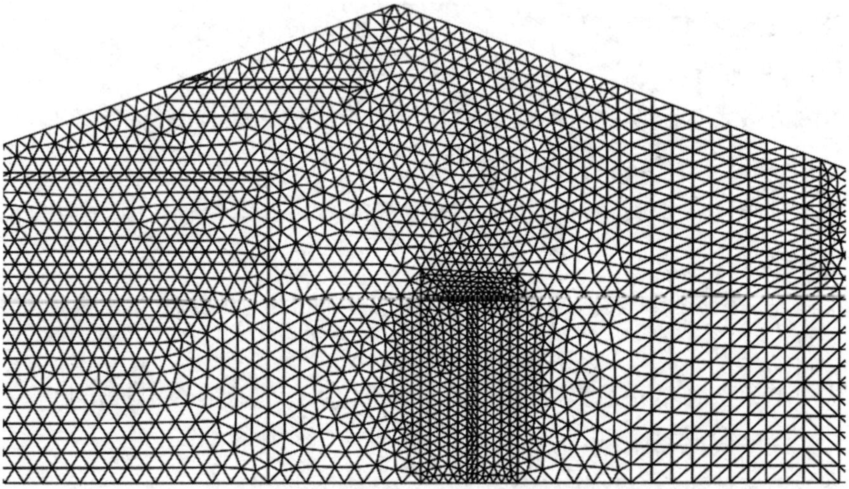

图2-20　土坝正常蓄水位情况稳定渗流计算有限元网格

本例计算了以下两种情况：

(1)不考虑上游坝体排水管稳定渗流。

(2)考虑上游坝体排水管稳定渗流。

2.7.2 土坝渗流计算结果

2.7.2.1 坝体内浸润线位置

坝体内浸润线位置计算结果如图2-21所示。

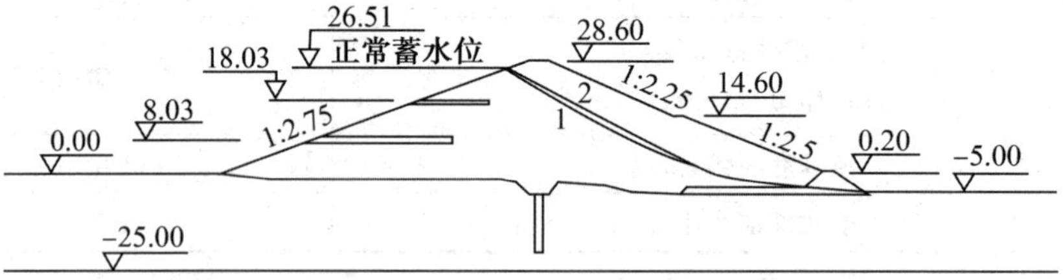

1为不设置上游坝体排水管情况，2为设置上游坝体排水管情况。

图2-21　坝体内浸润线位置计算结果(单位:m)

设置上游坝体排水管可使浸润线抬升。浸润线在上游段和中游段抬升相对显著,最大抬升值为1.32 m;下游段浸润线位置抬升较小,与不设上游坝体排水管的情况差别不大。

2.7.2.2 土坝渗流比降与渗流变形稳定性分析

(1)下游坝坡

无论是否设置上游坝体排水管,坝内浸润线均进入下游坝脚排水棱体,未从下游坝面逸出,如图2-21所示。计算结果表明,从理论上来说,正常蓄水位情况不会产生下游坝面浸润和坝坡渗流变形。

(2)坝体和坝基

坝体渗流进入下游坝基面上和下游坝脚的反滤排水体,在反滤排水体工作良好的情况下,坝体不会发生土颗粒流失渗流变形。

设置上游坝体排水管情况下,坝体和坝基的渗流比降总体上比不设置略大,但差别不大,比较接近。

渗流域中,渗流比降较大值发生在坝基黏土截渗槽下混凝土盖板区和坝基防渗帷幕区。

下游坝基面上各单元最大渗流比降均不超过0.1,坝基面渗流逸出比降数值较小,坝基不会发生渗流变形破坏。

几个关键区域的渗流比降与渗流变形稳定性分析如下：

①坝基黏土截渗槽与混凝土盖板接触区:坝基黏土截渗槽与混凝土盖板接触区单元

如图2-22所示,各单元的最大渗流比降如表2-3所示。图中,52,62,…,142,61,71,…,141单元为接触区单元;143～162单元为混凝土盖板区单元。

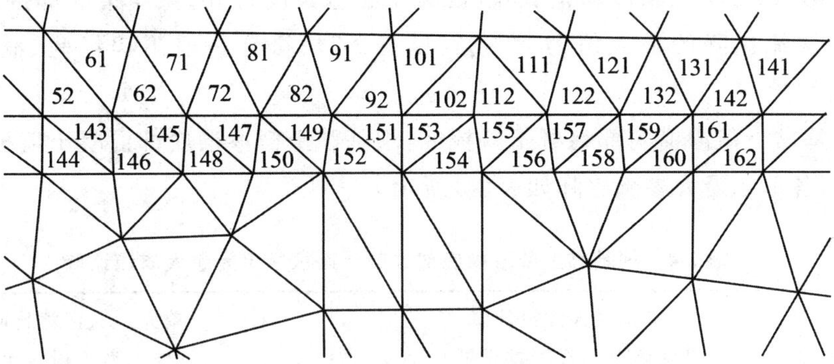

图2-22　坝基黏土截渗槽与混凝土盖板区单元

表2-3　坝基黏土截渗槽与混凝土盖板接触区单元最大渗流比降

单元号	单元最大渗流比降（坝体上游设置排水管）	单元最大渗流比降（坝体上游不设排水管）
52	0.7203	0.7165
61	0.5501	0.5411
62	0.6078	0.5980
71	0.5617	0.5498
72	0.5845	0.5714
81	0.5762	0.5615
82	0.5973	0.5815
91	0.6033	0.5857
92	0.6370	0.6182
101	0.6343	0.6139
102	0.6633	0.6420
112	0.6829	0.6594
111	0.6735	0.6501
122	0.7411	0.7139
121	0.7374	0.7100
132	0.8765	0.8421
131	0.8331	0.8002
142	1.2904	1.2357
141	0.9120	0.8734

根据工程经验，对于截渗槽土料允许比降和与基岩接触面允许比降的取值，一般砂壤土取3，壤土取3～5，黏土取5～10；对于槽底宽度的取值，中低坝一般取4～6 m，折合水力比降为4～10。本土坝截渗槽底宽（混凝土盖板长度）5 m，截渗槽底部接触区单元中，单元最大渗流比降的最大值为1.2904（见表2-3），符合一般工程经验，满足渗流比降要求。

②坝基黏土截渗槽底部混凝土盖板区：坝基黏土截渗槽底部混凝土盖板区单元如图2-22所示，各单元最大渗流比降如表2-4所示。

表2-4 坝基黏土截渗槽底部混凝土盖板区单元最大渗流比降

单元号	单元最大渗流比降（坝体上游设置排水管）	单元最大渗流比降（坝体上游不设排水管）
144	0.2213	0.2144
143	0.9888	1.0023
146	0.7419	0.7632
145	1.3582	1.3754
148	1.2551	1.2778
147	1.8094	1.8215
150	1.7595	1.7754
149	2.3137	2.3141
152	3.5996	3.5343
151	1.2468	1.1535
153	1.2596	1.1656
154	5.1666	4.9617
155	4.4837	4.2867
156	3.8454	3.6711
157	3.8588	3.6847
158	3.0786	2.9354
159	3.1507	3.0055
160	2.1025	2.0018
161	2.3950	2.2839
162	0.5723	0.5422

混凝土盖板区单元中，单元最大渗流比降的最大值为5.1666。根据《碾压式土石坝设计规范》（SL 274—2020），混凝土防渗墙的一般允许渗流比降上限值为80～100。可见本工程混凝土盖板承受的渗流比降较低，满足防渗要求。

③坝基防渗帷幕区:坝基防渗帷幕区单元如图2-23所示,各单元最大渗流比降如表2-5所示。

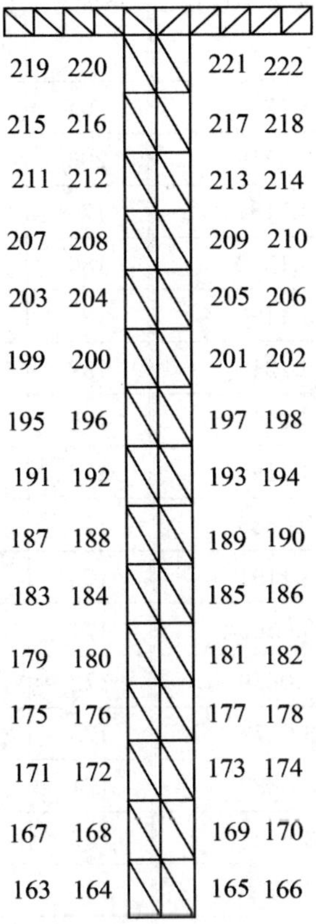

图2-23　坝基防渗帷幕区单元

表2-5　坝基防渗帷幕区单元最大渗流比降

单元号	单元最大渗流比降(上游坝体设置排水管)	单元最大渗流比降(上游坝体不设排水管)	单元号	单元最大渗流比降(上游坝体设置排水管)	单元最大渗流比降(上游坝体不设排水管)
219	3.1205	3.0301	220	3.0386	2.9522
221	3.1205	3.0301	222	3.1068	3.0143
215	3.1653	3.0744	216	3.1208	3.0304
217	3.1618	3.0712	218	3.1209	3.0305
211	3.1983	3.1076	212	3.1657	3.0747
213	3.1969	3.1064	214	3.1623	3.0717
207	3.2170	3.1270	208	3.1986	3.1078
209	3.2172	3.1273	210	3.1972	3.1066

续表

单元号	单元最大渗流比降（上游坝体设置排水管）	单元最大渗流比降（上游坝体不设排水管）	单元号	单元最大渗流比降（上游坝体设置排水管）	单元最大渗流比降（上游坝体不设排水管）
203	3.2197	3.1309	204	3.2172	3.1272
205	3.2207	3.1319	206	3.2173	3.1273
199	3.2052	3.1181	179	2.7942	2.7231
200	3.2197	3.1310	180	2.9351	2.8596
201	3.2066	3.1193	181	2.7940	2.7228
202	3.2206	3.1318	182	2.9372	2.8615
195	3.1723	3.0873	175	2.6005	2.5350
196	3.2051	3.1180	176	2.7919	2.7209
197	3.1737	3.0886	177	2.5986	2.5331
198	3.2063	3.1191	178	2.7948	2.7237
191	3.1189	3.0365	171	2.3264	2.2683
192	3.1719	3.0869	172	2.5967	2.5314
193	3.1202	3.0377	173	2.3208	2.2629
194	3.1733	3.0883	174	2.6015	2.5361
187	3.0421	2.9627	167	1.9000	1.8528
188	3.1183	3.0359	168	2.3190	2.2613
189	3.0431	2.9636	169	1.8821	1.8357
190	3.1199	3.0374	170	2.3311	2.2732
183	2.9366	2.8609	163	1.1172	1.0885
184	3.0411	2.9618	164	1.8801	1.8337
185	2.9372	2.8614	165	0.9734	0.9500
186	3.0428	2.9634	166	1.9446	1.8971

《碾压式土石坝设计规范》(SL 274—2020)建议的砂砾石地基水泥黏土浆灌浆帷幕的允许渗流比降为3～4。本工程坝基防渗帷幕区单元中，单元渗流比降的最大值为3.2207，可以认为防渗帷幕承受的渗流比降满足要求。

2.7.3 土坝渗流计算结论

正常蓄水位稳定渗流情况的有限单元法渗流计算表明：坝内浸润线位置合理，坝体和坝基各区域渗流比降不超过允许值，在理论上，坝体和坝基不发生渗流变形破坏，土坝渗流变形稳定性满足要求。

本土坝设置了坝体上游排水管，对坝体防渗性能有一定程度的削弱作用，体现在坝内浸润线抬升、渗流比降和渗流量加大。但排水管的显著影响仅限于局部，总体来说，设置坝体上游排水管不会对土坝渗流变形稳定性造成较大影响。

2.7.4　说明

本节最后需要说明，土石坝渗流计算还应包括渗流量计算，以从理论上分析评价水库蓄水后，坝体和坝基的渗流量是否合理。另外，土石坝设计中完整的渗流计算应包括设计洪水位、校核洪水位等多种工况的计算，各种工况均应满足土石坝防渗性能要求。

2.8　土石坝非稳定渗流计算

非稳定渗流是指渗流域中水头函数随时间变化的情况，即水头函数不单是空间坐标x、y的函数，还是时间t的函数，水头函数用$H(x, y, t)$表示。

在水库水位降落后，土石坝将发生非稳定渗流，即浸润线的位置和坝体坝基中的水头会随时间发生变化，如图2-24所示。

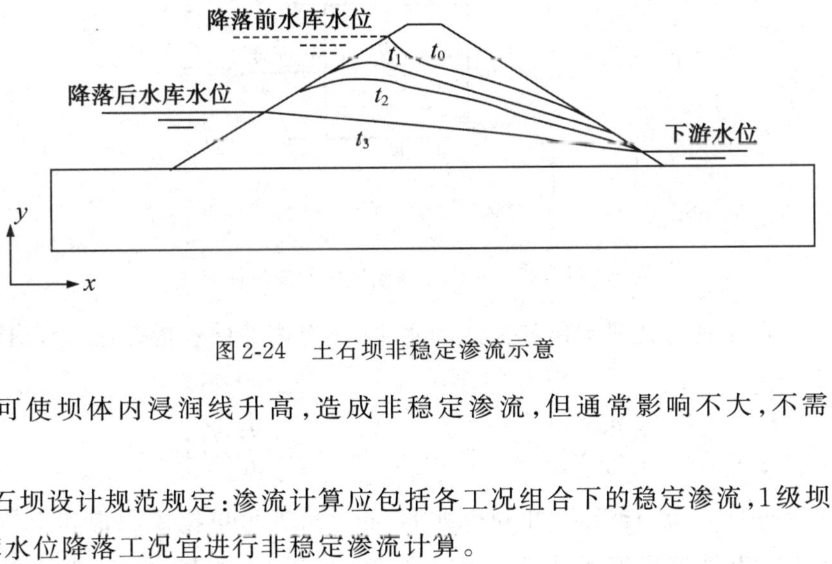

图2-24　土石坝非稳定渗流示意

降雨也可使坝体内浸润线升高，造成非稳定渗流，但通常影响不大，不需要特别考虑。

我国土石坝设计规范规定：渗流计算应包括各工况组合下的稳定渗流，1级坝、2级坝和高坝，水库水位降落工况宜进行非稳定渗流计算。

2.8.1　非稳定渗流问题的基本微分方程

取非稳定渗流域中一点处的渗流微元体，微元体边界角点处的渗流速度如图2-25(a)所示，与稳定渗流相同，这里略去了更高阶的无穷小量。与稳定渗流不同的是，非稳定渗流域某一点处，由于水头变化，孔隙水压力会发生变化，产生两个效应：①土体有效应力变化，并由此引起土体孔隙比变化；②水体发生膨胀或压缩。这两个效应引起微元体内部储水量发生变化。因此，非稳定渗流域某一点处，存在一个内部储水量变化率$S_s\dfrac{\partial H}{\partial t}$。而稳定渗流域中，某一点处的水头和水压力是恒定不变的，其内部储水量变化率为0。

微元体边界上，流出和流入微元体的渗流速度相抵消，得到边界上流出和流入微元体的净流速，如图2-25(b)所示。

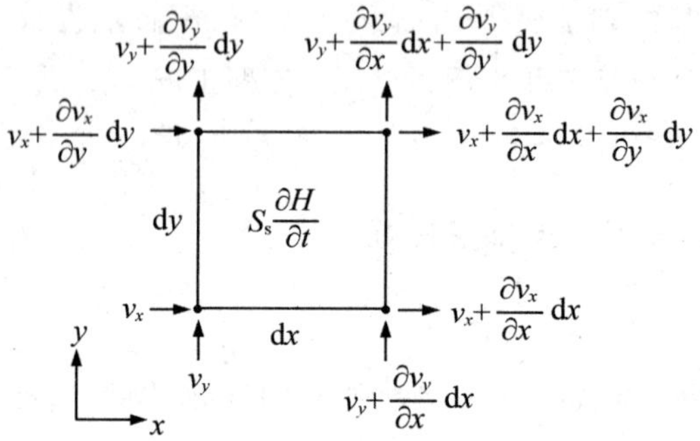

(a)

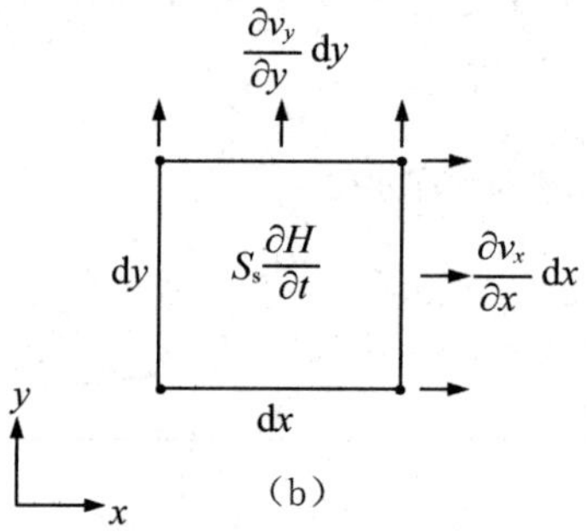

(b)

图2-25 非稳定渗流域中的渗流微元体

微元体除了通过边界流出和流入的水量，还有内部储水量变化，微元体的水量平衡方程为：

$$\left(\frac{\partial v_x}{\partial x}dx\right)dy+\left(\frac{\partial v_y}{\partial y}dy\right)dx+S_s\frac{\partial H}{\partial t}dxdy=0 \tag{2-40}$$

式中，$S_s=\rho g(\alpha+n\beta)$被称为单位储水量($m^{-1}$)，表示单位体积饱和土体在下降单位水头1 m时，土骨架压缩而孔隙比减小释放的水的体积量$\rho g\alpha$和水体膨胀所释放的水的体积量$\rho gn\beta$之和。其中α和β分别为土体和水的压缩系数(Pa^{-1})，n为土体的孔隙率，$\rho g=\gamma_w$为水的重度。

根据达西定律，有：

$$\begin{cases} v_x = -k_x \dfrac{\partial H}{\partial x} \\ v_y = -k_y \dfrac{\partial H}{\partial y} \end{cases} \tag{2-41}$$

式中，k_x、k_y分别为x方向和y方向的渗透系数。式中加“－”号是为了使渗流速度向着坐标轴正向时为正值。

把式(2-41)代入式(2-40)，得到非稳定渗流问题的基本微分方程：

$$\frac{\partial}{\partial x}\left(k_x \frac{\partial H}{\partial x}\right) + \frac{\partial}{\partial y}\left(k_y \frac{\partial H}{\partial y}\right) = S_s \frac{\partial H}{\partial t} \tag{2-42}$$

非稳定渗流问题如果不考虑土骨架和水体的压缩性，即取$S_s=0$，则非稳定渗流的基本微分方程与稳定渗流的相同，式(2-42)变为：

$$\frac{\partial}{\partial x}\left(k_x \frac{\partial H}{\partial x}\right) + \frac{\partial}{\partial y}\left(k_y \frac{\partial H}{\partial y}\right) = 0 \tag{2-43}$$

对于均匀各向同性土体，$k_x=k_y=k$为常数，不考虑土骨架和水体的压缩性时，非稳定渗流基本微分方程变为：

$$\frac{\partial^2 H}{\partial x^2} + \frac{\partial^2 H}{\partial y^2} = 0 \tag{2-44}$$

2.8.2　土石坝非稳定渗流的边界条件

同稳定渗流一样，土石坝非稳定渗流的边界条件有两类，如图2-26所示。

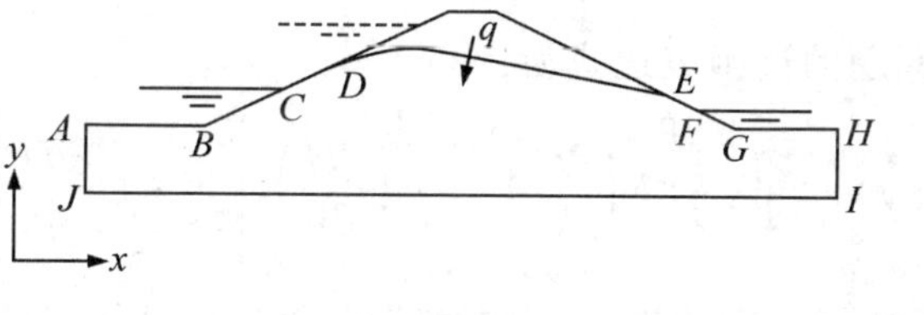

图2-26　土石坝非稳定渗流域及其边界

第Ⅰ类边界：已知水头边界，包括上游等水头面边界ABC、上游自由渗出段边界CD、下游等水头面边界FGH、下游自由渗出段边界EF。

第Ⅱ类边界：已知流量边界，包括浸润线边界DE、渗流域边界$AJIH$。

在土石坝水库水位降落后的非稳定渗流中，浸润线边界DE上存在一个法向的单位渗流量q。

渗流域边界$AJIH$为不透水边界，其法向的单位渗流量为0。在有限单元法渗流计算中，为了使渗流域边界$AJIH$为不透水边界，要求选取的坝基范围足够大、渗流域边界$AJIH$在足够远处。

在土石坝水库水位降落后，不同时刻浸润线边界DE上的法向单位渗流量q的计算公式推导如下。

如图2-27所示，设在t时刻浸润线的位置为DE，在$t+\mathrm{d}t$时刻浸润线的位置为$D'E'$，微分面积$\mathrm{d}r\times\mathrm{d}s$内的水流入渗流域，则有：

$$q=\frac{\mu\mathrm{d}r\mathrm{d}s}{\mathrm{d}s\mathrm{d}t}$$

式中，μ为土体的给水度，即单位体积土体在浸润线变动时释放或储存的水量(体积)。

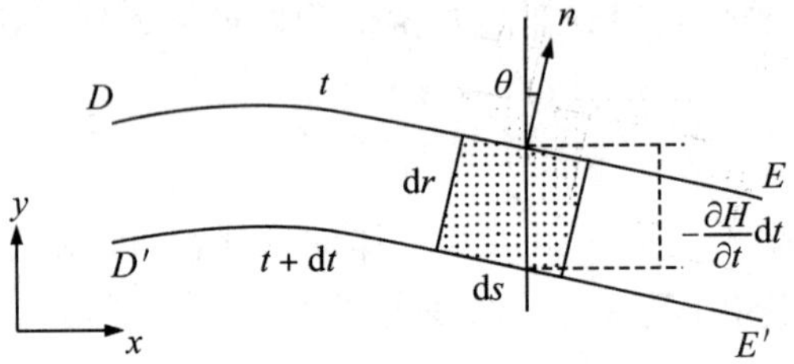

图2-27　浸润线边界法向单位渗流量计算公式推导示意图

将$\mathrm{d}r=\left(-\frac{\partial H}{\partial t}\mathrm{d}t\right)\cos\theta$代入上式，得到：

$$q=-\mu\frac{\partial H}{\partial t}\cos\theta \tag{2-45}$$

浸润线法向的单位渗流量为q，规定水量流入渗流域为正值。浸润线降落时，浸润线变动区释放的水流入渗流域，故q为正值。

2.8.3　非稳定渗流问题的泛函及其离散

非稳定渗流问题的泛函表达式为：

$$I[H(x,y)]=\iint_D\left\{\frac{1}{2}\left[k_x\left(\frac{\partial H}{\partial x}\right)^2+k_y\left(\frac{\partial H}{\partial y}\right)^2\right]+S_sH\frac{\partial H}{\partial t}\right\}\mathrm{d}x\mathrm{d}y-\int_{DE}qH\,\mathrm{d}s \tag{2-46}$$

式中，泛函表达式的第一项为有关量在渗流域D上的积分，第二项为有关量在浸润线边界DE上的积分。

将渗流域离散为有限单元体系后，非稳定渗流问题的泛函可表示为：

$$I[H(x,y)]=\sum_{e=1}^{E}\iint_e\left\{\frac{1}{2}\left[k_x\left(\frac{\partial H}{\partial x}\right)^2+k_y\left(\frac{\partial H}{\partial y}\right)^2\right]+S_sH\frac{\partial H}{\partial t}\right\}\mathrm{d}x\mathrm{d}y+\sum_{e=1}^{m}\left(-\int_{Le}qH\mathrm{d}s\right) \tag{2-47}$$

式中，E为渗流域上的单元总数；m为浸润线上的单元总数；Le为浸润线上的单元在浸润线上的边。

式(2-47)可进一步表示为：

$$I[H(x,y)]=\sum_{e=1}^{E}(I_1^e+I_2^e)+\sum_{e=1}^{m}I_3^e \tag{2-48}$$

其中，

$$I_1^e=\iint_e \frac{1}{2}\left[k_x\left(\frac{\partial H}{\partial x}\right)^2+k_y\left(\frac{\partial H}{\partial y}\right)^2\right]\mathrm{d}x\mathrm{d}y \tag{2-49a}$$

$$I_2^e=\iint_e S_s H\frac{\partial H}{\partial t}\mathrm{d}x\mathrm{d}y \tag{2-49b}$$

$$I_3^e=-\int_{Le} qH\mathrm{d}s \tag{2-49c}$$

一般单元只有I_1^e和I_2^e两项泛函；浸润线上的单元，如图2-28所示，除了有I_1^e和I_2^e两项泛函外，还有泛函I_3^e。

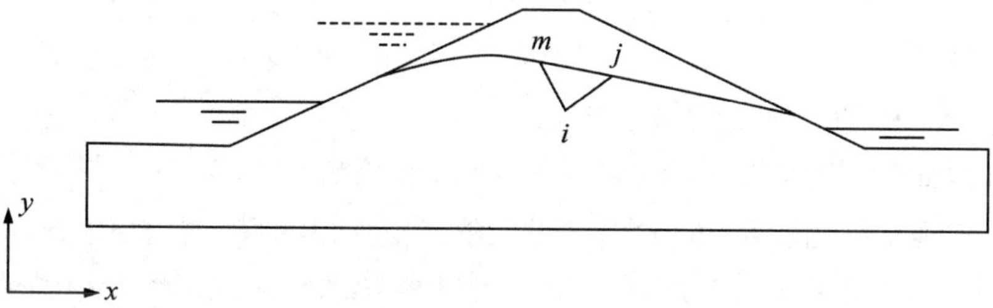

图2-28　浸润线上的单元示意

2.8.4　非稳定渗流问题有限单元法计算的基本公式

2.8.4.1　非稳定渗流问题的求解方程组、单元特性方程与单元渗流矩阵

有限单元法把渗流域上的泛函转化为未知结点水头的多元函数，根据多元函数的极值条件，建立渗流问题的求解方程组如下：

$$\begin{cases}\dfrac{\partial I}{\partial H_1}=\sum\limits_{e=1}^{E}\dfrac{\partial I^e}{\partial H_1}=\sum\limits_{e=1}^{E}\left(\dfrac{\partial I_1^e}{\partial H_1}+\dfrac{\partial I_2^e}{\partial H_1}\right)+\sum\limits_{e=1}^{m}\dfrac{\partial I_3^e}{\partial H_1}=0\\ \dfrac{\partial I}{\partial H_2}=\sum\limits_{e=1}^{E}\dfrac{\partial I^e}{\partial H_2}=\sum\limits_{e=1}^{E}\left(\dfrac{\partial I_1^e}{\partial H_2}+\dfrac{\partial I_2^e}{\partial H_2}\right)+\sum\limits_{e=1}^{m}\dfrac{\partial I_3^e}{\partial H_2}=0\\ \vdots\\ \dfrac{\partial I}{\partial H_n}=\sum\limits_{e=1}^{E}\dfrac{\partial I^e}{\partial H_n}=\sum\limits_{e=1}^{E}\left(\dfrac{\partial I_1^e}{\partial H_n}+\dfrac{\partial I_2^e}{\partial H_n}\right)+\sum\limits_{e=1}^{m}\dfrac{\partial I_3^e}{\partial H_n}=0\end{cases} \tag{2-50}$$

单元特性方程可表示为：

$$\frac{\partial \boldsymbol{I}^e}{\partial \boldsymbol{H}}=\boldsymbol{K}^e\boldsymbol{H}^e+\boldsymbol{S}^e\frac{\partial \boldsymbol{H}^e}{\partial \boldsymbol{t}}+\boldsymbol{P}^e\frac{\partial \boldsymbol{H}^e}{\partial \boldsymbol{t}} \tag{2-51}$$

式(2-51)中，对于三角形单元，有：

$$\frac{\partial \boldsymbol{I}^e}{\partial \boldsymbol{H}}=\left[\frac{\partial I^e}{\partial H_i} \quad \frac{\partial I^e}{\partial H_j} \quad \frac{\partial I^e}{\partial H_m}\right]^{\mathrm{T}} \tag{2-52a}$$

$$\boldsymbol{H}^e=[H_i \quad H_j \quad H_m]^{\mathrm{T}} \tag{2-52b}$$

$$\frac{\partial \boldsymbol{H}^e}{\partial \boldsymbol{t}}=\left[\frac{\partial H_i}{\partial t} \quad \frac{\partial H_j}{\partial t} \quad \frac{\partial H_m}{\partial t}\right]^{\mathrm{T}} \tag{2-52c}$$

$$\boldsymbol{K}^e=\frac{k_x}{4A}\begin{bmatrix} b_ib_i & b_ib_j & b_ib_m \\ b_jb_i & b_jb_j & b_jb_m \\ b_mb_i & b_mb_j & b_mb_m \end{bmatrix}+\frac{k_y}{4A}\begin{bmatrix} c_ic_i & c_ic_j & c_ic_m \\ c_jc_i & c_jc_j & c_jc_m \\ c_mc_i & c_mc_j & c_mc_m \end{bmatrix} \tag{2-53a}$$

$$\boldsymbol{S}^e=\frac{S_sA}{12}\begin{bmatrix} 2 & 1 & 1 \\ 1 & 2 & 1 \\ 1 & 1 & 2 \end{bmatrix} \tag{2-53b}$$

$$\boldsymbol{P}^e=\frac{\mu(x_j-x_m)}{6}\begin{bmatrix} 0 & 0 & 0 \\ 0 & 2 & 1 \\ 0 & 1 & 2 \end{bmatrix} \tag{2-53c}$$

式中，$\boldsymbol{K}^e$、$\boldsymbol{S}^e$、$\boldsymbol{P}^e$为单元渗流矩阵。

只有浸润线上的单元才存在式(2-51)等号右边的第三项。

非稳定渗流问题有$\boldsymbol{K}^e$、$\boldsymbol{S}^e$、$\boldsymbol{P}^e$三个单元渗流矩阵，其中$\boldsymbol{K}^e$与稳定渗流问题的单元渗流矩阵相同。对于非稳定渗流问题，当不考虑土骨架和水体的压缩和膨胀时，矩阵$\boldsymbol{S}^e$为0。只有浸润线上的单元存在矩阵$\boldsymbol{P}^e$，式(2-53c)涉及浸润线上的两个结点j和m，如图2-28所示。

渗流问题的求解方程组(2-50)可表示为：

$$\boldsymbol{KH}+\boldsymbol{S}\frac{\partial \boldsymbol{H}}{\partial \boldsymbol{t}}+\boldsymbol{P}\frac{\partial \boldsymbol{H}}{\partial \boldsymbol{t}}=0 \tag{2-54}$$

式中，$\boldsymbol{H}=[H_1 \quad H_2 \quad H_3 \quad \cdots \quad H_n]^{\mathrm{T}}$为结点水头列阵；$\frac{\partial \boldsymbol{H}}{\partial \boldsymbol{t}}=\left[\frac{\partial H_1}{\partial t} \quad \frac{\partial H_2}{\partial t} \quad \frac{\partial H_3}{\partial t} \quad \cdots \quad \frac{\partial H_n}{\partial t}\right]^{\mathrm{T}}$为结点水头对时间偏导数的列阵；整体渗流矩阵$\boldsymbol{K}$由单元渗流矩阵$\boldsymbol{K}^e$叠加得到，即$K_{ij}=\sum K_{ij}^e$；整体渗流矩阵$\boldsymbol{S}$由单元渗流矩阵$\boldsymbol{S}^e$叠加得到，即$S_{ij}=\sum S_{ij}^e$；整体渗流矩阵$\boldsymbol{P}$由单元渗流矩阵$\boldsymbol{P}^e$叠加得到，即$P_{ij}=\sum P_{ij}^e$，只有浸润线上的单元存在矩阵$\boldsymbol{P}^e$，其他单元的矩阵$\boldsymbol{P}^e$按0参与叠加。

式(2-54)中，对于等号左边的第三项，只有浸润线上的结点水头对应的方程才存在，其他方程的该项均为0。式(2-54)未引入已知水头边界条件，包括了所有结点水头对应的方程，其解是不确定的。

2.8.4.2 引入已知水头边界条件的非稳定渗流问题的求解方程组

引入已知水头边界条件。取消式(2-54)中已知结点水头对应的方程，已知结点水头参与形成其他方程的常数项，由此得到渗流问题的求解方程组为：

$$KH+S\frac{\partial H}{\partial t}+P\frac{\partial H}{\partial t}=R \tag{2-55}$$

式中，$H=[H_1\quad H_2\quad H_3\quad \cdots\quad H_m]^T$为未知待求结点水头列阵；$\frac{\partial H}{\partial t}=\left[\frac{\partial H_1}{\partial t}\quad \frac{\partial H_2}{\partial t}\quad \frac{\partial H_3}{\partial t}\quad \cdots\quad \frac{\partial H_m}{\partial t}\right]^T$为未知待求结点水头对时间的偏导数的列阵；$R=[R_1\quad R_2\quad R_3\quad \cdots\quad R_m]^T$为方程组的常数项列阵。

2.8.4.3　非稳定渗流问题求解的差分公式

根据式(2-55)，有：

$$KH_t+S\frac{1}{\Delta t}(H_t-H_{t-\Delta t})+P\frac{1}{\Delta t}(H_t-H_{t-\Delta t})=R_t \tag{2-56}$$

由式(2-56)得到非稳定渗流问题求解的关于时间t的差分公式为：

$$(K+\frac{1}{\Delta t}S+\frac{1}{\Delta t}P)H_t-\frac{1}{\Delta t}(S+P)H_{t-\Delta t}=R_t \tag{2-57}$$

利用式(2-57)，根据$t-\Delta t$时刻渗流域的结点水头，可求出t时刻的结点水头。如果不考虑水压力变化引起的土骨架和水体的压缩和膨胀，则$S=0$，式(2-57)可进一步简化。

在进行土石坝水位降落情况的非稳定渗流计算时，可根据渗流域初始的浸润线位置和水头分布，利用式(2-57)，依次求出各时刻的浸润线位置和水头分布。

求得的每一时刻的浸润线位置和水头分布，应满足浸润线上结点的水头条件，即在一定误差标准下，浸润线上所有结点的水头值应等于其y坐标，即$H_i=y_i$，满足该水头条件的计算结果才是正确的结果。为此，在每一时刻的计算中，需要进行浸润线结点的水头条件检查和浸润线位置迭代计算，具体可采用2.3节所述方法。

2.9　渗流计算有限单元法的理论基础——加权余量法

现实世界中，有些问题的某个物理量的微分方程是已知的，需要求解该物理量的空间分布，如固体力学的位移与应力、渗流、热传导及电磁场等物理问题就属于这类问题。有限单元法可用于这类问题的求解。有限单元法的求解方程组既可以根据加权余量法建立，又可以根据变分原理建立；对于固体力学位移与应力问题，有限单元法的求解方程组还可根据结点力的平衡方程建立。

本节根据加权余量法建立渗流问题有限单元法的求解方程组和说明边界条件。渗流问题的变分原理，可参照第3章中讲述的温度问题的变分原理，因为渗流问题与温度问题有相似的微分方程和边界条件，在数学上属于同一个问题。尽管了解加权余量法和变分原理对于应用有限单元法进行渗流、温度等工程问题求解不是必需的，但了解这些内容对于理解有限单元法是有益的。

2.9.1 加权余量法例题

本节先用一个一维问题说明加权余量法和有限单元法的特点。本例题用有限单元法模拟正弦函数$y=7\sin x$在$x\in[0,\ 2\pi]$区间上的图象。

采用两结点直线单元，设单元局部结点编号为i、j(从左到右)，如图2-29所示。

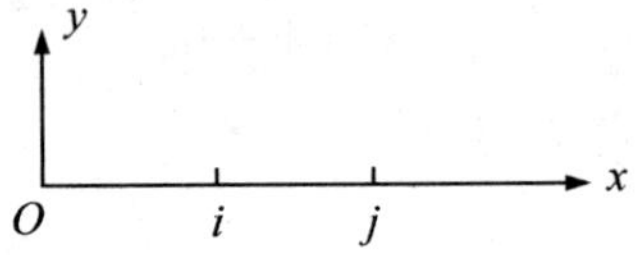

图2-29 一维直线单元示意

单元函数取线性函数：

$$y(x)=N_i y_i+N_j y_j \tag{2-58}$$

式中，单元形函数为：

$$\begin{cases} N_i=\dfrac{x_j-x}{LE} \\ N_j=\dfrac{x-x_i}{LE} \end{cases} \tag{2-59}$$

式中，LE为单元长度。

设该正弦函数是未知的，但已知其微分方程为：

$$y'(x)-7\cos x=0 \tag{2-60}$$

本例题根据正弦函数的微分方程(2-60)和边界条件，采用有限单元法模拟该正弦函数。

有限单元法中，当采用加权余量法建立求解方程组时，多采用加权余量法中的伽辽金方法，即采用待求函数近似解的基函数(又称形函数)作为权函数。

该问题待求函数的近似解为：

$$\tilde{y}(x)=N_1 y_1+N_2 y_2+\cdots+N_n y_n \tag{2-61}$$

式中，$N_1,N_2,\cdots,N_n$为待求函数近似解的基函数(形函数)，由单元形函数式(2-59)叠加得到；n为有限元结点数。

将$[0,2\pi]$计算域划分为6个单元，其中有7个结点，如图2-30所示。结点1,2,…,7的形函数分别记为$N_1,N_2,\cdots,N_7$。

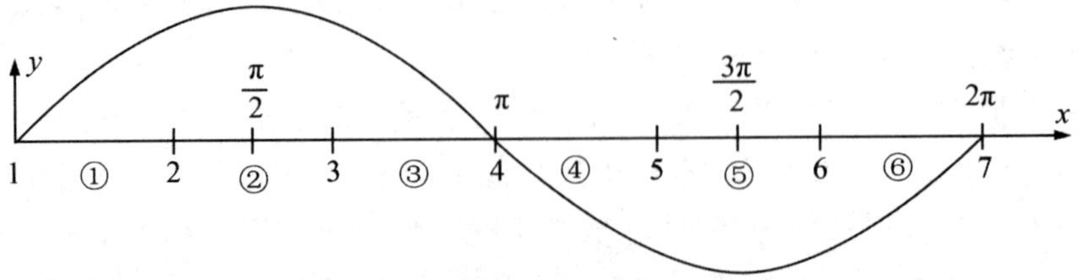

图2-30 模拟正弦函数的单元与结点

在$[0,2\pi]$计算域上，在微分方程(2-60)中，函数$y(x)$采用式(2-61)所示的近似解$\tilde{y}(x)$，此时式(2-60)的左边不再等于0，其与0的偏差称为微分方程的余量，计为$R(x)$。加权余量法，是令微分方程的余量$R(x)$在整个计算域上的加权积分为零，建立有限单元法的求解方程组。采用伽辽金加权余量法建立的有限单元法的求解方程组为：

$$\begin{cases}\int_0^{2\pi} N_1 R(x)\mathrm{d}x=\sum_{i=1}^{6}\int_e N_1 R(x)\mathrm{d}x=0\\ \int_0^{2\pi} N_2 R(x)\mathrm{d}x=\sum_{i=1}^{6}\int_e N_2 R(x)\mathrm{d}x=0\\ \vdots\\ \int_0^{2\pi} N_n R(x)\mathrm{d}x=\sum_{i=1}^{6}\int_e N_n R(x)\mathrm{d}x=0\end{cases}\tag{2-62}$$

在单元域上，根据式(2-58)和式(2-59)，可得到微分方程的余量为：

$$R(x)=\tilde{y}'(x)-7\cos x=-\frac{y_i}{LE}+\frac{y_j}{LE}-7\cos x\tag{2-63}$$

在单元域上，形函数N_i和N_j对应的微分方程余量的加权积分分别记为E_i和E_j，则有：

$$\begin{cases}E_i=\int_e N_i R(x)\mathrm{d}x=\int_{x_i}^{x_j} N_i R(x)\mathrm{d}x\\ E_j=\int_e N_j R(x)\mathrm{d}x=\int_{x_i}^{x_j} N_j R(x)\mathrm{d}x\end{cases}\tag{2-64}$$

将式(2-59)和式(2-63)代入式(2-64)，得到：

$$\begin{cases}E_i=\left[-\frac{LE}{2}y_i+\frac{LE}{2}y_j+7(LE\sin x_i+\cos x_j-\cos x_i)\right]\frac{1}{LE}\\ E_j=\left[-\frac{LE}{2}y_i+\frac{LE}{2}y_j-7(LE\sin x_j+\cos x_j-\cos x_i)\right]\frac{1}{LE}\end{cases}\tag{2-65}$$

由单元域上形函数N_i和N_j对应的微分方程余量的加权积分E_i和E_j叠加，得到整个计算域上各形函数对应的微分方程余量的加权积分，并令其等于0，得到有限单元法的求解方程组(2-62)。

该问题定解的边界条件为：给定待求近似解$\tilde{y}(x)$在边界结点1的值y_1。去掉结点1的形函数N_1对应的方程，这样方程组(2-62)由6个方程组成，求解该方程组可得到各未知的结点函数值y_2、y_3、y_4、y_5、y_6、y_7。

该问题也可将边界结点7的函数值y_7作为边界条件，或同时将边界结点1和边界结点7的函数值y_1和y_7作为边界条件，建立相应的方程组，求解其他结点的函数值。

采用6个线性函数单元、7个结点模拟正弦曲线，结果如图2-31所示。可以看出，有限单元法基于以形函数为权函数的加权余量法建立求解方程组，能较好地分段拟合正弦曲线。

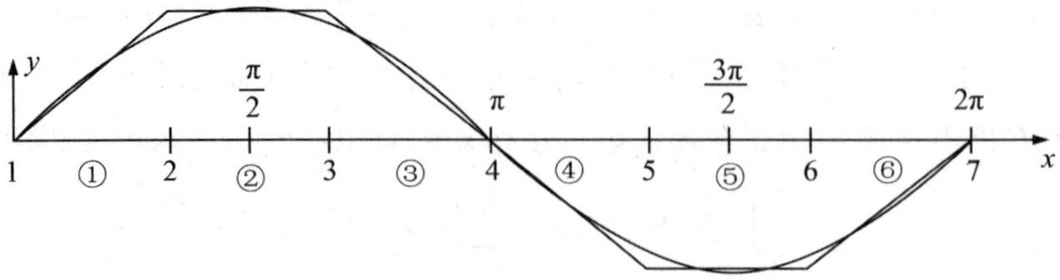

图2-31　有限单元法模拟正弦曲线结果(6个线性函数单元)

增加单元数量,可以提高近似解折线对正弦曲线的接近程度和近似解折线的光滑度。采用8个单元、9个结点模拟正弦曲线,结果如图2-32所示。

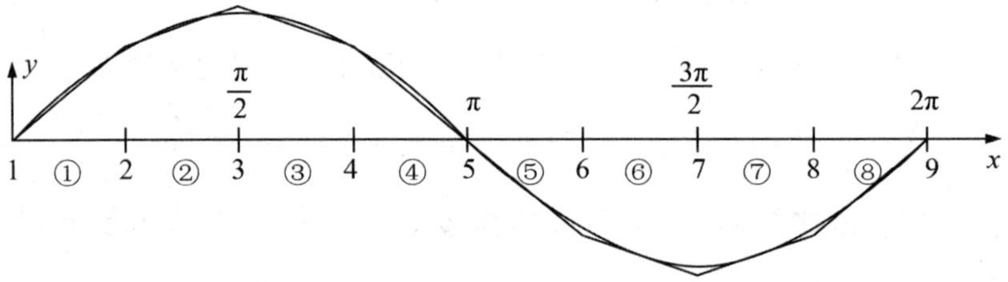

图2-32　有限单元法模拟正弦曲线结果(8个线性函数单元)

由本算例推广,对于两维问题,有限单元法是分片拟合问题的解曲面。增加单元数量可以提高近似解拟合面对问题解曲面的接近程度和近似解拟合面的光滑度。

2.9.2　根据加权余量法建立渗流问题有限单元法的求解方程组和说明边界条件

2.9.2.1　根据加权余量法建立渗流问题有限单元法的求解方程组

渗流问题的基本微分方程为:

$$\frac{\partial}{\partial x}\left(k_x\frac{\partial H}{\partial x}\right)+\frac{\partial}{\partial y}\left(k_y\frac{\partial H}{\partial y}\right)=0 \tag{2-66}$$

渗流域上水头$H(x,y)$在有限元体系下的近似解可表示为:

$$\widetilde{H}(x,y)=N_1H_1+N_2H_2+\cdots+N_nH_n \tag{2-67}$$

式中,$H_1,H_2,\cdots,H_n$为有限元体系的结点水头;n为结点总数;$N_1,N_2,\cdots,N_n$为各结点的水头形函数。

在渗流域D上,水头函数$H(x,y)$采用近似解$\widetilde{H}(x,y)$后,渗流微分方程(2-66)的余量(即渗流微分方程等号左边对零值的偏差)为:

$$R(x,y)=\frac{\partial}{\partial x}\left(k_x\frac{\partial \widetilde{H}}{\partial x}\right)+\frac{\partial}{\partial y}\left(k_y\frac{\partial \widetilde{H}}{\partial y}\right) \tag{2-68}$$

根据伽辽金加权余量法，可建立下面的方程组作为渗流问题的求解方程组：

$$\begin{cases}\iint\limits_D N_1 R(x,y)\mathrm{d}x\mathrm{d}y=0\\ \iint\limits_D N_2 R(x,y)\mathrm{d}x\mathrm{d}y=0\\ \quad\vdots\\ \iint\limits_D N_n R(x,y)\mathrm{d}x\mathrm{d}y=0\end{cases}\tag{2-69}$$

由式(2-69)可知，加权余量法不能满足微分方程的余量在渗流域上处处为0，而是让微分方程的余量在渗流域上各个权函数的加权积分为0。

将式(2-68)代入式(2-69)，得到方程组：

$$\begin{cases}\iint\limits_D N_1\left[\frac{\partial}{\partial x}\left(k_x\frac{\partial \widetilde{H}}{\partial x}\right)+\frac{\partial}{\partial y}\left(k_y\frac{\partial \widetilde{H}}{\partial y}\right)\right]\mathrm{d}x\mathrm{d}y=0\\ \iint\limits_D N_2\left[\frac{\partial}{\partial x}\left(k_x\frac{\partial \widetilde{H}}{\partial x}\right)+\frac{\partial}{\partial y}\left(k_y\frac{\partial \widetilde{H}}{\partial y}\right)\right]\mathrm{d}x\mathrm{d}y=0\\ \quad\vdots\\ \iint\limits_D N_n\left[\frac{\partial}{\partial x}\left(k_x\frac{\partial \widetilde{H}}{\partial x}\right)+\frac{\partial}{\partial y}\left(k_y\frac{\partial \widetilde{H}}{\partial y}\right)\right]\mathrm{d}x\mathrm{d}y=0\end{cases}\tag{2-70}$$

在各单元域上，当采用三角形单元时，由于水头函数的近似解$\widetilde{H}(x,y)$采用了线性函数，使得渗流微分方程中水头函数$\widetilde{H}(x,y)$的二阶导数为0，导致渗流域上渗流微分方程的余量$R(x,y)$处处为0，这就无法由式(2-70)得到渗流问题的求解方程组。要解决这个问题，可利用分部积分公式和高斯公式（这里高斯公式也可以用格林公式代替）对式(2-70)中方程式等号左边渗流域上的积分进行转换，以降低积分式中导数的阶数（从二阶降为一阶），并引入边界条件。这样处理相当于降低了对微分方程解的光滑度的要求，但有限元方法可以通过减小单元尺寸、增加单元密度来提高近似解的精度和光滑度，故这样处理是合适的。

对方程组(2-70)中第一个方程采用分部积分和高斯公式变换。根据分部积分，有：

$$\begin{aligned}&\frac{\partial}{\partial x}\left[N_1\left(k_x\frac{\partial \widetilde{H}}{\partial x}\right)\right]+\frac{\partial}{\partial y}\left[N_1\left(k_y\frac{\partial \widetilde{H}}{\partial y}\right)\right]\\ &=\frac{\partial N_1}{\partial x}\left(k_x\frac{\partial \widetilde{H}}{\partial x}\right)+N_1\frac{\partial}{\partial x}\left(k_x\frac{\partial \widetilde{H}}{\partial x}\right)+\frac{\partial N_1}{\partial y}\left(k_y\frac{\partial \widetilde{H}}{\partial y}\right)+N_1\frac{\partial}{\partial y}\left(k_y\frac{\partial \widetilde{H}}{\partial y}\right)\end{aligned}\tag{2-71}$$

由式(2-71)得到：

$$
\begin{aligned}
&N_1\left[\frac{\partial}{\partial x}\left(k_x\frac{\partial\widetilde{H}}{\partial x}\right)+\frac{\partial}{\partial y}\left(k_y\frac{\partial\widetilde{H}}{\partial y}\right)\right]\\
=&\frac{\partial}{\partial x}\left[N_1\left(k_x\frac{\partial\widetilde{H}}{\partial x}\right)\right]+\frac{\partial}{\partial y}\left[N_1\left(k_y\frac{\partial\widetilde{H}}{\partial y}\right)\right]-\frac{\partial N_1}{\partial x}\left(k_x\frac{\partial\widetilde{H}}{\partial x}\right)-\frac{\partial N_1}{\partial y}\left(k_y\frac{\partial\widetilde{H}}{\partial y}\right)
\end{aligned}
\tag{2-72}
$$

将式(2-72)代入式(2-70)中第一个方程,得到:

$$
\iint_D\left\{\frac{\partial}{\partial x}\left[N_1\left(k_x\frac{\partial\widetilde{H}}{\partial x}\right)\right]+\frac{\partial}{\partial y}\left[N_1\left(k_y\frac{\partial\widetilde{H}}{\partial y}\right)\right]\right\}\mathrm{d}x\mathrm{d}y-\iint_D\left[\frac{\partial N_1}{\partial x}\left(k_x\frac{\partial\widetilde{H}}{\partial x}\right)+\frac{\partial N_1}{\partial y}\left(k_y\frac{\partial\widetilde{H}}{\partial y}\right)\right]\mathrm{d}x\mathrm{d}y=0
\tag{2-73}
$$

根据高斯公式(或格林公式),有:

$$
\iint_D\left\{\frac{\partial}{\partial x}\left[N_1\left(k_x\frac{\partial\widetilde{H}}{\partial x}\right)\right]+\frac{\partial}{\partial y}\left[N_1\left(k_y\frac{\partial\widetilde{H}}{\partial y}\right)\right]\right\}\mathrm{d}x\mathrm{d}y=\oint\left[N_1\left(k_x\frac{\partial\widetilde{H}}{\partial x}\right)l+N_1\left(k_y\frac{\partial\widetilde{H}}{\partial y}\right)m\right]\mathrm{d}\Gamma=\oint N_1\left(k_r\frac{\partial\widetilde{H}}{\partial r}\right)\mathrm{d}\Gamma
\tag{2-74}
$$

式中,Γ为渗流域D的全部边界;r为边界法线,以外法线方向为正向;l和m分别为渗流域边界的外法线对于x轴和y轴的方向余弦;k_r为沿边界法线方向的渗透系数。

将式(2-74)代入式(2-73),得到:

$$
\iint_D\left[\frac{\partial N_1}{\partial x}\left(k_x\frac{\partial\widetilde{H}}{\partial x}\right)+\frac{\partial N_1}{\partial y}\left(k_y\frac{\partial\widetilde{H}}{\partial y}\right)\right]\mathrm{d}x\mathrm{d}y-\oint N_1\left(k_r\frac{\partial\widetilde{H}}{\partial r}\right)\mathrm{d}\Gamma=0
\tag{2-75}
$$

对式(2-70)中的其他方程,利用分部积分和高斯公式进行同样的变换,由此得到渗流问题的求解方程组:

$$
\begin{cases}
\iint_D\left[\frac{\partial N_1}{\partial x}\left(k_x\frac{\partial\widetilde{H}}{\partial x}\right)+\frac{\partial N_1}{\partial y}\left(k_y\frac{\partial\widetilde{H}}{\partial y}\right)\right]\mathrm{d}x\mathrm{d}y-\oint N_1\left(k_r\frac{\partial\widetilde{H}}{\partial r}\right)\mathrm{d}\Gamma=0\\
\iint_D\left[\frac{\partial N_2}{\partial x}\left(k_x\frac{\partial\widetilde{H}}{\partial x}\right)+\frac{\partial N_2}{\partial y}\left(k_y\frac{\partial\widetilde{H}}{\partial y}\right)\right]\mathrm{d}x\mathrm{d}y-\oint N_2\left(k_r\frac{\partial\widetilde{H}}{\partial r}\right)\mathrm{d}\Gamma=0\\
\qquad\qquad\vdots\\
\iint_D\left[\frac{\partial N_n}{\partial x}\left(k_x\frac{\partial\widetilde{H}}{\partial x}\right)+\frac{\partial N_n}{\partial y}\left(k_y\frac{\partial\widetilde{H}}{\partial y}\right)\right]\mathrm{d}x\mathrm{d}y-\oint N_n\left(k_r\frac{\partial\widetilde{H}}{\partial r}\right)\mathrm{d}\Gamma=0
\end{cases}
\tag{2-76}
$$

如图2-33所示,将渗流域的边界Γ分为已知水头边界Γ_1和未知水头边界Γ_2,并且$\Gamma_1\cup\Gamma_2=\Gamma$(全部边界),$\Gamma_1\cap\Gamma_2=\varnothing$(空集)。设边界$\Gamma_1$的法向单位流量为$k_r\dfrac{\partial H(x,y)}{\partial r}=q_1(x,y)$,边界$\Gamma_2$的法向单位流量为$k_r\dfrac{\partial H(x,y)}{\partial r}=q_2(x,y)$。

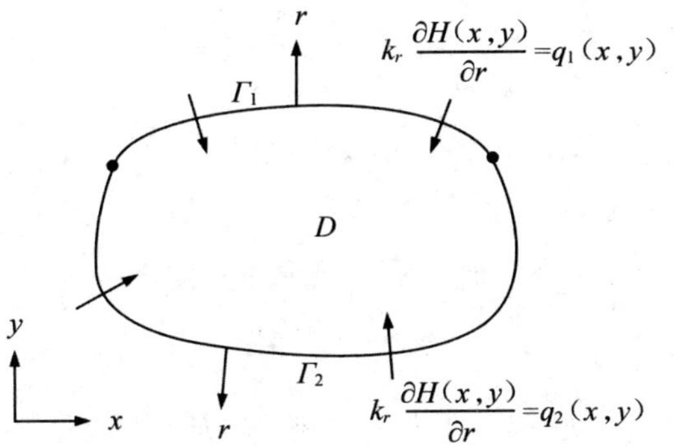

图2-33　渗流域及其边界示意

方程组(2-76)可进一步表达为：

$$\begin{cases}\iint\limits_D\left[\frac{\partial N_1}{\partial x}\left(k_x\frac{\partial\widetilde{H}}{\partial x}\right)+\frac{\partial N_1}{\partial y}\left(k_y\frac{\partial\widetilde{H}}{\partial y}\right)\right]\mathrm{d}x\mathrm{d}y-\int\limits_{\Gamma_1}N_1\left(k_r\frac{\partial\widetilde{H}}{\partial r}\right)\mathrm{d}\Gamma-\int\limits_{\Gamma_2}N_1\left(k_r\frac{\partial\widetilde{H}}{\partial r}\right)\mathrm{d}\Gamma=0\\ \iint\limits_D\left[\frac{\partial N_2}{\partial x}\left(k_x\frac{\partial\widetilde{H}}{\partial x}\right)+\frac{\partial N_2}{\partial y}\left(k_y\frac{\partial\widetilde{H}}{\partial y}\right)\right]\mathrm{d}x\mathrm{d}y-\int\limits_{\Gamma_1}N_2\left(k_r\frac{\partial\widetilde{H}}{\partial r}\right)\mathrm{d}\Gamma-\int\limits_{\Gamma_2}N_2\left(k_r\frac{\partial\widetilde{H}}{\partial r}\right)\mathrm{d}\Gamma=0\\ \vdots\\ \iint\limits_D\left[\frac{\partial N_n}{\partial x}\left(k_x\frac{\partial\widetilde{H}}{\partial x}\right)+\frac{\partial N_n}{\partial y}\left(k_y\frac{\partial\widetilde{H}}{\partial y}\right)\right]\mathrm{d}x\mathrm{d}y-\int\limits_{\Gamma_1}N_n\left(k_r\frac{\partial\widetilde{H}}{\partial r}\right)\mathrm{d}\Gamma-\int\limits_{\Gamma_2}N_n\left(k_r\frac{\partial\widetilde{H}}{\partial r}\right)\mathrm{d}\Gamma=0\end{cases}\tag{2-77}$$

方程组(2-77)的各方程中，如果将渗流域D上的积分称为"D项"积分，权函数N_i对应的积分记为D^i；将渗流域边界Γ_1上的积分称为"Γ_1项"积分，权函数N_i对应的积分记为Γ_1^i；将渗流域边界Γ_2上的积分称为"Γ_2项"积分，权函数N_i对应的积分记为Γ_2^i。则方程组(2-77)可表示为：

$$\begin{cases}D^1-\Gamma_1^1-\Gamma_2^1=0\\ D^2-\Gamma_1^2-\Gamma_2^2=0\\ \vdots\\ D^n-\Gamma_1^n-\Gamma_2^n=0\end{cases}\tag{2-78}$$

方程组(2-77)各方程中，"D项"积分可由单元域上的积分叠加得到。"Γ_1项"积分和"Γ_2项"积分在下面说明。

2.9.2.2　渗流问题求解方程组方程中的"*D*项"积分在单元域上的表达式

渗流域中的三角形单元示意如图2-34所示。

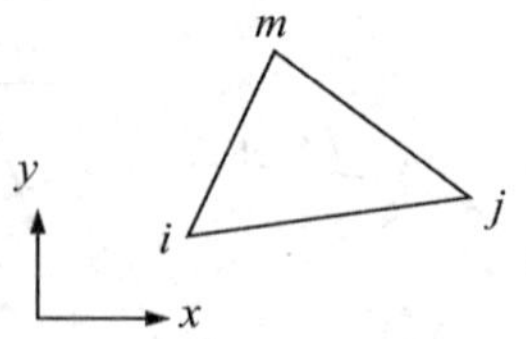

图 2-34　三角形单元示意

单元水头函数表达为：

$$\widetilde{H}^e(x,y)=N_iH_i+N_jH_j+N_mH_m \tag{2-79}$$

式中，H_i、H_j、H_m 分别为单元 i、j、m 结点的水头；N_i、N_j、N_m 分别为单元 i、j、m 结点的水头形函数，其表达式分别为：

$$\begin{cases}N_i=(a_i+b_ix+c_iy)/2A\\N_j=(a_j+b_jx+c_jy)/2A\\N_m=(a_m+b_mx+c_my)/2A\end{cases} \tag{2-80}$$

式中，a_i、b_i、c_i 为三角形单元的几何常数，其表达式为：

$$\begin{cases}a_i=x_jy_m-x_my_j\\b_i=y_j-y_m\\c_i=x_m-x_j\end{cases}\qquad (i,j,m\text{轮换})$$

单元面积 A 可表示为：

$$A=\frac{1}{2}\begin{vmatrix}1 & x_i & y_i\\1 & x_j & y_j\\1 & x_m & y_m\end{vmatrix}$$

三角形单元中三个结点的形函数 N_i、N_j、N_m 对应渗流问题方程组(2-77)中各方程的“D 项”积分，在单元域上的积分分别为：

$$D_e^i=\iint_e\left[\frac{\partial N_i}{\partial x}\left(k_x\frac{\partial \widetilde{H}^e}{\partial x}\right)+\frac{\partial N_i}{\partial y}\left(k_y\frac{\partial \widetilde{H}^e}{\partial y}\right)\right]\mathrm{d}x\mathrm{d}y \tag{2-81a}$$

$$D_e^j=\iint_e\left[\frac{\partial N_j}{\partial x}\left(k_x\frac{\partial \widetilde{H}^e}{\partial x}\right)+\frac{\partial N_j}{\partial y}\left(k_y\frac{\partial \widetilde{H}^e}{\partial y}\right)\right]\mathrm{d}x\mathrm{d}y \tag{2-81b}$$

$$D_e^m=\iint_e\left[\frac{\partial N_m}{\partial x}\left(k_x\frac{\partial \widetilde{H}^e}{\partial x}\right)+\frac{\partial N_m}{\partial y}\left(k_y\frac{\partial \widetilde{H}^e}{\partial y}\right)\right]\mathrm{d}x\mathrm{d}y \tag{2-81c}$$

将单元水头函数的表达式(2-79)与单元水头形函数的表达式(2-80)代入式(2-81a)、式(2-81b)和式(2-81c)，得到：

$$D_e^i=\frac{k_x}{4A}\left(b_ib_iH_i+b_ib_jH_j+b_ib_mH_m\right)+\frac{k_y}{4A}\left(c_ic_iH_i+c_ic_jH_j+c_ic_mH_m\right) \tag{2-82a}$$

$$D_e^j=\frac{k_x}{4A}(b_jb_iH_i+b_jb_jH_j+b_jb_mH_m)+\frac{k_y}{4A}(c_jc_iH_i+c_jc_jH_j+c_jc_mH_m) \tag{2-82b}$$

$$D_e^m=\frac{k_x}{4A}(b_mb_iH_i+b_mb_jH_j+b_mb_mH_m)+\frac{k_y}{4A}(c_mc_iH_i+c_mc_jH_j+c_mc_mH_m) \tag{2-82c}$$

三角形单元中三个结点的水头形函数N_i、N_j、N_m对应的积分表达式［式(2-82a)、式(2-82b)和式(2-82c)］可用矩阵表示为：

$$\begin{bmatrix}D_e^i\\D_e^j\\D_e^m\end{bmatrix}=\boldsymbol{K}^e\begin{bmatrix}H_i\\H_j\\H_m\end{bmatrix} \tag{2-83}$$

式中，

$$\boldsymbol{K}^e=\frac{k_x}{4A}\begin{bmatrix}b_ib_i & b_ib_j & b_ib_m\\b_jb_i & b_jb_j & b_jb_m\\b_mb_i & b_mb_j & b_mb_m\end{bmatrix}+\frac{k_y}{4A}\begin{bmatrix}c_ic_i & c_ic_j & c_ic_m\\c_jc_i & c_jc_j & c_jc_m\\c_mc_i & c_mc_j & c_mc_m\end{bmatrix}$$

即为单元渗流矩阵。

由单元域上的积分式(2-83)叠加，可得到渗流问题求解方程组(2-77)中各方程的“D项”积分。

2.9.2.3　渗流问题求解方程组方程中的“Γ_1项”积分和“Γ_2项”积分

方程组(2-77)中的方程分为三种情况：

(1)已知水头边界Γ_1上的结点l的水头形函数N_l对应的方程。这些方程存在“Γ_1项”积分，如果结点l是已知水头边界Γ_1和未知水头边界Γ_2的交点(分界点)，其形函数N_l对应的方程还存在“Γ_2项”积分。

由于这些方程可以从方程组中去掉，且这些已知的结点水头参与形成其他方程的常数项，因此这些方程中的“Γ_1项”积分和“Γ_2项”积分无须计算。

(2)渗流域内部、不处于边界上的未知水头结点l的水头形函数N_l对应的方程。这些结点l的形函数N_l在边界Γ_1和边界Γ_2上均为0，因此这些方程中的“Γ_1项”积分和“Γ_2项”积分均为0。

(3)未知水头边界Γ_2上的结点l的水头形函数N_l对应的方程。这些结点l的形函数N_l在边界Γ_1上为0，因而这些方程中的“Γ_1项”积分为0，只需要考虑“Γ_2项”积分。

在图2-35中，设单元e有一个单元边位于未知水头边界Γ_2上，称其为边界Γ_2上的单元，设其结点j和m位于边界Γ_2上。在单元jm边界上，结点j和m的形函数N_j和N_m对应的方程中的“Γ_2项”积分为：

$$\begin{cases}\Gamma_2^j=\int\limits_{jm}N_j\left(k_r\dfrac{\partial\widetilde{H}}{\partial r}\right)\mathrm{d}\Gamma=\int\limits_{jm}N_jq_2(x,y)\mathrm{d}\Gamma\\\Gamma_2^m=\int\limits_{jm}N_m\left(k_r\dfrac{\partial\widetilde{H}}{\partial r}\right)\mathrm{d}\Gamma=\int\limits_{jm}N_mq_2(x,y)\mathrm{d}\Gamma\end{cases} \tag{2-84}$$

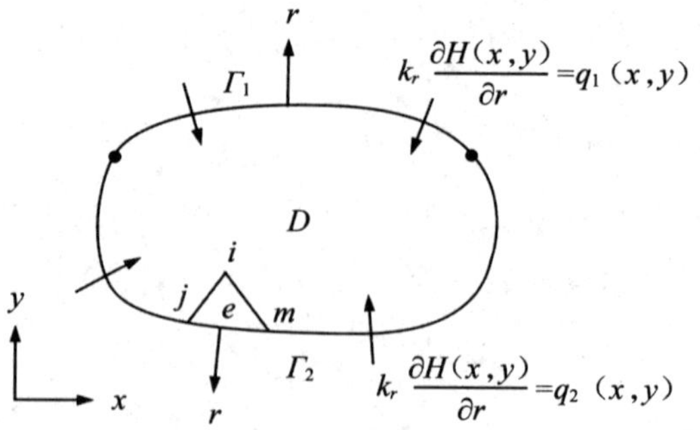

图2-35　渗流域边界上的单元示意

由边界Γ_2上的单元边界上的积分式(2-84)叠加,可得到渗流问题求解方程组(2-77)中边界Γ_2上结点的形函数对应的方程中的"Γ_2项"积分。

如果边界Γ_2为不透水边界,有$k_r\frac{\partial H(x,y)}{\partial r}=q_2(x,y)=0$,则边界$\Gamma_2$上结点的形函数对应的方程中的"$\Gamma_2$项"积分为0,渗流问题求解方程组中各方程不存在边界积分项。前面讲述的土石坝稳定渗流问题就属于这种情况。

2.9.2.4　渗流问题边界条件总结

(1)已知水头边界Γ_1:该边界上已知的结点水头参与形成其他方程的常数项。已知水头边界条件是渗流问题方程组不可缺少的定解条件,如果缺少已知水头边界条件,渗流问题方程组的解是不确定的。

已知水头边界Γ_1上的法向单位流量$k_r\frac{\partial H(x,y)}{\partial r}=q_1(x,y)$是渗流问题求解方程组不需要的,因而它不需要作为渗流问题求解的已知条件。

(2)未知水头边界Γ_2:该边界上的法向单位流量$k_r\frac{\partial H(x,y)}{\partial r}=q_2(x,y)$需要作为渗流问题求解的已知条件,因此未知水头边界$\Gamma_2$称为已知流量边界,而该边界上的结点水头是未知待求的。

2.10　土石坝有限单元法渗流计算程序

采用Fortran 77编写土石坝有限单元法渗流计算程序,具体代码如下:

```
DIMENSION AK(2000,2000),XY(2000,2),NEP(2500,3),NPP(2500)
DIMENSION A(2000,2000),C(2000),A1(2000)
DIMENSION PK(100),PH(500)
WRITE(*,*) '开始计算......'
```

```
      OPEN(5,FILE='INITIAL-DATA.TXT',STATUS='OLD')
      READ(5,*)NE,NN,NY,NCL
      READ(5,*)(IL,(XY(I,J),J=1,2),I=1,NN)
      READ(5,*)(IL,(NEP(I,J),J=1,3),I=1,NE)
      READ(5,*)(IL,NPP(I),I=1,NE)
      READ(5,*)(IL,PK(I),I=1,NCL)
      READ(5,*)(IL,PH(I),I=1,NY)
      CLOSE(5)
      OPEN(7,FILE='RESULT.TXT',STATUS='UNKNOWN')
      WRITE(7,32)NE,NN,NY,NCL
32    FORMAT(1X,'单元总数:',I5,';',5X,'结点总数:',I5,';',5X,
     #'已知水头结点数:',I5,';',5X,'材料类型数:',I5)
      WRITE(7,231)
231   FORMAT(/(1X,'结点坐标:'))
      WRITE(7,232) (I,(XY(I,J),J=1,2),I=1,NN)
232   FORMAT(I5,')',2F8.2,4X,I5,')',2F8.2,4X,I5,')',2F8.2)
      WRITE(7,243)
243   FORMAT(/'单元结点编号:')
      WRITE(7,233) (I,(NEP(I,J),J=1,3),I=1,NE)
233   FORMAT(I3,')',1X,3I5,5X,I3,')',1X,3I5,5X,I3,')',1X,3I5)
      WRITE(7,118)
118   FORMAT(/'单元材料类型编号:')
      WRITE(7,111) (I,NPP(I),I=1,NE)
111   FORMAT(6(I6,')',1X,I2))
      WRITE(7,126)
126   FORMAT(/'各材料渗透系数:')
      WRITE(7,127) (I,PK(I),I=1,NCL)
127   FORMAT(3(I3,')',4X,E10.3))
      WRITE(7,156)
156   FORMAT(/'已知结点水头:')
      WRITE(7,157) (I,PH(I),I=1,NY)
157   FORMAT(5(3X,I3,')',1X,F7.3))
      DO 200 I=1,NN
      DO 210 J=1,NN
```

```
      AK(I,J)=0.0
210   CONTINUE
200   CONTINUE
      DO 220 I=1,NE
      N1=NEP(I,1)
      N2=NEP(I,2)
      N3=NEP(I,3)
      X1=XY(N1,1)
      Y1=XY(N1,2)
      X2=XY(N2,1)
      Y2=XY(N2,2)
      X3=XY(N3,1)
      Y3=XY(N3,2)
      BI=Y2-Y3
      CI=X3-X2
      BJ=Y3-Y1
      CJ=X1-X3
      BM=Y1-Y2
      CM=X2-X1
      AREA=0.5*(BI*CJ-CI*BJ)
      KN=NPP(I)
      CAC=0.25*PK(KN)/AREA
      AI1=(BI*BI+CI*CI)*CAC
      AI2=(BI*BJ+CI*CJ)*CAC
      AI3=(BI*BM+CI*CM)*CAC
      AJ1=AI2
      AJ2=(BJ*BJ+CJ*CJ)*CAC
      AJ3=(BJ*BM+CJ*CM)*CAC
      AM1=AI3
      AM2=AJ3
      AM3=(BM*BM+CM*CM)*CAC
      AK(N1,N1)=AK(N1,N1)+AI1
      AK(N1,N2)=AK(N1,N2)+AI2
      AK(N1,N3)=AK(N1,N3)+AI3
```

```
      AK(N2,N1)=AK(N2,N1)+AJ1
      AK(N2,N2)=AK(N2,N2)+AJ2
      AK(N2,N3)=AK(N2,N3)+AJ3
      AK(N3,N1)=AK(N3,N1)+AM1
      AK(N3,N2)=AK(N3,N2)+AM2
      AK(N3,N3)=AK(N3,N3)+AM3
220   CONTINUE
      NZ=NN-NY
      DO 150 I=1,NZ
      NZB=NY+I
      A100=0.0
      DO 160 I1=1,NY
      A100=A100+AK(NZB,I1)*PH(I1)
160   CONTINUE
      C(I)=-1.0*A100
150   CONTINUE
      DO 170 I2=1,NZ
      NZ1B=NY+I2
      DO 180 I3=1,NZ
      NZB=NY+I3
      A(I2,I3)=AK(NZ1B,NZB)
180   CONTINUE
170   CONTINUE

C     *****************求解方程组*************
      NV=NZ
      KZ=1
      DO 30 J=1,NV
      AO=A(KZ,J)
      DO 10 I=KZ,NV
      AIJ=A(I,J)
      AAIJ=ABS(AIJ)
      AAO=ABS(AO)
      IF(AAIJ.GE.AAO) AO=AIJ
```

```
      IF(AAIJ.GE.AAO) N1=I
10    CONTINUE
      C1=C(KZ)
      C(KZ)=C(N1)
      C(N1)=C1
      DO 60 I=1,NV
      A1(I)=A(KZ,I)
      A(KZ,I)=A(N1,I)
      A(N1,I)=A1(I)
60    CONTINUE
      C(KZ)=C(KZ)/AO
      DO 20 I=1,NV
      A(KZ,I)=A(KZ,I)/AO
20    CONTINUE
      IF(KZ.EQ.NV) GO TO 70
      KZ1=KZ+1
      DO 40 I=KZ1,NV
      CCC=A(I,KZ)
      DO 50 II=1,NV
      A(I,II)=A(I,II)-CCC*A(KZ,II)
50    CONTINUE
      C(I)=C(I)-CCC*C(KZ)
40    CONTINUE
      KZ=KZ+1
70    CONTINUE
30    CONTINUE
      KZZ=NV-1
      DO 100 M=1,KZZ
      KZK=NV-M
      NNN=NV-M+1
      DO 80 I=1,KZK
      C(I)=C(I)-C(NNN)*A(I,NNN)
80    CONTINUE
100   CONTINUE
```

```
      WRITE(7,666)
666   FORMAT(/'******************************************')
      WRITE(7,656)
656   FORMAT(/'计算结果:')
      WRITE(7,110) (I+NY,C(I),I=1,NV)
110   FORMAT(5(4X,I3,')',1X,F8.2))
      CLOSE(7)
      STOP
      END
```

第3章　大体积混凝土水工结构温度场计算的有限单元法

混凝土重力坝、混凝土拱坝等属于大体积混凝土结构,设计和施工中需要计算其稳定温度场,用于施工期混凝土浇筑块的温度控制、防止温度裂缝出现,混凝土坝段、坝块接缝灌浆设计,确定坝体温度荷载等。混凝土重力坝、拱坝浇筑后,经长时间散热,当混凝土温度的初始影响(浇筑温度、水泥水化热等)完全消失后,混凝土结构的温度与初始条件无关,只与边界上的气温和水温有关。随着边界水温和气温的变化,混凝土结构的温度在其平均温度附近周期性波动,内部温度波动小,越靠近边界温度变幅越大。

不随时间变化的温度场称为稳定温度场,因此,严格地讲,重力坝、拱坝不存在稳定温度场。但在工程设计和施工中,常需要确定重力坝和拱坝的稳定温度场,该稳定温度场是指多年平均温度场。稳定温度场可用多年平均气温和平均水温为边界条件,用有限单元方法确定。

3.1　稳定温度场的基本微分方程与边界条件

3.1.1　稳定温度场的基本微分方程

稳定温度场的基本微分方程为:

$$\frac{\partial}{\partial x}\left(\alpha_x\frac{\partial T}{\partial x}\right)+\frac{\partial}{\partial y}\left(\alpha_y\frac{\partial T}{\partial y}\right)=0 \tag{3-1}$$

式中,T为温度函数;α_x、α_y分别为x方向和y方向的导温系数(m^2/d或m^2/h)。

如果$\alpha_x=\alpha_y=\alpha$为一个常数,则稳定温度场的基本微分方程为拉普拉斯(Laplace)方程:

$$\frac{\partial^2 T}{\partial x^2}+\frac{\partial^2 T}{\partial y^2}=0 \tag{3-2}$$

3.1.2　稳定温度场求解的边界条件

对温度场问题进行求解时,可将温度场的边界分为两类,温度场边界条件示意如图3-1所示。

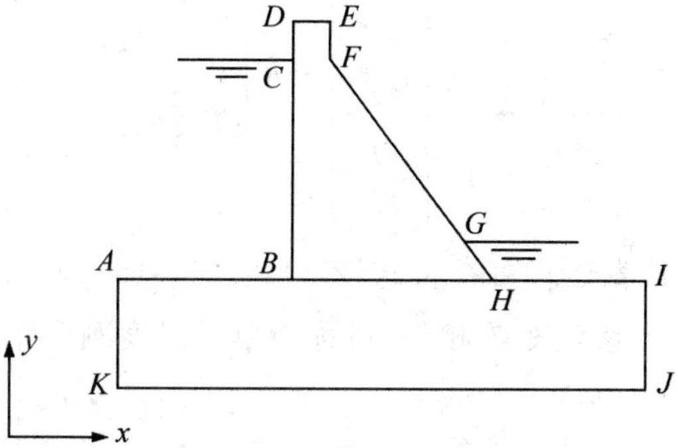

图3-1　温度场边界条件示意

(1)第Ⅰ类边界——已知温度边界。边界AB、BC处的温度为水库水温,边界CD、DE、EF、FG处的温度为大气温度,边界GH、HI处的温度为下游水温。

(2)第Ⅱ类边界——已知热流密度边界。在这类边界上,沿边界各点法线方向流入或流出温度场的热流密度(指单位边界面积单位时间流过的热量)$\lambda_n \dfrac{\partial T}{\partial n}=\bar{q}$是已知的(见本章3.3节)。

在稳定温度场问题中,第Ⅱ类边界通常为绝热边界,即没有热量通过该类边界流入或流出温度场,该类边界上的热流密度$\lambda_n \dfrac{\partial T}{\partial n}=0$。在图3-1中,稳定温度场的边界$AK$、$KJ$、$JI$通常为绝热边界,属于第Ⅱ类边界。

对温度场问题进行求解时,第Ⅰ类边界上的热流密度$\lambda_n \dfrac{\partial T}{\partial n}=\bar{q}$是不需要已知的,而第Ⅱ类边界上的温度是未知待求的。

3.2　稳定温度场计算的有限单元法

温度场与渗流场的基本微分方程、边界条件都相似,在数学上属于同一个问题。有限单元法求解稳定渗流问题的公式,完全适用于求解稳定温度场问题,只需将水头函数$H(x,y)$换成温度函数$T(x,y)$,结点水头换成结点温度,渗透系数k_x、k_y换成导温系数α_x、α_y。

3.2.1 单元泛函对结点温度的导数——单元特性方程

三角形单元的单元特性方程为：

$$\begin{bmatrix} \dfrac{\partial I^e}{\partial T_i} \\ \dfrac{\partial I^e}{\partial T_j} \\ \dfrac{\partial I^e}{\partial T_m} \end{bmatrix} = \boldsymbol{h}^e \begin{bmatrix} T_i \\ T_j \\ T_m \end{bmatrix} \tag{3-3}$$

式中，I^e为单元泛函，其表达式可参考式(2-7)和式(2-15)；T_i、T_j、T_m分别为单元结点i、j、m的结点温度；$\boldsymbol{h}^e$与单元渗流矩阵相似，可称为单元温度刚度矩阵，其表达式为：

$$\boldsymbol{h}^e = \frac{\alpha_x}{4A}\begin{bmatrix} b_i b_i & b_i b_j & b_i b_m \\ b_j b_i & b_j b_j & b_j b_m \\ b_m b_i & b_m b_j & b_m b_m \end{bmatrix} + \frac{\alpha_y}{4A}\begin{bmatrix} c_i c_i & c_i c_j & c_i c_m \\ c_j c_i & c_j c_j & c_j c_m \\ c_m c_i & c_m c_j & c_m c_m \end{bmatrix} = \begin{bmatrix} h_{ii} & h_{ij} & h_{im} \\ h_{ji} & h_{jj} & h_{jm} \\ h_{mi} & h_{mj} & h_{mm} \end{bmatrix} \tag{3-4}$$

单元温度刚度矩阵的元素$h_{rs} = \dfrac{\alpha_x}{4A} b_r b_s + \dfrac{\alpha_y}{4A} c_r c_s$，$r = i,j,m$，$s = i,j,m$。

3.2.2 稳定温度场泛函的极值条件方程

将稳定温度场泛函$I[T(x,y)]$表示为结点温度$T_l(l=1,2,\cdots,n)$的多元函数后，根据多元函数的极值条件，得到稳定温度场泛函的极值条件方程：

$$\frac{\partial I}{\partial T_l} = \sum_{e=1}^{E} \frac{\partial I^e}{\partial T_l} = \sum_{e=1}^{E}(h_{li}T_i + h_{lj}T_j + h_{lm}T_m) = 0 \quad (l = 1,2,\cdots,n) \tag{3-5}$$

由n个结点温度对应的极值条件方程组成温度场问题的求解方程组。

3.2.3 稳定温度场问题的求解方程组

引入已知结点温度边界条件后的稳定温度场问题的求解方程组为：

$$\boldsymbol{KT} = \boldsymbol{R} \tag{3-6}$$

式中，$\boldsymbol{K}$为整体温度刚度矩阵；$\boldsymbol{T}$为未知结点温度列阵；$\boldsymbol{R}$为常数项列阵。

3.2.4 稳定温度场算例

设有一个混凝土重力坝，剖面简图如图3-2所示。坝址年平均气温23 ℃，水库年平均水温随水深按直线变化，库底为8 ℃。坝体混凝土和坝基岩体导温系数均取为$\alpha = 0.004\ \text{m}^2/\text{h}$。下面计算坝体坝基的稳定温度场。

取坝基计算范围，如图3-2所示。该稳定温度场问题计算的边界条件为：上游水下坝面和坝基面边界温度取水温；上游坝面水上部分和坝顶面边界温度取气温23℃；下游坝面朝南且无尾水，考虑太阳辐射影响，下游坝面和坝基面边界温度取高于气温 3 ℃，取为 26 ℃。坝基内边界按绝热边界，沿边界法线方向没有热量输入和输出。

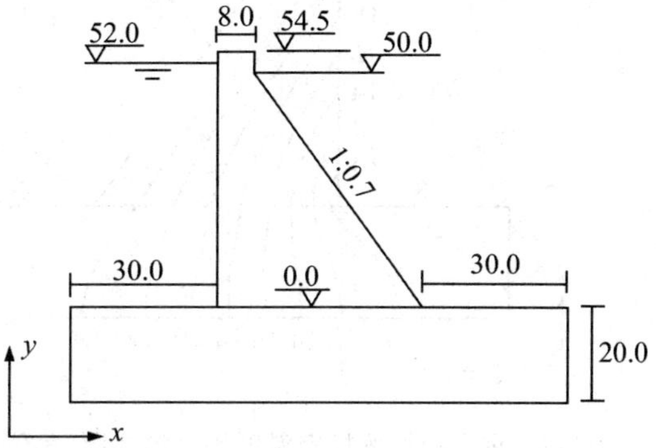

图 3-2　重力坝剖面简图(单位:m)

本算例使用有限单元法计算，采用三角形单元，单元边长取 1 m 左右。建立的有限元网格有 7279 个单元，3806 个结点，如图 3-3 所示。由于温度场问题与渗流问题属于同一个数学问题，本算例采用第 2 章 2.6 节和 2.10 节介绍的有限单元法稳定渗流计算程序计算。温度场问题的有限单元法计算比渗流问题的计算简单一些，因为不存在土石坝渗流计算中的浸润线位置试算问题。

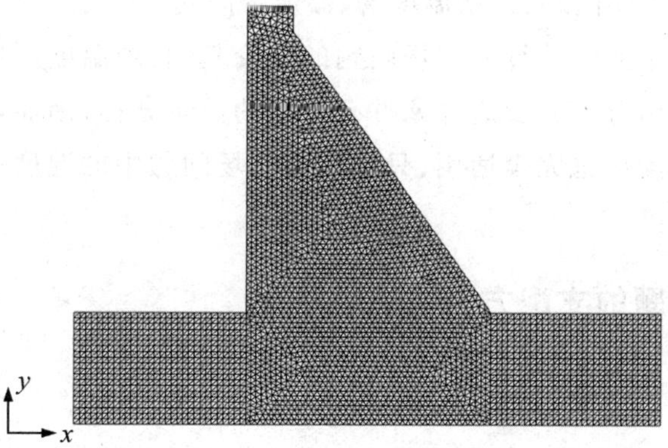

图 3-3　重力坝的有限元网格

本算例采用有限单元法计算得到了坝体、坝基稳定温度场的结点温度，根据温度场结点温度绘制的温度场等温线如图 3-4 所示。温度场等温线的绘制方法见第 5 章 5.4 节。

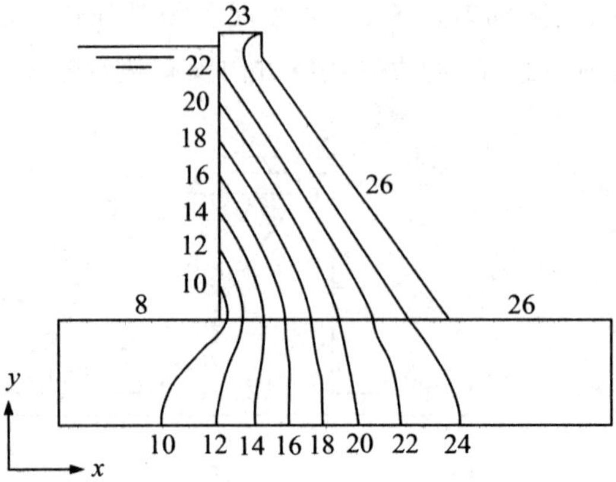

图 3-4　重力坝算例稳定温度场等温线图(单位:℃)

3.3 有限单元法计算温度场问题的理论基础——虚温度原理和变分原理

有限单元法最开始用于解决结构力学问题,计算固体连续结构的应力和变形;后来推广到求解非结构力学问题,包括温度场、渗流等问题。

本节介绍有限单元法计算温度场问题的理论基础:虚温度原理和变分原理。渗流问题与温度场问题的微分方程及边界条件有相同的数学方程,因而本节所讲的温度场问题的理论基础对渗流问题也完全适用,只需把温度场问题中的温度等物理量换成渗流问题的水头等物理量即可。

3.3.1 温度场问题的支配方程与边界条件

固体中的热传导服从下式:

$$\begin{cases} q_x = -\lambda_x \dfrac{\partial T}{\partial x} \\ q_y = -\lambda_y \dfrac{\partial T}{\partial y} \\ q_z = -\lambda_z \dfrac{\partial T}{\partial z} \end{cases} \tag{3-7}$$

式中,T为温度场中的温度函数;q_x、q_y、q_z分别为坐标轴x、y和z方向的热流密度,表示单位时间流过单位面积的热量;λ_x、λ_y、λ_z分别为材料在x、y和z方向的热传导系数,表示单位温度梯度产生的热流密度。

式(3-1)中的导温系数与热传导系数的关系为：$\alpha_x=\frac{\lambda_x}{c\rho}$，$\alpha_y=\frac{\lambda_y}{c\rho}$，$\alpha_z=\frac{\lambda_z}{c\rho}$，其中$c$为固体的比热容，$\rho$为固体的密度。$\lambda$、$\alpha$、$c$、$\rho$均可近似地作为材料常数。

固体内热传导基本微分方程为：

$$\frac{\partial}{\partial x}\left(\lambda_x\frac{\partial T}{\partial x}\right)+\frac{\partial}{\partial y}\left(\lambda_y\frac{\partial T}{\partial y}\right)+\frac{\partial}{\partial z}\left(\lambda_z\frac{\partial T}{\partial z}\right)=-q_B \tag{3-8}$$

式中，q_B为材料单位体积产生的热量(吸热为负)。

微分方程(3-8)是根据温度场中微元体通过其边界流入和流出的热量以及材料产生的热量q_B相平衡建立的，与渗流问题微分方程的建立相似。

温度场问题的边界分为两类：

(1)第Ⅰ类边界——已知温度边界Γ_1。在边界Γ_1上，温度是已知的，则有：

$$T=\bar{T} \tag{3-9a}$$

(2)第Ⅱ类边界——已知热流密度边界Γ_2。在边界Γ_2上，热流密度是已知的，则有：

$$\lambda_n\frac{\partial T}{\partial n}=\bar{q} \tag{3-9b}$$

式中，n为边界外法线；λ_n为边界法线方向的热传导系数；热流密度$\bar{q}$规定热量流入温度场为正。

两类边界的关系如下：$\Gamma_1\cup\Gamma_2=\Gamma$(全部边界)，$\Gamma_1\cap\Gamma_2=\varnothing$(空集)。

这里的温度场问题有几点假定：

(1)固体中材料粒子不移动，只存在热量传导，不存在热量随物质的流动(而对于流体，材料粒子是移动的，热量平衡方程需要增加一个对流项)。

(2)热量与应力和变形不耦合(本条对水工结构等很多问题都适用，但对金属加工过程可能不适用，因为金属变形过程可能产生热量)。

(3)材料没有发生相变(例如由固体变为液体)。

瞬态问题(包括非稳定温度场问题、非稳定渗流问题等)计算，除了边界条件，还需要施加初始条件。

3.3.2　温度场问题的虚温度原理

虚温度原理表述如下：在温度函数$T(x,y,z)$满足已知温度Γ_1边界条件(3-9a)和已知热流密度Γ_2边界条件(3-9b)的情况下，如果$T(x,y,z)$是温度场中温度分布的解，即满足热传导基本微分方程(3-8)，则对于任意虚温度分布$\hat{T}(x,y,z)$(虚温度分布要求连续，且在已知温度边界Γ_1上的值为0)，方程(3-10)必然成立。反之，如果对任意虚温度分布$\hat{T}(x,y,z)$，方程(3-10)成立，则$T(x,y,z)$满足热传导基本微分方程(3-8)，是温度场温度分布的解。

$$\iiint_V \left(\lambda_x \frac{\partial \hat{T}}{\partial x} \cdot \frac{\partial T}{\partial x} + \lambda_y \frac{\partial \hat{T}}{\partial y} \cdot \frac{\partial T}{\partial y} + \lambda_z \frac{\partial \hat{T}}{\partial z} \cdot \frac{\partial T}{\partial z} \right) \mathrm{d}V = \iiint_V \hat{T} q_B \, \mathrm{d}V + \iint_{\Gamma_2} \hat{T} \bar{q} \mathrm{d}\Gamma \tag{3-10}$$

式中,V为温度场的体积;Γ_2为温度场的第Ⅱ类边界。

3.3.3 温度场问题的虚温度原理证明

为了方便公式推导,将x、y、z三个坐标分别用x_1、x_2、x_3表示。温度场内热传导基本微分方程(3-8)可表示为:

$$\frac{\partial}{\partial x_1}\left(\lambda_1 \frac{\partial T}{\partial x_1}\right) + \frac{\partial}{\partial x_2}\left(\lambda_2 \frac{\partial T}{\partial x_2}\right) + \frac{\partial}{\partial x_3}\left(\lambda_3 \frac{\partial T}{\partial x_3}\right) + q_B = 0 \tag{3-11}$$

对于任意的连续虚温度分布$\hat{T}(x_1, x_2, x_3)$,在边界Γ_1上$\hat{T}(x_1, x_2, x_3) = 0$,存在:

$$\iiint_V \left[\frac{\partial}{\partial x_1}\left(\lambda_1 \frac{\partial T}{\partial x_1}\right) + \frac{\partial}{\partial x_2}\left(\lambda_2 \frac{\partial T}{\partial x_2}\right) + \frac{\partial}{\partial x_3}\left(\lambda_3 \frac{\partial T}{\partial x_3}\right) + q_B \right] \hat{T} \, \mathrm{d}V = 0 \tag{3-12}$$

式(3-12)中,因为$\hat{T}(x_1, x_2, x_3)$是任意的,因而当且仅当括弧中的部分等于0时,式(3-12)才能成立,因而式(3-12)和式(3-11)是等价的。对式(3-12)进行转换,以降低积分式中导数的阶数(从二阶降为一阶),并可引入边界条件,应用分部积分公式,有:

$$\begin{aligned} &\frac{\partial}{\partial x_1}\left[\hat{T}\left(\lambda_1 \frac{\partial T}{\partial x_1}\right)\right] + \frac{\partial}{\partial x_2}\left[\hat{T}\left(\lambda_2 \frac{\partial T}{\partial x_2}\right)\right] + \frac{\partial}{\partial x_3}\left[\hat{T}\left(\lambda_3 \frac{\partial T}{\partial x_3}\right)\right] = \frac{\partial \hat{T}}{\partial x_1}\left(\lambda_1 \frac{\partial T}{\partial x_1}\right) + \frac{\partial \hat{T}}{\partial x_2}\left(\lambda_2 \frac{\partial T}{\partial x_2}\right) + \\ &\quad \frac{\partial \hat{T}}{\partial x_3}\left(\lambda_3 \frac{\partial T}{\partial x_3}\right) + \hat{T} \frac{\partial}{\partial x_1}\left(\lambda_1 \frac{\partial T}{\partial x_1}\right) + \hat{T} \frac{\partial}{\partial x_2}\left(\lambda_2 \frac{\partial T}{\partial x_2}\right) + \hat{T} \frac{\partial}{\partial x_3}\left(\lambda_3 \frac{\partial T}{\partial x_3}\right) \end{aligned} \tag{3-13}$$

根据式(3-13),式(3-12)变为:

$$\begin{aligned} &\iiint_V \left\{ \frac{\partial}{\partial x_1}\left[\hat{T}\left(\lambda_1 \frac{\partial T}{\partial x_1}\right)\right] + \frac{\partial}{\partial x_2}\left[\hat{T}\left(\lambda_2 \frac{\partial T}{\partial x_2}\right)\right] + \frac{\partial}{\partial x_3}\left[\hat{T}\left(\lambda_3 \frac{\partial T}{\partial x_3}\right)\right] \right. \\ &\left. - \left[\frac{\partial \hat{T}}{\partial x_1}\left(\lambda_1 \frac{\partial T}{\partial x_1}\right) + \frac{\partial \hat{T}}{\partial x_2}\left(\lambda_2 \frac{\partial T}{\partial x_2}\right) + \frac{\partial \hat{T}}{\partial x_3}\left(\lambda_3 \frac{\partial T}{\partial x_3}\right) \right] + q_B \hat{T} \right\} \mathrm{d}V = 0 \end{aligned} \tag{3-14}$$

根据高斯公式(或者格林公式),有:

$$\begin{aligned} &\iiint_V \left\{ \frac{\partial}{\partial x_1}\left[\hat{T}\left(\lambda_1 \frac{\partial T}{\partial x_1}\right)\right] + \frac{\partial}{\partial x_2}\left[\hat{T}\left(\lambda_2 \frac{\partial T}{\partial x_2}\right)\right] + \frac{\partial}{\partial x_3}\left[\hat{T}\left(\lambda_3 \frac{\partial T}{\partial x_3}\right)\right] \right\} \mathrm{d}V \\ &= \iint_\Gamma \left\{ \left[\hat{T}\left(\lambda_1 \frac{\partial T}{\partial x_1}\right)\right] n_1 + \left[\hat{T}\left(\lambda_2 \frac{\partial T}{\partial x_2}\right)\right] n_2 + \left[\hat{T}\left(\lambda_3 \frac{\partial T}{\partial x_3}\right)\right] n_3 \right\} \mathrm{d}\Gamma \\ &= \iint_\Gamma \hat{T}\left(\lambda_n \frac{\partial T}{\partial x_n}\right) \mathrm{d}\Gamma \end{aligned} \tag{3-15}$$

式中,Γ为温度场的边界;n为边界外法线;n_1、n_2和n_3分别为边界外法线n对于坐标轴x_1、x_2和x_3的方向余弦。

根据式(3-15)，由式(3-14)得到：

$$\iiint_V \left\{-\left[\frac{\partial \hat{T}}{\partial x_1}\left(\lambda_1\frac{\partial T}{\partial x_1}\right)+\frac{\partial \hat{T}}{\partial x_2}\left(\lambda_2\frac{\partial T}{\partial x_2}\right)+\frac{\partial \hat{T}}{\partial x_3}\left(\lambda_3\frac{\partial T}{\partial x_3}\right)\right]+q_B\hat{T}\right\}\mathrm{d}V+\iint_\Gamma \hat{T}\left(\lambda_n\frac{\partial T}{\partial x_n}\right)\mathrm{d}\Gamma=0 \tag{3-16}$$

将温度场边界Γ分为Γ_1和Γ_2后，式(3-16)可表达为：

$$\begin{aligned}&\iiint_V \left\{-\left[\frac{\partial \hat{T}}{\partial x_1}\left(\lambda_1\frac{\partial T}{\partial x_1}\right)+\frac{\partial \hat{T}}{\partial x_2}\left(\lambda_2\frac{\partial T}{\partial x_2}\right)+\frac{\partial \hat{T}}{\partial x_3}\left(\lambda_3\frac{\partial T}{\partial x_3}\right)\right]+q_B\hat{T}\right\}\mathrm{d}V\\&+\iint_{\Gamma_1} \hat{T}\left(\lambda_n\frac{\partial T}{\partial x_n}\right)\mathrm{d}\Gamma+\iint_{\Gamma_2} \hat{T}\left(\lambda_n\frac{\partial T}{\partial x_n}\right)\mathrm{d}\Gamma=0\end{aligned} \tag{3-17}$$

在Γ_1边界上有虚温度$\hat{T}=0$，在Γ_2边界上有边界条件式(3-9b)，即$\lambda_n\dfrac{\partial T}{\partial n}=\bar{q}$，因而式(3-17)可表示为：

$$\iiint_V \left[\frac{\partial \hat{T}}{\partial x_1}\left(\lambda_1\frac{\partial T}{\partial x_1}\right)+\frac{\partial \hat{T}}{\partial x_2}\left(\lambda_2\frac{\partial T}{\partial x_2}\right)+\frac{\partial \hat{T}}{\partial x_3}\left(\lambda_3\frac{\partial T}{\partial x_3}\right)\right]\mathrm{d}V=\iiint_V \hat{T}q_B\,\mathrm{d}V+\iint_{\Gamma_2}\hat{T}\bar{q}\,\mathrm{d}\Gamma \tag{3-18}$$

式(3-18)即为虚温度原理方程(3-10)。

从式(3-17)和式(3-18)看出，在边界Γ_1上的积分$\iint_{\Gamma_1}\hat{T}\left(\lambda_n\dfrac{\partial T}{\partial x_n}\right)\mathrm{d}\Gamma$被取消。在温度场问题的求解中，边界$\Gamma_1$上的热流密度$k_n\dfrac{\partial T}{\partial x_n}=q$是无须作为已知边界条件的。

在温度函数$T(x_1,x_2,x_3)$满足Γ_1边界条件式(3-9a)和Γ_2边界条件式(3-9b)的情况下，对于任意虚温度分布$\hat{T}(x_1,x_2,x_3)$(虚温度分布要求连续，且在已知温度边界Γ_1上的值为0)，如果式(3-18)成立，按照与上面相反的过程，可以证明：函数$T(x_1,x_2,x_3)$满足微分方程(3-11)，是温度场问题的解。

3.3.4　温度场问题的变分原理

构造一个泛函：

$$\Pi=\iiint_V \frac{1}{2}\left[\lambda_x\left(\frac{\partial T}{\partial x}\right)^2+\lambda_y\left(\frac{\partial T}{\partial y}\right)^2+\lambda_z\left(\frac{\partial T}{\partial z}\right)^2\right]\mathrm{d}V-\iiint_V Tq_B\mathrm{d}V-\iint_{\Gamma_2}T\bar{q}\,\mathrm{d}\Gamma \tag{3-19}$$

根据泛函理论，泛函在某函数处取得极值的必要条件是：在该函数处泛函的一阶变分$\delta\Pi$等于0。如果令泛函(3-19)取得极小值，则有：

$$\delta\Pi=\iiint_V\left[\lambda_x\delta\left(\frac{\partial T}{\partial x}\right)\frac{\partial T}{\partial x}+\lambda_y\delta\left(\frac{\partial T}{\partial y}\right)\frac{\partial T}{\partial y}+\lambda_z\delta\left(\frac{\partial T}{\partial z}\right)\frac{\partial T}{\partial z}\right]\mathrm{d}V-\iiint_V(\delta T)q_B\mathrm{d}V-\iint_{\Gamma_2}(\delta T)\bar{q}\,\mathrm{d}\Gamma=0 \tag{3-20}$$

根据式(3-20)，并根据$\delta\left(\frac{\partial T}{\partial x}\right)=\frac{\partial(\delta T)}{\partial x}$，$\delta\left(\frac{\partial T}{\partial y}\right)=\frac{\partial(\delta T)}{\partial y}$，$\delta\left(\frac{\partial T}{\partial z}\right)=\frac{\partial(\delta T)}{\partial z}$，有：

$$\iiint_V\left[\lambda_x\left(\frac{\partial\delta T}{\partial x}\right)\frac{\partial T}{\partial x}+\lambda_y\left(\frac{\partial\delta T}{\partial y}\right)\frac{\partial T}{\partial y}+\lambda_z\left(\frac{\partial\delta T}{\partial z}\right)\frac{\partial T}{\partial z}\right]\mathrm{d}V=\iiint_V(\delta T)q_B\mathrm{d}V+\iint_{\Gamma_2}(\delta T)\bar{q}\,\mathrm{d}\Gamma \tag{3-21}$$

式(3-20)和式(3-21)中，δT为任意温度函数的变分，要求其连续，在边界Γ_1上取值为0。

取温度函数的变分δT恒等于虚温度分布$\hat{T}$，即$\delta T\equiv\hat{T}$，可以看出，式(3-21)与虚温度原理方程(3-10)等价。

由以上描述可知，在温度场问题中，温度函数$T(x,y,z)$在满足已知温度Γ_1边界条件和已知热流密度Γ_2边界条件下，如果令泛函(3-19)取得极小值，则存在式(3-21)，即函数$T(x,y,z)$满足虚温度原理方程(3-10)，进而函数$T(x,y,z)$满足热传导基本微分方程(3-8)，是温度场问题的解。

有限单元法可把泛函(3-19)转化为未知结点温度的多元函数，并根据多元函数的极值条件建立问题求解的线性方程组。

第4章　水工建筑物应力和变形计算的有限单元法

设计各种水工建筑物时需要进行结构的应力和变形计算。应力计算用于分析结构材料强度、结构稳定性和结构配筋设计等。许多水工建筑物(如重力坝、拱坝、水闸、水工地下洞室等)采用混凝土或浆砌石建筑,建于岩基上,变形很小,变形对建筑物的影响可忽略不计,故建于岩基上的水工建筑物通常不需要进行变形计算。土基可能产生比较显著的压缩变形,建于土基上的建筑物如土基上的水闸等,需要进行地基沉降变形计算。土石料的压缩和剪切变形比较显著,因而土石坝需要进行施工期和蓄水后水荷载作用下的变形计算与控制,用于保证坝体有足够的高度,防止坝体产生裂缝和坝体滑坡失稳。

目前人们主要采用材料力学方法、结构力学方法、土力学方法等方法进行各种水工建筑物的应力和变形计算,这些方法可称为常规方法。对于常规方法,人们已经积累了丰富的经验,并建立了配套的指标体系。然而水工建筑物形状复杂,建筑物及其地基的构造和材料力学性质复杂,采用常规方法难以比较精确地计算水工建筑物的应力和变形。有限单元法是水工建筑物应力和变形计算的有效方法。我国有关水工建筑物的设计规范规定,对于高度较大的土石坝和重要的水工建筑物,除了要采用常规方法计算应力和变形外,还应采用有限单元法进行应力和变形计算。

本章讲述用于水工建筑物应力和变形计算的有限单元法的基本原理与方法。

4.1　有限单元法的特点和起源

采用有限单元法进行结构应力和变形计算时的基本特点如下:

(1)将结构离散化。将所要计算的结构划分成若干单元,相邻单元在结点处铰接,原结构用有限元结构代替。对于二维连续体,可采用三角形单元、四边形单元等;对于三维连续体,可采用四面体单元、六面体单元等。图4-1是一个深梁计算有限元网格,图4-2是一个混凝土重力坝计算有限元网格。

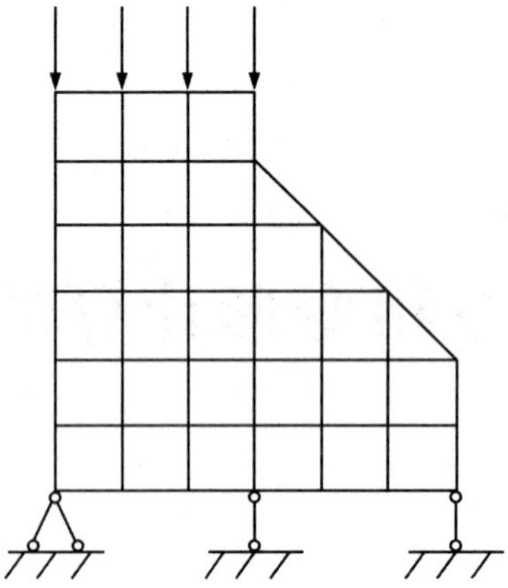

图 4-1　深梁计算有限元网格

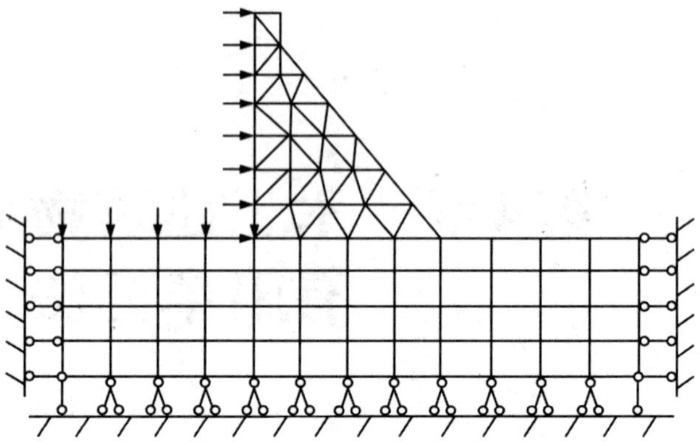

图 4-2　混凝土重力坝计算有限元网格

(2)单元分析。设定单元的位移函数,建立单元应变与单元结点位移的关系、单元应力与单元结点位移的关系、单元结点力与单元结点位移的关系等。对于二维和三维单元,单元结点力与单元结点位移的关系式是在设定单元位移函数后,根据虚功原理建立的。

(3)建立有限单元结构的整体刚度矩阵。有限单元法中,以结点为脱离体建立平衡方程,所有结点的平衡方程组成有限单元结构的平衡方程组。平衡方程组的系数矩阵,即有限单元结构的整体刚度矩阵,是通过计算机程序,由单元刚度矩阵集合而成的。

(4)建立有限单元结构的结点力列阵。将作用于结构上的外力(集中力、面力和体积力)转化为有限单元结构的等效结点集中力,并施加到有限单元网格结点上,如图 4-1 和图 4-2 所示。有限单元结构的结点力列阵是通过计算机程序,由单元等效结点力集合而成的。

(5)引入边界条件。未引入边界条件时,有限单元结构的整体刚度矩阵是奇异矩阵,以结点位移为未知量的有限单元结构平衡方程组没有确定的解。从力学角度来看,没有边界约束的结构可以发生任意刚体位移,在一定荷载作用下结构的位移是不确定的。

(6)求解有限单元结构的平衡方程组(多元线性方程组),得到结点位移。

(7)根据单元结点位移,由单元应力与单元结点位移的关系,求得单元应力。

采用有限单元法计算应力和变形时,需要编制计算程序,计算过程由计算机完成。

有限单元法是 20 世纪 50 年代提出的。出于对飞机机翼中连续结构内力和变形计算的需要,而之前结构力学和弹性力学中提出的近似方法不适用,特纳(M. J. Turner)和克劳夫(R. W. Clough)等首次引入三角形板单元和矩形板单元来离散连续结构,进行结构的力学计算,这被认为是有限单元法的起源。在有限单元法出现之前,人们已经提出了杆系结构内力和位移计算的矩阵方法,但是尚无较好的方法来计算板形连续结构(如飞机机翼构件)在荷载作用下的内力和位移。特纳和克劳夫等想到,连续结构也可以被离散为“杆件体系”,然后采用矩阵方法计算,并且提出了两种特殊的“杆件”,分别为三角形板单元和矩形板单元。

20世纪50年代阿吉里斯(J. H. Argyris)建立了弹性体的虚功原理和结构力学分析的力法和位移法,为弹性力学有限单元法提供了重要基础。

克劳夫于1960年最先采用有限单元法进行了几个线弹性平面应力问题的计算,并提出了“有限单元法”这个名称。克劳夫最早的几个算例是:①受集中力作用的矩形板;②端部受均布压力的开孔矩形板;③受自重和水压力作用的混凝土坝剖面。克劳夫将这几种结构离散为三角形单元或矩形单元的集合体系,进而计算结构的位移和应力。

有限单元法计算需要使用计算机,20世纪50年代计算机的发展和应用是有限单元法产生的前提。

克劳夫等提出有限单元法之后,有限单元法得到了广泛认可和应用,受到了大量研究,取得了许多成果。在有限单元法的应用领域,人们取得了许多进展,从开始的结构力学问题计算发展到渗流、热传导、电磁场等非结构力学问题的计算;针对二维和三维问题,人们提出了众多类型单元;开发了若干有限单元法计算的大型通用软件,并且实现了前处理和后处理的高度自动化与可视化等。

4.2　单元位移函数

4.2.1　三角形单元的位移函数

对于结构中各点的位移,很难找到一个单一函数来表达。有限单元法把结构划分成若干单元,在每个单元范围内,各点位移用设定的单元位移函数来表达。换句话说,有限单元法是对单元定义一个位移函数(或称为位移模式),分片表达结构的位移。单元划分得越小,有限单元法给出的结构位移和应力越接近原连续结构位移和应力的准确值。只要单元划分得足够小,有限单元法的计算结果就可以达到需要的精度。本章采用平面问题和简单三角形单元,介绍有限单元法的基本原理。

三角形单元采用线性位移函数,即假定在单元上位移是坐标的线性函数。

图4-3表示一个三结点三角形单元,单元结点编号为i、j、m,按逆时针排列。每个结点有两个位移分量,一个三角形单元有三个结点,故共有六个结点位移分量。单元结点位移通常用一个列阵表示为:

$$\boldsymbol{\delta}^e = [\, u_i \quad v_i \quad u_j \quad v_j \quad u_m \quad v_m \,]^{\mathrm{T}} \tag{4-1}$$

式中,u_i和v_i分别为i结点在x方向和y方向的位移分量;u_j和v_j分别为j结点在两个坐标轴方向的位移分量;u_m和v_m分别为m结点在两个坐标轴方向的位移分量。

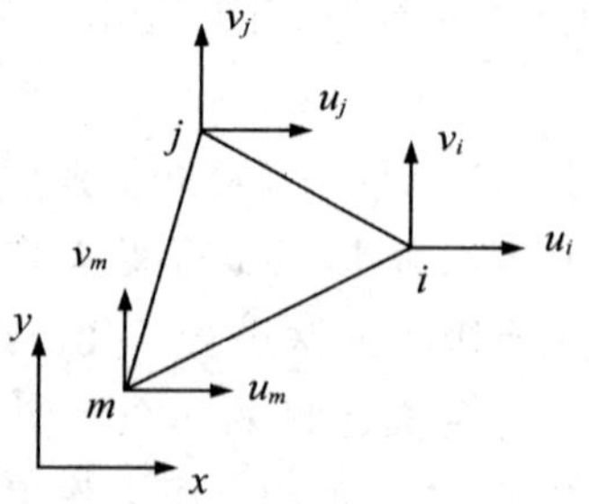

图4-3　三角形单元及结点位移示意

三角形单元内各点的位移的线性函数表达为：

$$\begin{cases} u = \alpha_1 + \alpha_2 x + \alpha_3 y \\ v = \alpha_4 + \alpha_5 x + \alpha_6 y \end{cases} \tag{4-2}$$

式中，α_1、α_2、α_3和α_4、α_5、α_6为待定常数。

设结点i、j、m的坐标分别为(x_i, y_i)、(x_j, y_j)、(x_m, y_m)，将它们代入式(4-2)，可得到：

$$\begin{cases} u_i = \alpha_1 + \alpha_2 x_i + \alpha_3 y_i \\ u_j = \alpha_1 + \alpha_2 x_j + \alpha_3 y_j \\ u_m = \alpha_1 + \alpha_2 x_m + \alpha_3 y_m \end{cases} \tag{4-3a}$$

$$\begin{cases} v_i = \alpha_4 + \alpha_5 x_i + \alpha_6 y_i \\ v_j = \alpha_4 + \alpha_5 x_j + \alpha_6 y_j \\ v_m = \alpha_4 + \alpha_5 x_m + \alpha_6 y_m \end{cases} \tag{4-3b}$$

求解方程组(4-3a)得到待定系数α_1、α_2和α_3为：

$$\alpha_1 = \frac{1}{2A}\begin{vmatrix} u_i & x_i & y_i \\ u_j & x_j & y_j \\ u_m & x_m & y_m \end{vmatrix} \tag{4-4a}$$

$$\alpha_2 = \frac{1}{2A}\begin{vmatrix} 1 & u_i & y_i \\ 1 & u_j & y_j \\ 1 & u_m & y_m \end{vmatrix} \tag{4-4b}$$

$$\alpha_3 = \frac{1}{2A}\begin{vmatrix} 1 & x_i & u_i \\ 1 & x_j & u_j \\ 1 & x_m & u_m \end{vmatrix} \tag{4-4c}$$

式中，A为三角形单元面积，其计算公式为：

$$A = \frac{1}{2}\begin{vmatrix} 1 & x_i & y_i \\ 1 & x_j & y_j \\ 1 & x_m & y_m \end{vmatrix} \tag{4-5}$$

为了使计算出的三角形单元面积A为正值，结点i、j、m的次序必须是逆时针转向，至于将哪个结点作为起始结点i,并没有规定。将系数α_1、α_2、α_3的表达式代入式(4-2)第一式并整理可得到:

$$u=\frac{1}{2A}\left[(a_i+b_ix+c_iy)u_i+(a_j+b_jx+c_jy)u_j+(a_m+b_mx+c_my)u_m\right] \tag{4-6a}$$

同理,求解方程组(4-3b),可得到待定系数α_4、α_5、α_6的表达式,将其代入式(4-2)第二式并整理可得到:

$$v=\frac{1}{2A}\left[(a_i+b_ix+c_iy)v_i+(a_j+b_jx+c_jy)v_j+(a_m+b_mx+c_my)v_m\right] \tag{4-6b}$$

式(4-6a)和式(4-6b)中,

$$\begin{cases}a_i=x_jy_m-x_my_j\\ b_i=y_j-y_m\\ c_i=x_m-x_j\end{cases}\qquad (i,j,m\text{ 轮换}) \tag{4-7}$$

如果令

$$N_i=\frac{1}{2A}(a_i+b_ix+c_iy)\qquad (i,j,m\text{ 轮换}) \tag{4-8}$$

则单元位移函数(4-2)可表示为:

$$\begin{cases}u=N_iu_i+N_ju_j+N_mu_m\\ v=N_iv_i+N_jv_j+N_mv_m\end{cases} \tag{4-9}$$

式(4-9)可用矩阵表示为:

$$\begin{bmatrix}u\\ v\end{bmatrix}=\begin{bmatrix}N_i & 0 & N_j & 0 & N_m & 0\\ 0 & N_i & 0 & N_j & 0 & N_m\end{bmatrix}\begin{bmatrix}u_i\\ v_i\\ u_j\\ v_j\\ u_m\\ v_m\end{bmatrix} \tag{4-10}$$

式(4-10)还可进一步简写为:

$$\boldsymbol{f}=\boldsymbol{N}\boldsymbol{\delta}^e \tag{4-11}$$

式(4-9)、式(4-10)和式(4-11)给出了单元上各点的位移与单元结点位移的关系。

由式(4-8)可以看出,N_i、N_j、N_m是坐标x、y的函数。当$u_i=1$或$v_i=1$,而其他结点位移为0时,有$u=N_i$或$v=N_i$。所以函数N_i表示当结点i发生单位位移时,单元上的位移分布形态。函数N_j和N_m也有类似性质。因此N_i、N_j、N_m被称为单元位移的形函数。由单元位移形函数组成的矩阵称为单元位移形函数矩阵,其表达式为:

$$\boldsymbol{N}=\begin{bmatrix}N_i & 0 & N_j & 0 & N_m & 0\\ 0 & N_i & 0 & N_j & 0 & N_m\end{bmatrix} \tag{4-12}$$

4.2.2 有限单元法解答的收敛性对单元位移函数的要求

为了使有限单元法给出结构正确的应力和位移解答,有限单元法的解答应具有收敛性,即当单元尺寸逐渐减小时,有限单元法的解答应趋近精确解。这要求单元位移函数必须满足以下三个条件:

(1)单元位移函数必须能反映单元的刚体位移。也就是当结点位移是由某个刚体位移引起时,弹性体内不会发生应变。如图4-4所示的悬臂梁,单元越远离固定端,其位移越大,但主要是由刚体位移引起的(图4-4为示意图,小变形问题忽略结构形状的改变)。

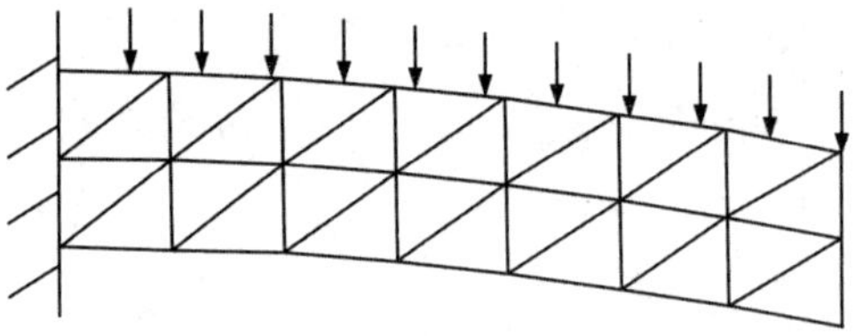

图4-4　单元刚体位移示意

(2)单元位移函数必须能反映单元的常量应变。从物理意义上,当单元尺寸无限缩小时,单元中的应变应趋于常量。因此在单元位移函数中应包含常应变项,且单元内各点的应变值不随坐标系位置的改变而改变,否则有限单元法的解答就不可能收敛于精确解。

(3)单元位移函数应能反映位移的连续性。弹性体中的位移是连续的,为了使有限元结构能反映位移的连续性,而单元又不可能划分得太小,就需要通过合适的单元位移函数来满足位移的连续性。为了使单元内部的位移保持连续,必须把单元位移函数取为坐标的单值连续函数;为了使相邻单元的位移保持连续,就要使单元在公共结点处具有相同位移时,也能在公共边界上具有相同的位移。

为了使有限单元法的解答在单元尺寸逐步减小时,能够收敛于正确解答,单元位移函数能够反映刚体位移和常量应变是必要条件,再加上能反映相邻单元的位移连续性,就是充分条件。在有限单元法中,为一般平面单元和空间单元选择位移函数时,是不难满足上述充分条件的。

现在来看一下三角形单元的位移函数(4-2)。式中的常数项α_1和α_4代表单元平动刚体位移,还可以证明$\frac{\alpha_5-\alpha_3}{2}$代表单元转动刚体位移(转角)。根据弹性力学,应变是位移的一阶导数,对于位移函数(4-2),$\varepsilon_x=\frac{\partial u}{\partial x}=\alpha_2$,$\varepsilon_y=\frac{\partial v}{\partial y}=\alpha_6$,$\gamma_{xy}=\frac{\partial u}{\partial y}+\frac{\partial v}{\partial x}=\alpha_3+\alpha_5$,所以式(4-2)中,$\alpha_2$和$\alpha_6$是正应变的常应变项,$\alpha_3$和$\alpha_5$是剪应变的常应变项。

三角形单元采用线性位移函数,沿单元中一条直线的位移是线性变化的,这就保证了两个三角形单元在公共边界上有相同的位移。在变形后,相邻单元既不脱离,也不重叠,因此线性位移函数能够保证相邻三角形单元之间位移的连续性。

因此,三角形单元采用线性位移函数满足有限单元法解答的收敛性要求。

此外,人们还提出了一类单元称为“非协调单元”,这类单元可以提高计算精度和计算效率,但不能保证满足单元之间公共边界上位移的连续性。“非协调单元”网格只要通过了“分片试验”,其解答也是收敛的。

4.2.3　三角形单元位移形函数N_i、N_j、N_m的性质

根据三角形单元位移形函数的定义式(4-8),容易得出三角形单元的位移形函数具有以下性质:

(1)形函数N_i是坐标x和y的线性函数,在结点i处的值等于1,在其他结点j、m处的值等于0,即有$N_i(x_i,y_i)=1$,$N_i(x_j,y_j)=0$,$N_i(x_m,y_m)=0$。形函数N_i的值在单元上的分布如图4-5所示。形函数N_j、N_m也有同样的性质。

(2)单元位移分量u和v是各结点位移分量对其形函数放大后的叠加,单元位移分量u和v在单元上的分布如图4-6所示。

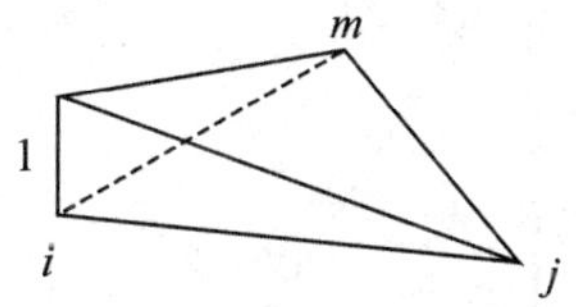

图4-5　形函数N_i的值在单元上的分布

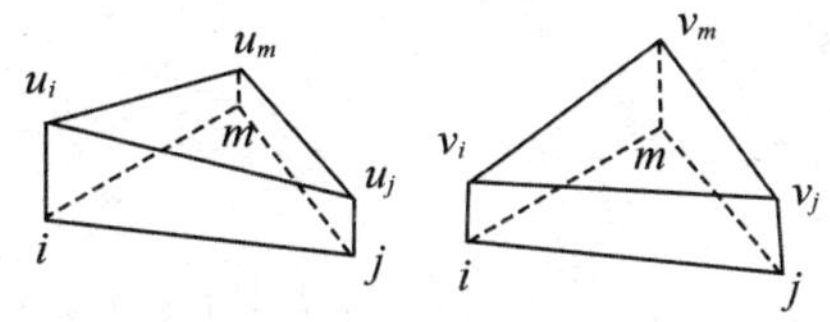

图4-6　单元上位移分量u和v在单元上的分布

(3)在单元中任一点处,三个形函数之和等于1,即有:

$$N_i(x,y)+N_j(x,y)+N_m(x,y)=1 \tag{4-13}$$

如果单元发生刚体位移,如在x方向发生刚体位移C_0,则有$u=N_iu_i+N_ju_j+N_mu_m=(N_i+N_j+N_m)C_0=C_0$,必有$N_i+N_j+N_m=1$。若形函数不满足此条件,则不能反映单元的刚体位移,用这样的位移函数必然得不到正确结果。

(4)形函数N_i在单元面积上的积分为:

$$\iint_A N_i \mathrm{d}x\mathrm{d}y=\frac{A}{3} \tag{4-14}$$

N_i在单元边ij上的积分为:

$$\int_{ij} N_i \mathrm{d}l=\frac{1}{2}L_{ij} \tag{4-15}$$

式中,L_{ij}为单元边ij的长度。

形函数在单元面积和在单元边上的积分公式,可在单元等效结点力公式推导中用到。

形函数N_j、N_m也有同样的性质。

4.3 单元应变与单元结点位移的关系及单元应变矩阵

弹性力学中的小变形问题是指物体受力后各点的位移是微小的，因而位移引起的各点的位置坐标的改变可以忽略，即认为物体各点的位置坐标保持不变，也就是认为物体的构型保持不变。这样一来，可以在不变的构型上进行结构的力学分析，包括计算结构的位移、应变和应力，而且不同荷载引起的结构的位移、应变和应力可以叠加，使得问题简化。

对于如图4-7(a)所示的悬臂梁和图4-7(b)所示的重力坝，在荷载作用下，如果结构各点的位移都远远小于结构的尺寸，可以忽略结构各点位置坐标的改变和结构形状的改变，这样就可以将所要求解问题作为小变形问题，在结构初始构型上进行结构的力学分析。

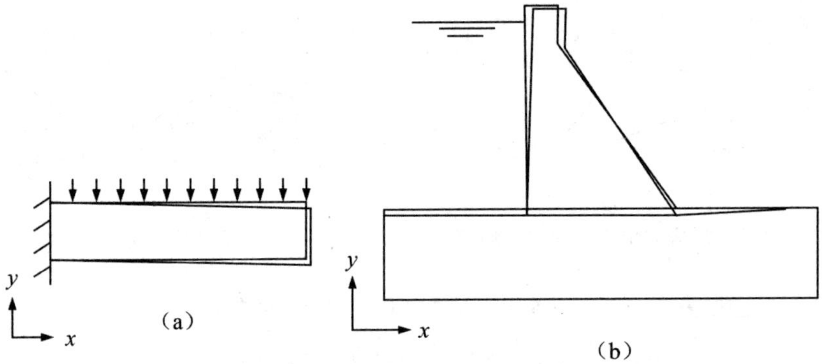

图4-7 弹性力学小变形问题示意

由弹性力学可知，对于小变形问题，应变是位移对位置坐标的偏导数。对于平面问题，有

$$\begin{cases} \varepsilon_x = \dfrac{\partial u}{\partial x} \\ \varepsilon_y = \dfrac{\partial v}{\partial y} \\ \gamma_{xy} = \dfrac{\partial u}{\partial y} + \dfrac{\partial v}{\partial x} \end{cases} \tag{4-16}$$

式中，ε_x和ε_y为正应变，分别表示介质在x方向和y方向的伸长率；γ_{xy}为剪应变。

剪应变示意如图4-8所示，设弹性体中有正方形微元体$ABCD$，经过位移和变形后变为菱形$A'B'C'D'$。θ_1和θ_2分别表示$A'D'$与x轴的夹角和$A'B'$与y轴的夹角。剪

应变 γ_{xy} 表示 AD 与 AB 间直角的改变，即 $\gamma_{xy}=\theta_1+\theta_2$。存在 $\tan\theta_1=\dfrac{\partial v}{\partial x}$，$\tan\theta_2=\dfrac{\partial u}{\partial y}$，当变形很小时，$\theta_1\approx\tan\theta_1$，$\theta_2\approx\tan\theta_2$，所以剪应变可表示为 $\gamma_{xy}=\dfrac{\partial u}{\partial y}+\dfrac{\partial v}{\partial x}$。

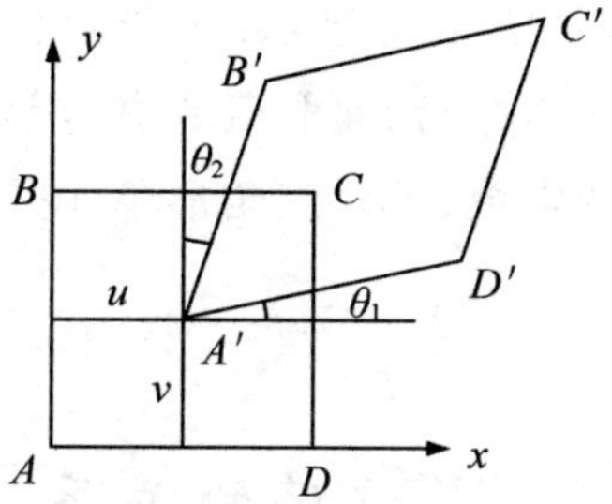

图4-8　剪应变示意

剪应变 γ_{xy} 表示弹性体中某点 x 轴方向和 y 轴方向两个截面直角夹角在变形后的改变量，通常剪应变以直角变小为正、变大为负。

$\omega_z=\dfrac{\theta_1-\theta_2}{2}=\dfrac{1}{2}\left(\dfrac{\partial v}{\partial x}-\dfrac{\partial u}{\partial y}\right)$，表示微元体 $ABCD$ 对角线 AC 旋转的角度，它不表示微元体 $ABCD$ 的变形，而表示微元体的刚体旋转量。

将单元位移函数(4-9)代入式(4-16)，得到：

$$\left\{\begin{aligned}
\varepsilon_x&=\frac{\partial N_i}{\partial x}u_i+\frac{\partial N_j}{\partial x}u_j+\frac{\partial N_m}{\partial x}u_m=\frac{1}{2A}\ (b_iu_i+b_ju_j+b_mu_m)\\
\varepsilon_y&=\frac{\partial N_i}{\partial y}v_i+\frac{\partial N_j}{\partial y}v_j+\frac{\partial N_m}{\partial y}v_m=\frac{1}{2A}\ (c_iv_i+c_jv_j+c_mv_m)\\
\gamma_{xy}&=\frac{\partial N_i}{\partial y}u_i+\frac{\partial N_j}{\partial y}u_j+\frac{\partial N_m}{\partial y}u_m+\frac{\partial N_i}{\partial x}v_i+\frac{\partial N_j}{\partial x}v_j+\frac{\partial N_m}{\partial x}v_m\\
&=\frac{1}{2A}\ (c_iu_i+c_ju_j+c_mu_m+b_iv_i+b_jv_j+b_mv_m)
\end{aligned}\right. \tag{4-17}$$

根据式(4-17)，单元应变分量可用矩阵表达为：

$$\begin{bmatrix}\varepsilon_x\\ \varepsilon_y\\ \gamma_{xy}\end{bmatrix}=\frac{1}{2A}\begin{bmatrix}b_i & 0 & b_j & 0 & b_m & 0\\ 0 & c_i & 0 & c_j & 0 & c_m\\ c_i & b_i & c_j & b_j & c_m & b_m\end{bmatrix}\begin{bmatrix}u_i\\ v_i\\ u_j\\ v_j\\ u_m\\ v_m\end{bmatrix} \tag{4-18}$$

式(4-18)还可进一步简写为：

$$\boldsymbol{\varepsilon}=\boldsymbol{B}\boldsymbol{\delta}^e \tag{4-19}$$

式中，

$$\boldsymbol{B}=\frac{1}{2A}\begin{bmatrix} b_i & 0 & b_j & 0 & b_m & 0 \\ 0 & c_i & 0 & c_j & 0 & c_m \\ c_i & b_i & c_j & b_j & c_m & b_m \end{bmatrix}$$

称为单元应变矩阵或单元几何矩阵。

式(4-18)和式(4-19)给出了单元应变与单元结点位移的关系。可以看出,三角形单元的应变矩阵$\boldsymbol{B}$是个常数矩阵,它的元素取值取决于单元的结点坐标。由此可知,三角形单元内各点的应变是相同的常数,因此三角形单元是常应变单元。另外,相邻单元的应变是不连续的。

4.4 单元应力与单元结点位移的关系及单元应力矩阵

根据弹性力学广义胡克定律,平面应力问题中,应力与应变的关系为:

$$\begin{cases} \varepsilon_x=\dfrac{1}{E}(\sigma_x-\mu\sigma_y) \\ \varepsilon_y=\dfrac{1}{E}(\sigma_y-\mu\sigma_x) \\ \gamma_{xy}=\dfrac{2(1+\mu)}{E}\tau_{xy} \end{cases} \tag{4-20}$$

式中,E为材料的弹性模量;μ为材料的泊松比。

由式(4-20)可得到由应变确定应力的表达式:

$$\begin{cases} \sigma_x=\dfrac{E}{1-\mu^2}(\varepsilon_x+\mu\varepsilon_y) \\ \sigma_y=\dfrac{E}{1-\mu^2}(\varepsilon_y+\mu\varepsilon_x) \\ \tau_{xy}=\dfrac{E}{2(1+\mu)}\gamma_{xy} \end{cases} \tag{4-21}$$

式(4-21)可用矩阵表示为:

$$\begin{bmatrix} \sigma_x \\ \sigma_y \\ \tau_{xy} \end{bmatrix}=\frac{E}{1-\mu^2}\begin{bmatrix} 1 & \mu & 0 \\ \mu & 1 & 0 \\ 0 & 0 & \dfrac{1-\mu}{2} \end{bmatrix}\begin{bmatrix} \varepsilon_x \\ \varepsilon_y \\ \gamma_{xy} \end{bmatrix} \tag{4-22}$$

式(4-22)还可简写为:

$$\boldsymbol{\sigma}=\boldsymbol{D\varepsilon} \tag{4-23}$$

式中,

$$D=\frac{E}{1-\mu^2}\begin{bmatrix}1 & \mu & 0\\ \mu & 1 & 0\\ 0 & 0 & \dfrac{1-\mu}{2}\end{bmatrix}$$

称为材料的弹性矩阵。

弹性矩阵$\boldsymbol{D}$用于表示材料应变与应力之间的关系，是一个对称矩阵，其元素是由材料的弹性常数E和μ决定的。

对于平面变形问题，弹性矩阵的表达式为：

$$D=\frac{E(1-\mu)}{(1+\mu)(1-2\mu)}\begin{bmatrix}1 & \dfrac{\mu}{1-\mu} & 0\\ \dfrac{\mu}{1-\mu} & 1 & 0\\ 0 & 0 & \dfrac{1-2\mu}{2(1-\mu)}\end{bmatrix} \tag{4-24}$$

将单元应变与单元结点位移的关系式(4-19)代入式(4-23)，得到单元应力与单元结点位移的关系：

$$\boldsymbol{\sigma}=\boldsymbol{D}\boldsymbol{B}\boldsymbol{\delta}^e=\boldsymbol{S}\boldsymbol{\delta}^e \tag{4-25}$$

式中，矩阵$\boldsymbol{S}=\boldsymbol{D}\boldsymbol{B}$，称为单元应力矩阵，它表达了单元应力与单元结点位移的关系。

三角形单元是常应力单元，所给出的单元内各点的应力是相同的常数。另外，相邻单元的应力是不连续的，在单元公共边界上应力存在突变。

4.5　单元结点力与单元结点位移的关系及单元刚度矩阵

4.5.1　单元结点力与单元结点位移的关系

在结构力学计算的有限单元法中，单元结点力与单元结点位移的关系是根据弹性体的虚功原理建立的。

弹性体的虚功原理：处于平衡状态的弹性体，当发生约束允许的任意微小虚位移时，外力在虚位移上所做的虚功，等于弹性体体积内的应力在虚应变上所做的虚功。

设三角形单元在实际受力状态下，单元结点力和单元应力分别为：

$$\boldsymbol{F}^e=[\,U_i\quad V_i\quad U_j\quad V_j\quad U_m\quad V_m\,]^{\mathrm{T}} \tag{4-26}$$

$$\boldsymbol{\sigma}=[\,\sigma_x\quad \sigma_y\quad \tau_{xy}\,]^{\mathrm{T}} \tag{4-27}$$

假设单元发生任意微小虚位移，单元结点虚位移和相应的单元虚应变分别为：

$$\boldsymbol{\delta}^{*e}=[\,u_i^*\quad v_i^*\quad u_j^*\quad v_j^*\quad u_m^*\quad v_m^*\,]^{\mathrm{T}} \tag{4-28}$$

$$\boldsymbol{\varepsilon}^{*}=[\ \varepsilon_{x}^{*}\quad \varepsilon_{y}^{*}\quad \gamma_{xy}^{*}\ ]^{\mathrm{T}} \tag{4-29}$$

单元结点力在单元结点虚位移上的外力虚功为：

$$W=u_{i}^{*}U_{i}+v_{i}^{*}V_{i}+u_{j}^{*}U_{j}+v_{j}^{*}V_{j}+u_{m}^{*}U_{m}+v_{m}^{*}V_{m}=(\boldsymbol{\delta}^{*e})^{\mathrm{T}}\boldsymbol{F}^{e} \tag{4-30}$$

单元应力在单元虚应变上的内力虚功为：

$$U=\iint \mathrm{d}U=\iint(\boldsymbol{\varepsilon}^{*})^{\mathrm{T}}\boldsymbol{\sigma}t\mathrm{d}x\mathrm{d}y \tag{4-31}$$

式中，t为单元厚度。

根据虚功原理 $W=U$，可得到：

$$(\boldsymbol{\delta}^{*e})^{\mathrm{T}}\boldsymbol{F}^{e}=\iint(\boldsymbol{\varepsilon}^{*})^{\mathrm{T}}\boldsymbol{\sigma}t\mathrm{d}x\mathrm{d}y \tag{4-32}$$

式(4-32)是弹性体的虚功方程。

将 $\boldsymbol{\varepsilon}^{*}=\boldsymbol{B}\boldsymbol{\delta}^{*e}$ 代入式(4-32)，可得到：

$$(\boldsymbol{\delta}^{*e})^{\mathrm{T}}\boldsymbol{F}^{e}=\iint(\boldsymbol{\delta}^{*e})^{\mathrm{T}}\boldsymbol{B}^{\mathrm{T}}\boldsymbol{\sigma}t\mathrm{d}x\mathrm{d}y \tag{4-33}$$

式(4-33)中，由于$(\boldsymbol{\delta}^{*e})^{\mathrm{T}}$与结点坐标无关，因此可将其从等式右边的积分中移出，故有：

$$(\boldsymbol{\delta}^{*e})^{\mathrm{T}}\boldsymbol{F}^{e}=(\boldsymbol{\delta}^{*e})^{\mathrm{T}}\iint\boldsymbol{B}^{\mathrm{T}}\boldsymbol{\sigma}t\mathrm{d}x\mathrm{d}y \tag{4-34}$$

式(4-34)中，由于单元结点虚位移$(\boldsymbol{\delta}^{*e})^{\mathrm{T}}$是任意的，故有：

$$\boldsymbol{F}^{e}=\iint\boldsymbol{B}^{\mathrm{T}}\boldsymbol{\sigma}t\mathrm{d}x\mathrm{d}y \tag{4-35}$$

式(4-35)给出了单元结点力$\boldsymbol{F}^{e}$与单元应力$\boldsymbol{\sigma}$之间的关系。

由于单元应变矩阵$\boldsymbol{B}^{\mathrm{T}}$、单元应力$\boldsymbol{\sigma}$和单元厚度$t$都是与坐标$x$和$y$无关的常量，可以从式(4-35)中的积分中移出来，故有：

$$\boldsymbol{F}^{e}=\boldsymbol{B}^{\mathrm{T}}\boldsymbol{\sigma}tA \tag{4-36}$$

将 $\boldsymbol{\sigma}=\boldsymbol{D}\boldsymbol{\varepsilon}=\boldsymbol{D}\boldsymbol{B}\boldsymbol{\delta}^{e}$ 代入式(4-36)，得到：

$$\boldsymbol{F}^{e}=\boldsymbol{B}^{\mathrm{T}}\boldsymbol{D}\boldsymbol{B}tA\boldsymbol{\delta}^{e} \tag{4-37}$$

令

$$\boldsymbol{k}=\boldsymbol{B}^{\mathrm{T}}\boldsymbol{D}\boldsymbol{B}tA \tag{4-38}$$

则有：

$$\boldsymbol{F}^{e}=\boldsymbol{k}\boldsymbol{\delta}^{e} \tag{4-39}$$

式中，$\boldsymbol{k}$为单元的刚度矩阵。

式(4-39)给出单元结点力与单元结点位移的关系式。

克劳夫等在首次提出三角形单元时，采用下面的方法建立三角形单元的刚度矩阵：

(1)假定三角形单元内有均匀分布的应变 $\boldsymbol{\varepsilon}=[\varepsilon_{x}\quad \varepsilon_{y}\quad \gamma_{xy}]^{\mathrm{T}}$，根据式(4-16)，通过对单元应变积分得到线性的单元位移表达式。

(2)利用单元结点位移和单元结点坐标，确定单元位移表达式中的待定系数，进而得到单元应变与单元结点位移的关系 $\boldsymbol{\varepsilon}=\boldsymbol{B}\boldsymbol{\delta}^{e}$[即式(4-19)]。

(3)根据单元应力与单元应变的关系(广义胡克定律)和式(4-19),得到单元应力与单元结点位移的关系 $\boldsymbol{\sigma}=\boldsymbol{D}\boldsymbol{B}\boldsymbol{\delta}^{e}$[即式(4-25)]。

(4)根据单元内均匀分布的应力 $\boldsymbol{\sigma}=[\sigma_x \quad \sigma_y \quad \tau_{xy}]^{\mathrm{T}}$ 确定单元边上的面力,把每个单元边上的面力的合力平均分配到单元边两端结点上,得到单元边上面力的等效结点力,由此得到单元结点力与单元应力的关系 $\boldsymbol{F}^{e}=\boldsymbol{B}^{\mathrm{T}}\boldsymbol{\sigma}tA$[即式(4-36)]。

(5)把单元应力 $\boldsymbol{\sigma}$ 的表达式(4-25)代入单元结点力 $\boldsymbol{F}^{e}$ 的表达式(4-36),得到单元结点力与单元结点位移的关系 $\boldsymbol{F}^{e}=\boldsymbol{B}^{\mathrm{T}}\boldsymbol{D}\boldsymbol{B}tA\boldsymbol{\delta}^{e}$[即式(4-37)],由此得到三角形单元刚度矩阵的表达式 $\boldsymbol{k}=\boldsymbol{B}^{\mathrm{T}}\boldsymbol{D}\boldsymbol{B}tA$[即式(4-38)]。

上述这种最早的建立三角形单元刚度矩阵的方法是比较麻烦的。

弹性体的虚功原理为单元刚度矩阵的建立(包括各种高次单元和等参单元刚度矩阵的建立)提供了方法,因而为弹性力学有限单元法提供了重要基础。

4.5.2　三角形单元的刚度矩阵

将三角形单元的应变矩阵 $\boldsymbol{B}$ 和弹性矩阵 $\boldsymbol{D}$ 代入刚度矩阵的表达式(4-38),可得到单元刚度矩阵的具体表达式。这是一个常数矩阵,是 6×6 的对称矩阵。

由于平面应力问题和平面变形问题的弹性矩阵 $\boldsymbol{D}$ 不同,因而这两类问题的单元刚度矩阵是不同的。

单元刚度矩阵可用分块形式表达为:

$$\boldsymbol{k}=\begin{bmatrix}\boldsymbol{k}_{ii} & \boldsymbol{k}_{ij} & \boldsymbol{k}_{im}\\ \boldsymbol{k}_{ji} & \boldsymbol{k}_{jj} & \boldsymbol{k}_{jm}\\ \boldsymbol{k}_{mi} & \boldsymbol{k}_{mj} & \boldsymbol{k}_{mm}\end{bmatrix} \tag{4-40}$$

式中,子矩阵 $\boldsymbol{k}_{rs}(r=i、j、m,s=i、j、m)$ 是 2×2 的方阵。

对于平面应力问题,

$$\boldsymbol{k}_{rs}=\frac{Et}{4(1-\mu^2)A}\begin{bmatrix} b_rb_s+\dfrac{1-\mu}{2}c_rc_s & \mu b_rc_s+\dfrac{1-\mu}{2}c_rb_s\\ \mu c_rb_s+\dfrac{1-\mu}{2}b_rc_s & c_rc_s+\dfrac{1-\mu}{2}b_rb_s\end{bmatrix} \tag{4-41}$$

对于平面变形问题,

$$\boldsymbol{k}_{rs}=\frac{E(1-\mu)t}{4(1+\mu)(1-2\mu)A}\begin{bmatrix} b_rb_s+\dfrac{1-2\mu}{2(1-\mu)}c_rc_s & \dfrac{\mu}{1-\mu}b_rc_s+\dfrac{1-2\mu}{2(1-\mu)}c_rb_s\\ \dfrac{\mu}{1-\mu}c_rb_s+\dfrac{1-2\mu}{2(1-\mu)}b_rc_s & c_rc_s+\dfrac{1-2\mu}{2(1-\mu)}b_rb_s\end{bmatrix} \tag{4-42}$$

单元刚度矩阵具有以下性质:

(1)单元刚度矩阵$\boldsymbol{k}$中元素的物理意义:k_{mn}表示令单元在第n自由度发生单位位移而在其他自由度固定时,需要在第m自由度施加的结点力。

(2)单元刚度矩阵$\boldsymbol{k}$是对称矩阵。由$\boldsymbol{k}_{rs}$的表达式可知,$\boldsymbol{k}_{rs}=\boldsymbol{k}_{sr}{}^{\mathrm{T}}$,由此可知$\boldsymbol{k}$具有对称性。

(3)单元刚度矩阵主对角线上的元素都是正值。主对角线上的元素k_{nn}表示令单元在第n自由度发生单位位移而在其他自由度固定时,需要在第n自由度施加的结点力,这个结点力与单位位移的方向相同,因而k_{nn}是正值。

(4)单元刚度矩阵$\boldsymbol{k}$的每一行或每一列元素之和为0,因此$\boldsymbol{k}$是奇异矩阵。这个性质很容易证明。当单元所有结点沿x方向或y方向都发生单位位移时,单元做刚体平移,单元内不产生应变和应力,因而单元结点力为0。由式(4-39)可知,$\boldsymbol{k}$的每一行元素之和为0。由于对称性,其每一列元素之和也为0。

(5)单元刚度矩阵$\boldsymbol{k}$不随单元(或坐标轴)的平行移动而改变。

4.6 有限元结构的结点平衡方程组及整体刚度矩阵

在有限单元法中,人们可根据结点的平衡方程建立有限元结构的平衡方程组。

当有限元结构处于平衡状态时,单元结点也处于平衡状态。以图4-9(a)中的结点i为例,说明如何建立结点的平衡方程。设在结点i上作用有外力X_i和Y_i,该结点是三个单元(1)(2)(4)的公共结点。

设单元(1)作用于结点i的力为$\overline{U}_i^{(1)}$、$\overline{V}_i^{(1)}$,单元(2)作用于结点i的力为$\overline{U}_i^{(2)}$、$\overline{V}_i^{(2)}$,单元(4)作用于结点i的力为$\overline{U}_i^{(4)}$、$\overline{V}_i^{(4)}$,如图4-9(b)所示。

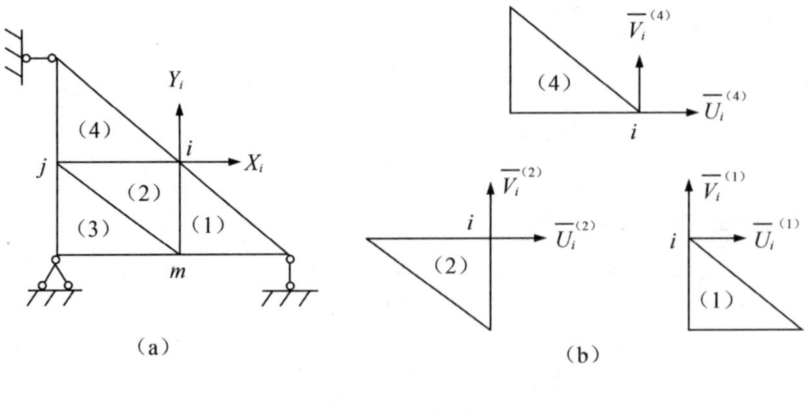

图4-9 单元结点受力简图

结点i力的平衡方程为:

$$\begin{cases}\overline{U}_i^{(1)}+\overline{U}_i^{(2)}+\overline{U}_i^{(4)}+X_i=0\\ \overline{V}_i^{(1)}+\overline{V}_i^{(2)}+\overline{V}_i^{(4)}+Y_i=0\end{cases} \tag{4-43}$$

式(4-43)可进一步表示为：

$$\begin{cases}-\sum\limits_{e=1,2,4}\overline{U}_i^{(e)}=X_i\\ -\sum\limits_{e=1,2,4}\overline{V}_i^{(e)}=Y_i\end{cases} \tag{4-44}$$

单元作用于结点i的力$\overline{U}_i^{(e)}$、$\overline{V}_i^{(e)}$与结点i作用于单元的力$U_i^{(e)}$、$V_i^{(e)}$是作用力和反作用力，故有：

$$\begin{cases}-\overline{U}_i^{(e)}=U_i^{(e)}\\ -\overline{V}_i^{(e)}=V_i^{(e)}\end{cases} \tag{4-45}$$

因此，结点i的平衡方程(4-44)可表示为：

$$\begin{cases}\sum\limits_{e=1,2,4}U_i^{(e)}=X_i\\ \sum\limits_{e=1,2,4}V_i^{(e)}=Y_i\end{cases} \tag{4-46}$$

单元结点作用于单元的力$U_i^{(e)}$、$V_i^{(e)}$，可根据单元结点力与单元结点位移的关系式$\boldsymbol{F}^e=\boldsymbol{k}\boldsymbol{\delta}^e$确定。

由所有结点的如同式(4-46)这样的平衡方程，组成有限元结构的平衡方程组，通常用矩阵表达为：

$$\boldsymbol{K}\boldsymbol{\delta}=\boldsymbol{F} \tag{4-47}$$

式中，$\boldsymbol{K}$为有限元结构的整体刚度矩阵；$\boldsymbol{\delta}$为结构的结点位移列阵；$\boldsymbol{F}$为结构的结点外荷载列阵。

在用有限单元法计算时，不是逐个结点建立平衡方程，而是通过单元刚度矩阵$\boldsymbol{k}$叠加，得到有限元结构的整体刚度矩阵$\boldsymbol{K}$；并通过单元结点力叠加，得到作用于有限元结构结点上的外荷载列阵$\boldsymbol{F}$；从而得到结构的平衡方程组(4-47)。

由单元刚度矩阵集合成整体刚度矩阵的思路是：首先将单元刚度矩阵扩大至与整体刚度矩阵同阶，并将单元局部结点编号更换为结构整体结点编号，形成扩大的单元刚度矩阵，然后将扩大的单元刚度矩阵中同行同列的元素叠加，即可得到整体刚度矩阵。

举例说明整体刚度矩阵的形成方法。设有一个单元，如图4-10所示，单元局部结点编号i、j、m对应的结构整体结点编号分别为234、19、2032；则i结点的局部自由度编号[1]和[2]对应的整体自由度编号为467和468，j结点的局部自由度编号[3]和[4]对应的整体自由度编号为37和38，m结点的局部自由度编号[5]和[6]对应的整体自由度编号为4063和4064。

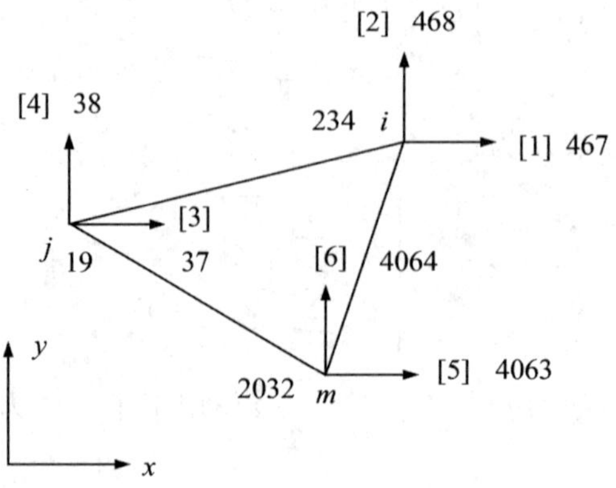

图4-10　单元局部结点编号、局部自由度编号与结构整体结点编号、整体自由度编号示意

单元刚度矩阵元素对应的结构整体刚度矩阵元素为括号内所标的内容：

$$
\begin{bmatrix}
k_{11}(k_{467,467}) & k_{12}(k_{467,468}) & k_{13}(k_{467,37}) & k_{14}(k_{467,38}) & k_{15}(k_{467,4063}) & k_{16}(k_{467,4064}) \\
k_{21}(k_{468,467}) & k_{22}(k_{468,468}) & k_{23}(k_{468,37}) & k_{24}(k_{468,38}) & k_{25}(k_{468,4063}) & k_{26}(k_{468,4064}) \\
k_{31}(k_{37,467}) & k_{32}(k_{37,468}) & k_{33}(k_{37,37}) & k_{34}(k_{37,38}) & k_{35}(k_{37,4063}) & k_{36}(k_{37,4064}) \\
k_{41}(k_{38,467}) & k_{42}(k_{38,468}) & k_{43}(k_{38,37}) & k_{44}(k_{38,38}) & k_{45}(k_{38,4063}) & k_{46}(k_{38,4064}) \\
k_{51}(k_{4063,467}) & k_{52}(k_{4063,468}) & k_{53}(k_{4063,37}) & k_{54}(k_{4063,38}) & k_{55}(k_{4063,4063}) & k_{56}(k_{4063,4064}) \\
k_{61}(k_{4064,467}) & k_{62}(k_{4064,468}) & k_{63}(k_{4064,37}) & k_{64}(k_{4064,38}) & k_{65}(k_{4064,4063}) & k_{66}(k_{4064,4064})
\end{bmatrix}
$$

扩大的单元刚度矩阵为：

$$
\begin{bmatrix}
\vdots & \vdots & \vdots & \vdots & \vdots & \vdots & \vdots & \vdots & \vdots & \vdots \\
\cdots & k_{37,37} & k_{37,38} & \cdots & k_{37,467} & k_{37,468} & \cdots & k_{37,4063} & k_{37,4064} & \cdots \\
\cdots & k_{38,37} & k_{38,38} & \cdots & k_{38,467} & k_{38,468} & \cdots & k_{38,4063} & k_{38,4064} & \cdots \\
\vdots & \vdots & \vdots & \vdots & \vdots & \vdots & \vdots & \vdots & \vdots & \vdots \\
\cdots & k_{467,37} & k_{467,38} & \cdots & k_{467,467} & k_{467,468} & \cdots & k_{467,4063} & k_{467,4064} & \cdots \\
\cdots & k_{468,37} & k_{468,38} & \cdots & k_{468,467} & k_{468,468} & \cdots & k_{468,4063} & k_{468,4064} & \cdots \\
\vdots & \vdots & \vdots & \vdots & \vdots & \vdots & \vdots & \vdots & \vdots & \vdots \\
\cdots & k_{4063,37} & k_{4063,38} & \cdots & k_{4063,467} & k_{4063,468} & \cdots & k_{4063,4063} & k_{4063,4064} & \cdots \\
\cdots & k_{4064,37} & k_{4064,38} & \cdots & k_{4064,467} & k_{4064,468} & \cdots & k_{4064,4063} & k_{4064,4064} & \cdots \\
\vdots & \vdots & \vdots & \vdots & \vdots & \vdots & \vdots & \vdots & \vdots & \vdots
\end{bmatrix}
$$

将所有单元的扩大的刚度矩阵叠加，得到结构的整体刚度矩阵。

计算机程序的处理方法是：先设置一个空的整体刚度矩阵（元素均为0），并在计算各单元刚度矩阵的元素后，将其叠加到整体刚度矩阵中的相应位置，最后得到整体刚度矩阵。为了减少计算机的计算量、节省存储空间，通常利用单元刚度矩阵和整体刚度矩阵的对称性，单元刚度矩阵只计算下三角（或上三角）的元素，整体刚度矩阵只形成下三角（或上三角）的元素，并采用“一维变带宽”存储。

结构整体刚度矩阵有如下主要性质：

(1)整体刚度矩阵$\boldsymbol{K}$中元素的物理意义：K_{mn}表示令结构在第n自由度产生单位位移而在其他自由度固定时，需要在第m自由度施加的结点力。

(2)整体刚度矩阵是对称矩阵。

(3)整体刚度矩阵主对角线上的元素都是正的。主对角线上的元素K_{nn}表示令结构在第n自由度产生单位位移而在其他自由度固定时，需要在第n自由度施加的结点力。这个结点力与单位位移的方向相同，因而K_{nn}是正值。

(4)整体刚度矩阵是一个稀疏矩阵，即$\boldsymbol{K}$中含有大量的零元素，其非零元素都分布在主对角线附近。因为只有处于同一单元中的两个自由度m和n之间才相互影响，其对应的整体刚度矩阵元素K_{mn}才不为0；不处于同一单元的自由度m和n互不影响，其对应的整体刚度矩阵元素K_{mn}等于0。

(5)没有支承约束的结构的整体刚度矩阵是一个奇异矩阵，不存在逆矩阵。此时结构平衡方程组的解不确定，结构存在任意刚体位移。

根据线性代数相关知识，如果n阶方阵$\boldsymbol{A}$的行列式$|\boldsymbol{A}|=0$，则称方阵$\boldsymbol{A}$为奇异矩阵(或退化矩阵)；如果$|\boldsymbol{A}|\neq 0$，则$\boldsymbol{A}$是非奇异矩阵或非退化矩阵。对于n阶方阵$\boldsymbol{A}$，可逆、非奇异、满秩是相互等价的概念。

根据线性代数相关知识，线性方程组$\boldsymbol{AX}=\boldsymbol{B}$有唯一解的充分必要条件是：系数矩阵$\boldsymbol{A}$是非奇异矩阵。如果系数矩阵$\boldsymbol{A}$是奇异矩阵，则该线性方程组无解或有无穷多组解。

有限单元法结构计算中，如果结构平衡方程组式(4-47)不引入边界约束条件，则整体刚度矩阵$\boldsymbol{K}$是奇异矩阵，方程组的解不确定(有无穷多组)，表明结构存在不确定的刚体位移。而引入静定或超静定约束条件后的结构平衡方程组有唯一确定的解。

4.7　单元等效结点力

有限单元法中，作用于结构上的力包括集中力、面力和体积力，这些力按静力等效的原则转化为等效结点力，作用于有限单元网格的结点上。

本节介绍作用于三角形单元的几种常见力的等效结点力。

4.7.1　单元自重

单元自重等效结点力示意如图4-11(a)所示。单元的自重是一种体积力，设单元面积为A，厚度为t，材料的重度为$\boldsymbol{\gamma}=\begin{bmatrix}0\\-\gamma\end{bmatrix}$(N/m^3)。

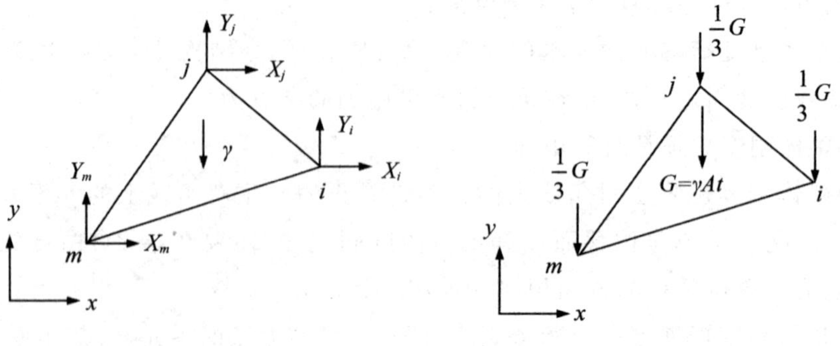

（a）单元自重等效结点力示意　　（b）单元自重等效结点力数值

图4-11　单元自重情况

设与单元自重等效的单元结点力为$F^e=[\,X_i \quad Y_i \quad X_j \quad Y_j \quad X_m \quad Y_m\,]^{\mathrm T}$。

令单元结点发生任意虚位移$\boldsymbol{\delta}^{*e}$(虚位移是微小的,下同),根据式(4-11),相应的单元内的虚位移为:

$$\boldsymbol{f}^{*}=\boldsymbol{N}\boldsymbol{\delta}^{*e} \tag{4-48}$$

根据两个力系静力等效的条件,即两个力系对于任意虚位移的虚功相等,有:

$$\begin{aligned}(\boldsymbol{\delta}^{*e})^{\mathrm T}\boldsymbol{F}^{e}&=\iint_A(\boldsymbol{f}^{*})^{\mathrm T}\boldsymbol{\gamma}t\mathrm{d}x\mathrm{d}y=\iint_A(\boldsymbol{\delta}^{*e})^{\mathrm T}\boldsymbol{N}^{\mathrm T}\boldsymbol{\gamma}t\mathrm{d}x\mathrm{d}y\\&=(\boldsymbol{\delta}^{*e})^{\mathrm T}\iint_A\boldsymbol{N}^{\mathrm T}\boldsymbol{\gamma}t\mathrm{d}x\mathrm{d}y\end{aligned} \tag{4-49}$$

由于式(4-49)对任意虚位移$\boldsymbol{\delta}^{*e}$均成立,则存在:

$$\boldsymbol{F}^{e}=\iint_A\boldsymbol{N}^{\mathrm T}\boldsymbol{\gamma}t\mathrm{d}x\mathrm{d}y \tag{4-50}$$

由式(4-50)得到单元的等效结点力为:

$$\begin{aligned}\boldsymbol{F}^{e}&=\iint_A\begin{bmatrix}N_i&0&N_j&0&N_m&0\\0&N_i&0&N_j&0&N_m\end{bmatrix}^{\mathrm T}\begin{bmatrix}0\\-\gamma\end{bmatrix}t\mathrm{d}x\mathrm{d}y\\&=\iint_A\begin{bmatrix}0\\-N_i\gamma\\0\\-N_j\gamma\\0\\-N_m\gamma\end{bmatrix}t\mathrm{d}x\mathrm{d}y=\begin{bmatrix}0\\-\dfrac{\gamma tA}{3}\\0\\-\dfrac{\gamma tA}{3}\\0\\-\dfrac{\gamma tA}{3}\end{bmatrix}\end{aligned} \tag{4-51}$$

由式(4-51)可知,三角形单元自重的等效结点力是将单元的重量$G=\gamma At$平均分配到三个结点y方向上的力，方向向下，如图4-11(b)所示。

4.7.2　单元边界上的分布力

4.7.2.1　均布力情况

单元边上均布力示意如图4-12(a)所示，设单元ij边上作用均布力$\boldsymbol{p}=\begin{bmatrix}p_x\\p_y\end{bmatrix}$(N/m^2)。$ij$边的长度为$l$，单元厚度为$t$。

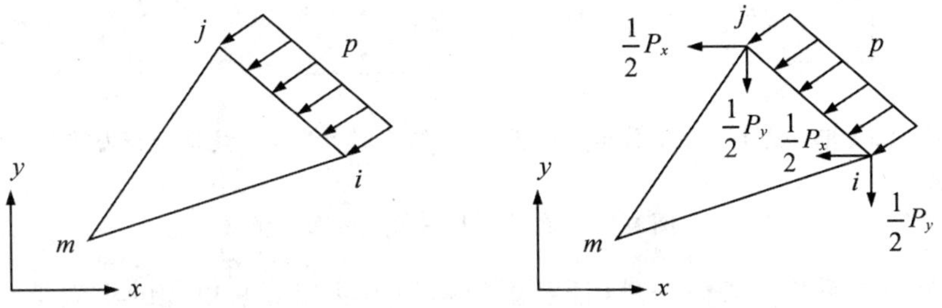

（a）单元边上均布力示意　　（b）单元边上均布力的等效结点力

图4-12　单元边上均布力情况

设有任意的单元结点虚位移$\boldsymbol{\delta}^{*e}$，则单元内虚位移$\boldsymbol{f}^*=\boldsymbol{N\delta}^{*e}$。根据两个力系静力等效条件（任意虚位移的虚功相等），有：

$$(\boldsymbol{\delta}^{*e})^{\mathrm{T}}\boldsymbol{F}^e=\int_{ij}(\boldsymbol{f}^*)^{\mathrm{T}}\boldsymbol{p}t\mathrm{d}s=\int_{ij}(\boldsymbol{\delta}^{*e})^{\mathrm{T}}\boldsymbol{N}^{\mathrm{T}}\boldsymbol{p}t\mathrm{d}s=(\boldsymbol{\delta}^{*e})^{\mathrm{T}}\int_{ij}\boldsymbol{N}^{\mathrm{T}}\boldsymbol{p}t\mathrm{d}s \tag{4-52}$$

由式(4-52)得到单元的等效结点力为：

$$\boldsymbol{F}^e=\int_{ij}\boldsymbol{N}^{\mathrm{T}}\boldsymbol{p}t\mathrm{d}s=\int_{ij}\begin{bmatrix}N_i&0&N_j&0&N_m&0\\0&N_i&0&N_j&0&N_m\end{bmatrix}^{\mathrm{T}}\begin{bmatrix}p_x\\p_y\end{bmatrix}t\mathrm{d}s$$

$$=\int_{ij}\begin{bmatrix}p_xN_i\\p_yN_i\\p_xN_j\\p_yN_j\\p_xN_m\\p_yN_m\end{bmatrix}t\mathrm{d}s=\begin{bmatrix}p_x\frac{1}{2}lt\\p_y\frac{1}{2}lt\\p_x\frac{1}{2}lt\\p_y\frac{1}{2}lt\\0\\0\end{bmatrix}=\begin{bmatrix}\frac{1}{2}P_x\\\frac{1}{2}P_y\\\frac{1}{2}P_x\\\frac{1}{2}P_y\\0\\0\end{bmatrix} \tag{4-53}$$

式中，$P_x=p_xlt$和$P_y=p_ylt$分别为x方向和y方向的总作用力。

式(4-53)表明，当单元边上作用有均布力时，单元等效结点力是将均布力的合力平均分配到该单元边的两个结点上的力，如图4-12(b)所示。

4.7.2.2 三角形分布力情况

设单元ij边上作用有三角形分布力，如图4-13(a)所示。

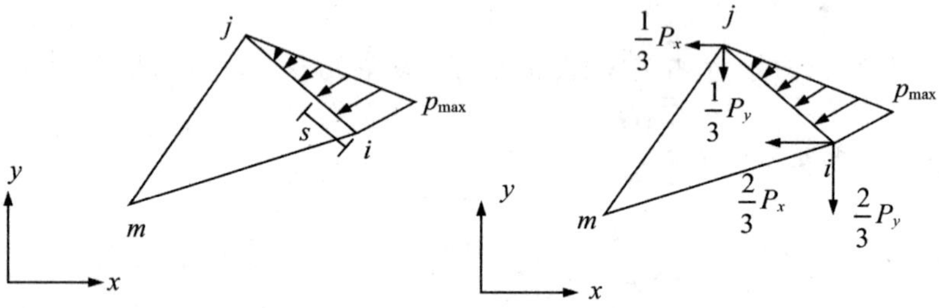

(a) 单元边上三角形分布力示意　　(b) 单元边上三角形分布力的等效结点力

图4-13　单元边上三角形分布力情况

根据两个力系静力等效条件(任意虚位移的虚功相等)，单元的等效结点力为：

$$F^e=\int_{ij}\boldsymbol{N}^{\mathrm{T}}\boldsymbol{p}t\mathrm{d}s=\int_{ij}\begin{bmatrix}N_i & 0 & N_j & 0 & N_m & 0\\ 0 & N_i & 0 & N_j & 0 & N_m\end{bmatrix}^{\mathrm{T}}\begin{bmatrix}p_x\\ p_y\end{bmatrix}t\mathrm{d}s=\int_{ij}\begin{bmatrix}p_xN_i\\ p_yN_i\\ p_xN_j\\ p_yN_j\\ p_xN_m\\ p_yN_m\end{bmatrix}t\mathrm{d}s \tag{4-54}$$

在ij边上，$N_i=1-\frac{s}{l}$，$N_j=\frac{s}{l}$，$N_m=0$；$p_x=\left(1-\frac{s}{l}\right)p_{\max}^x$，$p_y=\left(1-\frac{s}{l}\right)p_{\max}^y$；代入式(4-54)，得到单元等效结点力的表达式为：

$$F^e=\int_{ij}\begin{bmatrix}\left(1-\frac{s}{l}\right)^2p_{\max}^x\\ \left(1-\frac{s}{l}\right)^2p_{\max}^y\\ \frac{s}{l}\left(1-\frac{s}{l}\right)p_{\max}^x\\ \frac{s}{l}\left(1-\frac{s}{l}\right)p_{\max}^y\\ 0\\ 0\end{bmatrix}t\mathrm{d}s=\begin{bmatrix}\frac{1}{3}tlp_{\max}^x\\ \frac{1}{3}tlp_{\max}^y\\ \frac{1}{6}tlp_{\max}^x\\ \frac{1}{6}tlp_{\max}^y\\ 0\\ 0\end{bmatrix}=\begin{bmatrix}\frac{2}{3}P_x\\ \frac{2}{3}P_y\\ \frac{1}{3}P_x\\ \frac{1}{3}P_y\\ 0\\ 0\end{bmatrix} \tag{4-55}$$

式中，$P_x=\frac{1}{2}p_{\max}^x lt$和$P_y=\frac{1}{2}p_{\max}^y lt$分别为三角形分布力在$x$方向和$y$方向的合力，$p_{\max}^x$和

p_{max}^{y}分别为三角形分布力在x方向和y方向的分量在结点i处的最大值。

由式(4-55)可知,三角形分布力合力的$\frac{2}{3}$分配到i结点,$\frac{1}{3}$分配到j结点,如图4-13(b)所示。

4.7.3　单元上的集中力

设单元ijm上一点$M(x,y)$处作用集中力$\boldsymbol{P}=[\,P_x \quad P_y\,]^{\mathrm{T}}$,如图4-14所示。

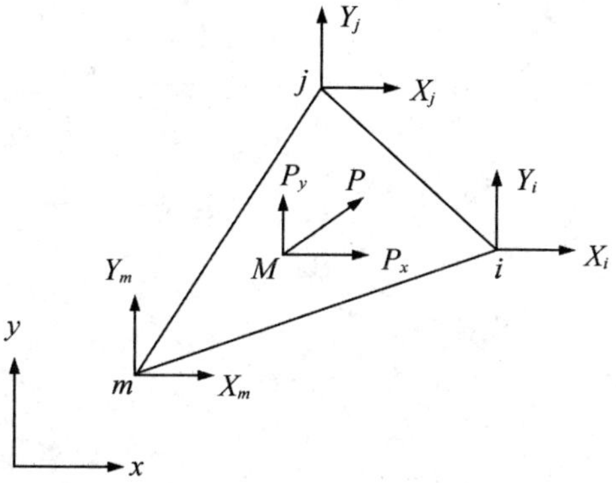

图4-14　单元上作用集中力情况

设发生任意单元结点虚位移$\boldsymbol{\delta}^{*e}$,相应的M点的虚位移为$\boldsymbol{f}^{*}=\boldsymbol{N}\boldsymbol{\delta}^{*e}$。

根据两个力系静力等效条件(任意虚位移的虚功相等)有:

$$(\boldsymbol{\delta}^{*e})^{\mathrm{T}}\boldsymbol{F}^{e}=\boldsymbol{f}^{*\mathrm{T}}\boldsymbol{P}=\left(\boldsymbol{\delta}^{*e}\right)^{\mathrm{T}}\boldsymbol{N}^{\mathrm{T}}\boldsymbol{P} \tag{4-56}$$

由式(4-56)得到等效结点力为:

$$\boldsymbol{F}^{e}=\boldsymbol{N}^{\mathrm{T}}\boldsymbol{P}=[\,N_iP_x \quad N_iP_y \quad N_jP_x \quad N_jP_y \quad N_mP_x \quad N_mP_y\,]^{\mathrm{T}} \tag{4-57}$$

根据式(4-57),可将集中力$\boldsymbol{P}$移置到单元结点上,如图4-14所示。

对于结构作用有集中力的情况,最好在划分有限元网格时直接将集中力置于网格结点上,而不进行集中力等效移置,以免增加不必要的工作。

4.7.4　单元等效结点力进一步说明

在有限单元法中,基于两个力系在任意结点虚位移上虚功相等的原则,将作用于单元上的力移置到单元结点上,即所谓的荷载等效移置。只要单元位移函数(或者称为单元位移模式)是准确的,即单元位移函数符合荷载产生的结构实际位移形态,这种荷载等效移置便不会产生误差,可以保证单元内各点的位移和应力与实际情况相等。但是,有限单元法所设定的单元位移函数,常常不能完全准确反映结构的实际位移形态,因此有限单元法会产生误差。

根据单元荷载等效移置的方法,六结点三角形单元的自重荷载平均移置到三个中间结点上,如图4-15(a)所示。对于作用于jm边的三角形分布荷载,其合力的$\frac{1}{3}$移置到结点

j上，合力的$\frac{2}{3}$移置到中间结点2上，如图4-15(b)所示。图4-15(c)所示为某四边形单元，结点坐标已在图中标注，当材料重度取25 kN/m³时，其自重的等效结点力如图所示标。

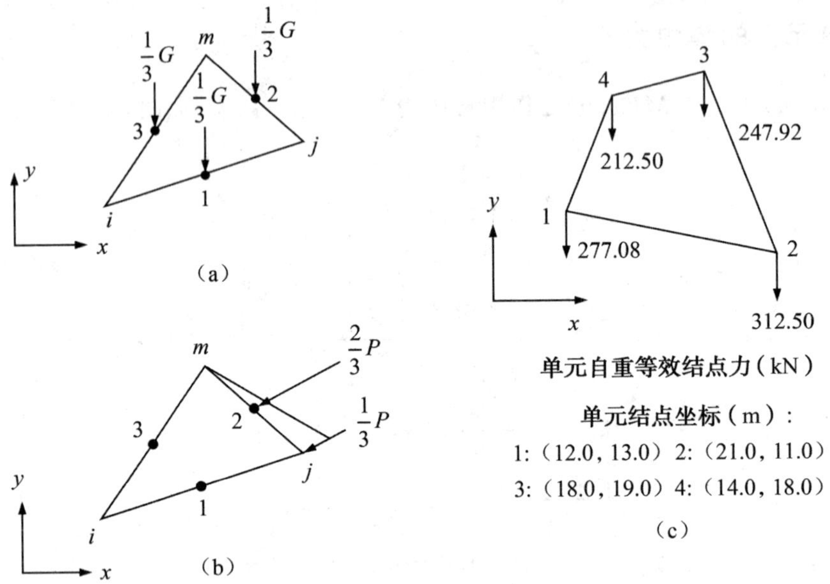

图4-15　几种情况的单元等效结点力

4.8　有限元模型边界约束条件的引入

没有边界约束的有限元结构存在任意刚体位移，其位移是不确定的。从数学上看，没有边界约束的有限元结构，其整体刚度矩阵是奇异矩阵，结构平衡方程组的解不确定。

图4-16所示为悬臂梁边界约束示意，在悬臂梁左边固定边界AB上的结点处施加水平向和竖向约束。图4-17所示为土石坝边界约束示意，在坝基两侧边界AB和CD上的结点处施加水平向约束，允许发生竖向位移(沉降)；在坝基底部边界BC上的结点处施加水平向和竖向约束，不允许发生位移。

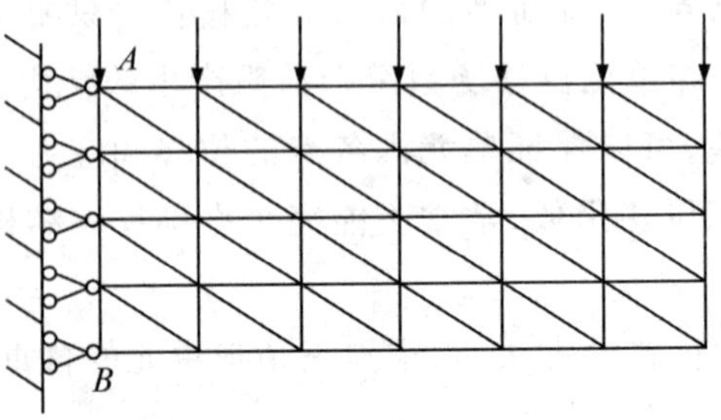

图4-16　悬臂梁边界约束示意

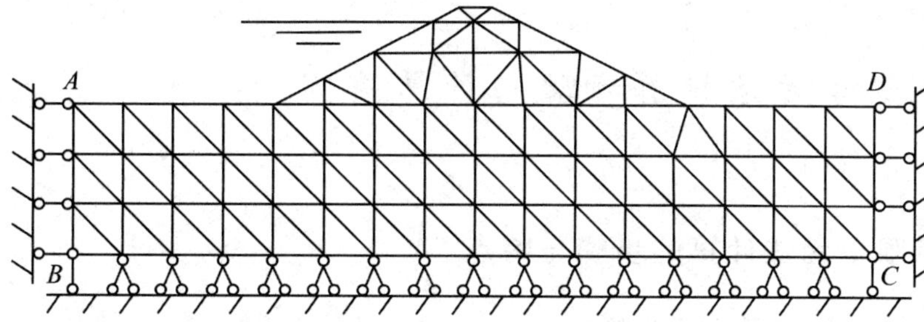

图4-17 土石坝的边界约束示意

有限单元法引入约束条件的常用方法是，在结构平衡方程组中把有约束的自由度对应的平衡方程去掉。因为该自由度的位移为0，对其他平衡方程的贡献项也为0，故该自由度在整体刚度矩阵中对应的列也应去掉。设第m自由度存在约束即$\delta_m=0$，则将第m自由度对应的平衡方程划去。又因为$\delta_m=0$，所以$K_{1m}\delta_m, K_{2m}\delta_m, \cdots, K_{nm}\delta_m$均为0，故第$m$自由度在整体刚度矩阵中对应的列也要划去，如图4-18所示。

$$\begin{bmatrix} K_{11} & K_{12} & \cdots & K_{1m} & \cdots & K_{1n} \\ K_{21} & K_{22} & \cdots & K_{2m} & \cdots & K_{2n} \\ \vdots & \vdots & \vdots & \vdots & \vdots & \vdots \\ K_{m1} & K_{m2} & \cdots & K_{mm} & \cdots & K_{mn} \\ \vdots & \vdots & \vdots & \vdots & \vdots & \vdots \\ K_{n1} & K_{n2} & \cdots & K_{nm} & \cdots & K_{nn} \end{bmatrix} \begin{Bmatrix} \delta_1 \\ \delta_2 \\ \vdots \\ \delta_m \\ \vdots \\ \delta_n \end{Bmatrix} \begin{Bmatrix} F_1 \\ F_2 \\ \vdots \\ F_m \\ \vdots \\ F_n \end{Bmatrix}$$

图4-18 有限单元结构平衡方程组引入约束条件方法示意

还有一种约束情况是位移不为0，而是某个已知数值。例如第m自由度存在约束$\delta_m=c\neq 0$，此时需要把该自由度对其他平衡方程的贡献项$K_{1m}\delta_m, K_{2m}\delta_m, \cdots, K_{nm}\delta_m$移到相应方程右边，叠加到常数项中，然后把第$m$自由度在整体刚度矩阵中对应的列划去。工程计算中这种约束很少遇到，最常见的是位移为0的固定边界约束。

有限单元结构平衡方程组，在引入边界约束条件、去掉若干行和若干列缩阶后，仍表示为：

$$\boldsymbol{K}\boldsymbol{\delta}=\boldsymbol{F} \tag{4-58}$$

式中，$\boldsymbol{K}$为结构整体刚度矩阵；$\boldsymbol{\delta}$为结构未知结点位移列阵；$\boldsymbol{F}$为结构已知外荷载等效结点力列阵。

引入边界条件后，整体刚度矩阵$\boldsymbol{K}$仍具有4.6节中(1)～(4)所述性质；但性质(5)改变，不再是奇异矩阵，结构平衡方程组有确定的解。

4.9 有限单元法计算步骤与计算简例

4.9.1 有限单元法计算的步骤与特点

有限单元法计算的主要步骤为:

(1)将连续结构离散为有限单元结构,包括建立有限元网格、结点编号、单元编号、结点坐标计算等。

(2)计算有限单元结构整体刚度矩阵。一般是逐个计算各单元的单元刚度矩阵的元素,并将单元刚度矩阵的元素叠加,得到整体刚度矩阵的元素。为了减少计算量,可利用单元刚度矩阵和整体刚度矩阵的对称性,只计算其下三角(或上三角)的元素。

(3)有限单元结构外荷载等效结点力计算。一般是逐个计算各单元的体积力、边界面力等外荷载的单元等效结点力,并将单元等效结点力叠加,得到整个有限单元结构的外荷载等效结点力列阵。

(4)引入有限单元结构边界约束条件,建立结构平衡方程组。

(5)求解结构平衡方程组,得到结点位移;求解方程组的方法有多种。

(6)计算单元应力。从计算得到的有限单元结构结点位移列阵中,取出单元的结点位移,由单元结点位移计算单元的应变和应力。

下面举例说明有限单元法计算的特点。

设地基表面上作用有分布压力,如图 4-19(a)所示,现计算地基的变形和应力,建立的有限单元法计算模型如图 4-19(b)所示。对地基两侧竖向边界上的结点施加水平向约束,允许竖向位移;同时规定地基底部边界不发生位移,对其上的结点施加双向约束,并将地基表面压力转化为等效结点力。在有限单元法中,各单元在结点处铰接,如图 4-19(b)、4-19(c)和 4-19(d)所示。

有限单元法计算得到的地基位移如图 4-19(c)所示(地基位移和变形是微小的,本图为示意图)。可以看出,有限单元法计算的地基位移严格符合规定的单元位移函数的特点,三角形单元采用线性位移函数,因而地基表面位移(沉降)为折线分布,单元边是不能弯曲的"刚杆"(只可以伸长或缩短)。采用更小的单元尺寸、更密的有限元网格,可以改善计算结果、提高计算精度,如图 4-19(d)所示。

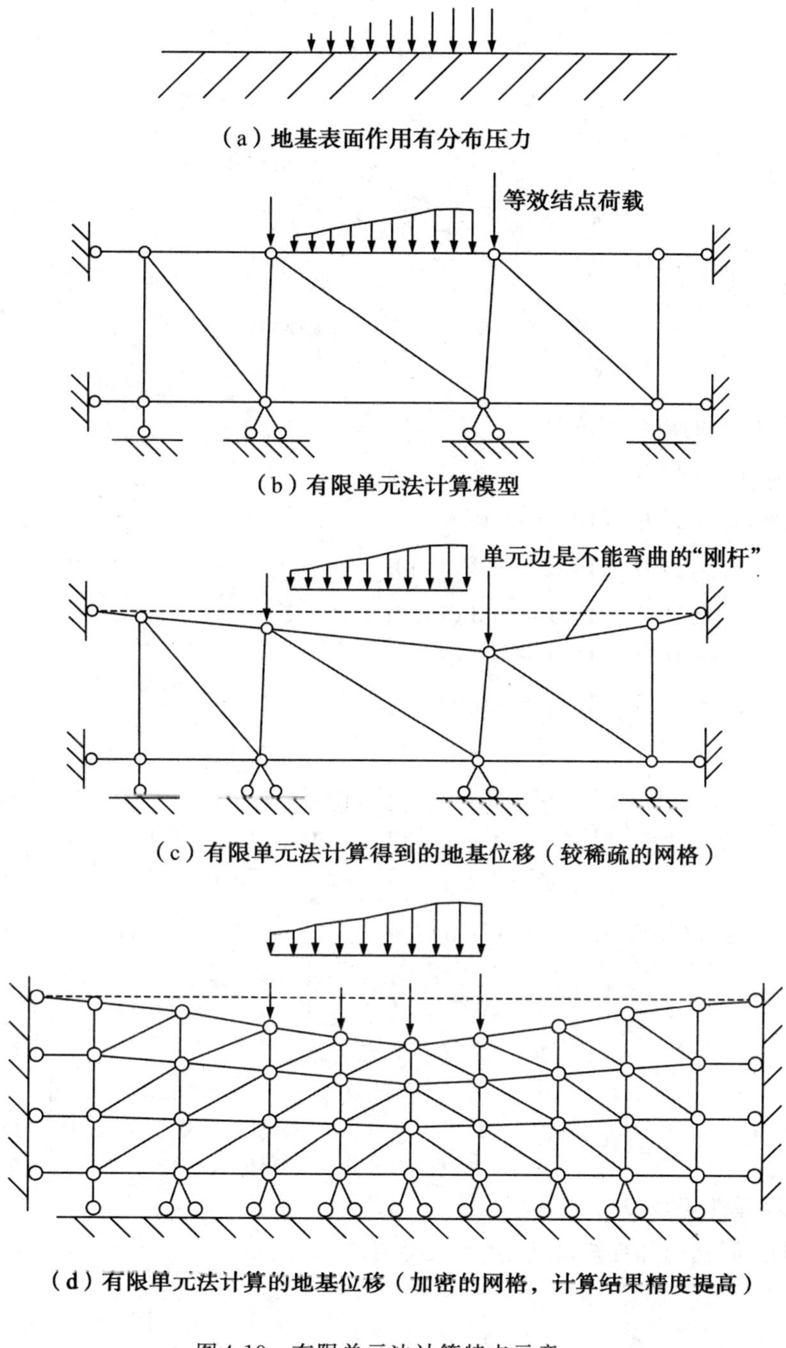

图4-19　有限单元法计算特点示意

4.9.2　有限单元法计算简例

例题1　计算单元的刚度矩阵。单元局部结点编号和结点坐标如图4-20所示，单元厚度取单位值1 m，材料弹性模量$E=9\times10^9$ Pa，泊松比$\mu=0.19$。本例题按平面应力问题考虑。

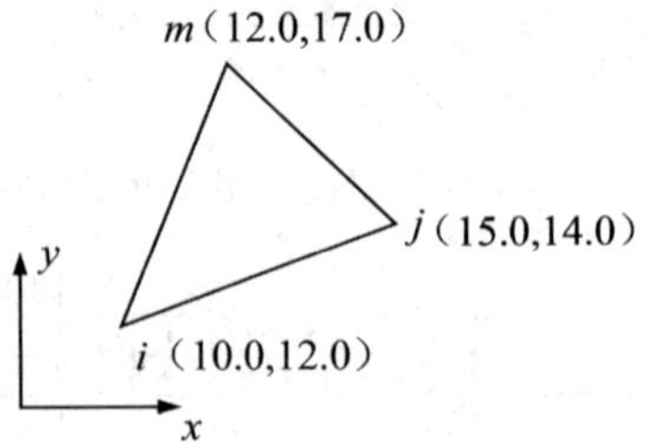

图 4-20　单元简图(结点坐标单位：m)

解：

(1)计算单元的应变矩阵 $\boldsymbol{B}$。

$b_i = y_j - y_m = 14.0 - 17.0 = -3.0$(m)；

$b_j = y_m - y_i = 17.0 - 12.0 = 5.0$(m)；

$b_m = y_i - y_j = 12.0 - 14.0 = -2.0$(m)；

$c_i = x_m - x_j = 12.0 - 15.0 = -3.0$(m)；

$c_j = x_i - x_m = 10.0 - 12.0 = -2.0$(m)；

$c_m = x_j - x_i = 15.0 - 10.0 = 5.0$(m)。

单元面积：

$$A = \frac{1}{2}\begin{vmatrix} 1 & x_i & y_i \\ 1 & x_j & y_j \\ 1 & x_m & y_m \end{vmatrix} = \frac{1}{2}\begin{vmatrix} 1 & 10.0 & 12.0 \\ 1 & 15.0 & 14.0 \\ 1 & 12.0 & 17.0 \end{vmatrix} = 10.5(\mathrm{m}^2)$$

单元应变矩阵(矩阵元素单位：1/m)：

$$\boldsymbol{B} = \frac{1}{2A}\begin{bmatrix} b_i & 0 & b_j & 0 & b_m & 0 \\ 0 & c_i & 0 & c_j & 0 & c_m \\ c_i & b_i & c_j & b_j & c_m & b_m \end{bmatrix}$$

$$= \frac{1}{21}\begin{bmatrix} -3.0 & 0 & 5.0 & 0 & -2.0 & 0 \\ 0 & -3.0 & 0 & -2.0 & 0 & 5.0 \\ -3.0 & -3.0 & -2.0 & 5.0 & 5.0 & -2.0 \end{bmatrix}$$

(2)计算弹性矩阵 $\boldsymbol{D}$。

平面应力问题的弹性矩阵为(矩阵元素单位：Pa)：

$$\boldsymbol{D} = \frac{E}{1-\mu^2}\begin{bmatrix} 1 & \mu & 0 \\ \mu & 1 & 0 \\ 0 & 0 & \dfrac{1-\mu}{2} \end{bmatrix} = \frac{9 \times 10^9}{0.9639}\begin{bmatrix} 1 & 0.19 & 0 \\ 0.19 & 1 & 0 \\ 0 & 0 & 0.405 \end{bmatrix}$$

(3)计算单元的刚度矩阵 $\boldsymbol{k}$。

单元刚度矩阵为(矩阵元素单位：N/m)：

$$k=B^{T}DBtA=\frac{1}{21}\times\frac{9\times10^{9}}{0.9639}\times\frac{1}{21}\times1.0\times10.5\times\begin{bmatrix}-3.0&0&-3.0\\0&-3.0&-3.0\\5.0&0&-2.0\\0&-2.0&5.0\\-2.0&0&5.0\\0&5.0&-2.0\end{bmatrix}\times$$

$$\begin{bmatrix}1&0.19&0\\0.19&1&0\\0&0&0.405\end{bmatrix}\times\begin{bmatrix}-3.0&0&5.0&0&-2.0&0\\0&-3.0&0&-2.0&0&5.0\\-3.0&-3.0&-2.0&5.0&5.0&-2.0\end{bmatrix}$$

$$=2.2231\times10^{8}\times\begin{bmatrix}12.645&5.355&-12.57&-4.935&-0.075&-0.42\\5.355&12.645&-0.42&-0.075&-4.935&-12.57\\-12.57&-0.42&26.62&-5.95&-14.05&6.37\\-4.935&-0.075&-5.95&14.125&10.885&-14.05\\-0.075&-4.935&-14.05&10.885&14.125&-5.95\\-0.42&-12.57&6.37&-14.05&-5.95&26.62\end{bmatrix}$$

借助该单元刚度矩阵顺便检验一下4.5节中指出的单元刚度矩阵的性质(2)(3)和(4)。该单元刚度矩阵是对称矩阵,主对角线上的元素都是正的,每一行和每一列的元素之和为0,满足这三个性质。

例题2 设有一混凝土短柱置于光滑平面上,端部作用均匀压力$p=13\,\text{MPa}$,如图4-21(a)所示。短柱尺寸已在图4-21中标注,厚度2 m,自重不计,混凝土弹性模量$E=2.3\times10^{10}\,\text{Pa}$,泊松比$\mu=0.17$。按平面应力问题,求结点位移和单元应力。

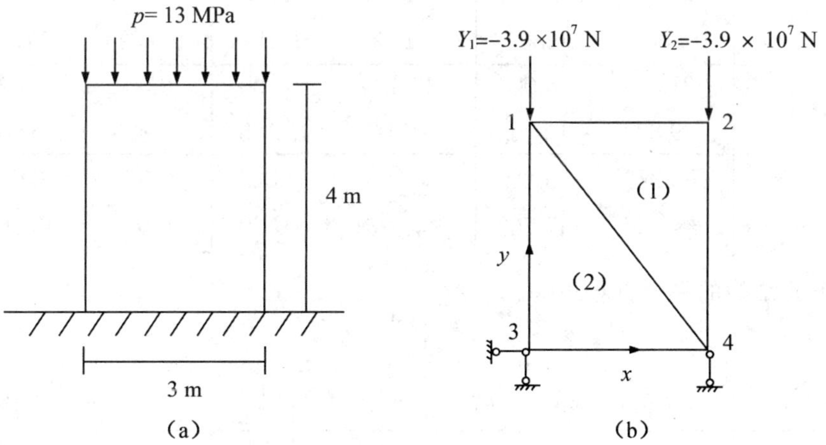

图4-21 混凝土短柱简图

解:

(1)建立坐标系和有限元网格,如图4-21(b)所示。

(2)计算等效结点力。单元(1)的$\overline{12}$边上作用有竖向均布压力$p=13\,\text{MPa}$,等效移置到结点 1 和结点 2 上，等效结点力为 $Y_1 = Y_2 = -13\times10^6\times3.0\times2.0\times\dfrac{1}{2} = -3.9\times10^7$ N，如图 4-21(b)所示。

有限元结构外荷载等效结点力列阵为：

$$
\begin{aligned}
\boldsymbol{F} &= [X_1 \quad Y_1 \quad X_2 \quad Y_2 \quad X_3 \quad Y_3 \quad X_4 \quad Y_4]^{\mathrm{T}} \\
&= [0 \quad -3.9\times10^7 \quad 0 \quad -3.9\times10^7 \quad X_3 \quad Y_3 \quad 0 \quad Y_4]^{\mathrm{T}}
\end{aligned}
$$

(3)计算结构整体刚度矩阵。根据单元刚度矩阵公式 $\boldsymbol{k} = \boldsymbol{B}^{\mathrm{T}}\boldsymbol{D}\boldsymbol{B}t\boldsymbol{A}$，计算得到的各单元刚度矩阵如下(计算过程见本节例题 1)：

$$
\boldsymbol{k}_{1,4,2}^{(1)} = 1\times10^9\times
\begin{array}{cc|cc|cc}
\multicolumn{2}{c|}{1} & \multicolumn{2}{c|}{4} & \multicolumn{2}{c}{2} \\
x & y & x & y & x & y
\end{array}
\left[\begin{array}{cc|cc|cc}
31.579 & 0.000 & 0.000 & 4.026 & -31.579 & -4.026 \\
0.000 & 13.105 & 9.829 & 0.000 & -9.829 & -13.105 \\
\hline
0.000 & 9.829 & 7.372 & 0.000 & -7.372 & -9.829 \\
4.026 & 0.000 & 0.000 & 17.763 & -4.026 & -17.763 \\
\hline
-31.579 & -9.829 & -7.372 & -4.026 & 38.951 & 13.855 \\
-4.026 & -13.105 & -9.829 & -17.763 & 13.855 & 30.869
\end{array}\right]
\begin{array}{ll}
x & \multirow{2}{*}{1} \\ y & \\ x & \multirow{2}{*}{4} \\ y & \\ x & \multirow{2}{*}{2} \\ y &
\end{array}
$$

$$
\boldsymbol{k}_{3,4,1}^{(2)} = 1\times10^9\times
\begin{array}{cc|cc|cc}
\multicolumn{2}{c|}{3} & \multicolumn{2}{c|}{4} & \multicolumn{2}{c}{1} \\
x & y & x & y & x & y
\end{array}
\left[\begin{array}{cc|cc|cc}
38.951 & 13.855 & -31.579 & -9.829 & -7.372 & -4.026 \\
13.855 & 30.869 & -4.026 & -13.105 & -9.829 & -17.763 \\
\hline
-31.579 & -4.026 & 31.579 & 0.000 & 0.000 & 4.026 \\
-9.829 & -13.105 & 0.000 & 13.105 & 9.829 & 0.000 \\
\hline
-7.372 & -9.829 & 0.000 & 9.829 & 7.372 & 0.000 \\
-4.026 & -17.763 & 4.026 & 0.000 & 0.000 & 17.763
\end{array}\right]
\begin{array}{ll}
x & \multirow{2}{*}{3} \\ y & \\ x & \multirow{2}{*}{4} \\ y & \\ x & \multirow{2}{*}{1} \\ y &
\end{array}
$$

有限元结构的平衡方程组为：

$$
\begin{array}{c}
 \\ 1 \\ 2 \\ 3 \\ 4
\end{array}
\begin{array}{c|c|c|c}
1 & 2 & 3 & 4 \\
\hline
\boldsymbol{k}_{11}^{(1)} + \boldsymbol{k}_{11}^{(2)} & \boldsymbol{k}_{12}^{(1)} & \boldsymbol{k}_{13}^{(2)} & \boldsymbol{k}_{14}^{(1)} + \boldsymbol{k}_{14}^{(2)} \\
\hline
\boldsymbol{k}_{21}^{(1)} & \boldsymbol{k}_{22}^{(1)} & \boldsymbol{O} & \boldsymbol{k}_{24}^{(1)} \\
\hline
\boldsymbol{k}_{31}^{(2)} & \boldsymbol{O} & \boldsymbol{k}_{33}^{(2)} & \boldsymbol{k}_{34}^{(2)} \\
\hline
\boldsymbol{k}_{41}^{(1)} + \boldsymbol{k}_{41}^{(2)} & \boldsymbol{k}_{42}^{(1)} & \boldsymbol{k}_{43}^{(2)} & \boldsymbol{k}_{44}^{(1)} + \boldsymbol{k}_{44}^{(2)}
\end{array}
\begin{bmatrix} u_1 \\ v_1 \\ u_2 \\ v_2 \\ u_3 \\ v_3 \\ u_4 \\ v_4 \end{bmatrix}
=
\begin{bmatrix} 0 \\ -3.9\times10^7 \\ 0 \\ -3.9\times10^7 \\ X_3 \\ Y_3 \\ 0 \\ Y_4 \end{bmatrix}
$$

由单元刚度矩阵相应的元素叠加，得到有限元结构的平衡方程组为：

$$1\times10^{9}\times\begin{bmatrix} 38.951 & 0 & -31.579 & -4.026 & -7.372 & -9.829 & 0 & 13.855 \\ 0 & 30.868 & -9.829 & -13.105 & -4.026 & -17.763 & 13.855 & 0 \\ -31.579 & -9.829 & 38.951 & 13.855 & 0 & 0 & -7.372 & -4.026 \\ -4.026 & -13.105 & 13.855 & 30.869 & 0 & 0 & -9.829 & -17.763 \\ -7.372 & -4.026 & 0 & 0 & 38.951 & 13.855 & -31.579 & -9.829 \\ -9.829 & -17.763 & 0 & 0 & 13.855 & 30.869 & -4.026 & -13.105 \\ 0 & 13.855 & -7.372 & -9.829 & -31.579 & -4.026 & 38.951 & 0 \\ 13.855 & 0 & -4.026 & -17.763 & -9.829 & -13.105 & 0 & 30.868 \end{bmatrix}\begin{bmatrix} u_1 \\ v_1 \\ u_2 \\ v_2 \\ u_3 \\ v_3 \\ u_4 \\ v_4 \end{bmatrix}=\begin{bmatrix} 0 \\ -3.9\times10^{7} \\ 0 \\ -3.9\times10^{7} \\ X_3 \\ Y_3 \\ 0 \\ Y_4 \end{bmatrix}$$

这里顺便检验一下4.6节中指出的有限元结构整体刚度矩阵的性质。本例题的整体刚度矩阵是对称矩阵，整体刚度矩阵主对角线上的元素都是正的；整体刚度矩阵$\boldsymbol{K}$每行(和每列)的元素之和均为0，故其行列式$|\boldsymbol{K}|$的值为0，这说明没有引入边界条件的整体刚度矩阵是奇异矩阵，结构的平衡方程组没有确定的解。

对结点3施加x方向和y方向的约束，整体刚度矩阵变为：

$$K'=1\times10^{9}\times\begin{bmatrix} 38.951 & 0 & -31.579 & -4.026 & -7.372 & -9.829 & 0 & 13.855 \\ 0 & 30.868 & -9.829 & -13.105 & -4.026 & -17.763 & 13.855 & 0 \\ -31.579 & -9.829 & 38.951 & 13.855 & 0 & 0 & -7.372 & -4.026 \\ -4.026 & -13.105 & 13.855 & 30.869 & 0 & 0 & -9.829 & -17.763 \\ -7.372 & -4.026 & 0 & 0 & 38.951 & 13.855 & -31.579 & -9.829 \\ -9.829 & -17.763 & 0 & 0 & 13.855 & 30.869 & -4.026 & -13.105 \\ 0 & 13.855 & -7.372 & -9.829 & -31.579 & -4.026 & 38.951 & 0 \\ 13.855 & 0 & -4.026 & -17.763 & -9.829 & -13.105 & 0 & 30.868 \end{bmatrix}$$

$$=1\times10^{9}\times\begin{bmatrix} 38.951 & 0 & -31.579 & -4.026 & 0 & 13.855 \\ 0 & 30.868 & -9.829 & -13.105 & 13.855 & 0 \\ -31.579 & -9.829 & 38.951 & 13.855 & -7.372 & -4.026 \\ -4.026 & -13.105 & 13.855 & 30.869 & -9.829 & -17.763 \\ 0 & 13.855 & -7.372 & -9.829 & 38.951 & 0 \\ 13.855 & 0 & -4.026 & -17.763 & 0 & 30.868 \end{bmatrix}$$

通过计算可知，该矩阵的行列式$|\boldsymbol{K}'|$仍为0，结构平衡方程组仍没有确定的解，因为此时结构还存在不确定的转动刚体位移。

(4)引入边界约束条件。边界约束条件如图4-21(b)所示，对结点3施加x方向和y方向约束，对结点4施加y方向约束。去掉结构平衡方程组中这些自由度对应的方程，整体刚度矩阵中去掉这些自由度对应的列如下：

$$1\times10^{9}\times\begin{bmatrix} 38.951 & 0 & -31.579 & -4.026 & -7.372 & -9.829 & 0 & 13.855 \\ 0 & 30.868 & -9.829 & -13.105 & -4.026 & -17.763 & 13.855 & 0 \\ -31.579 & -9.829 & 38.951 & 13.855 & 0 & 0 & -7.372 & -4.026 \\ -4.026 & -13.105 & 13.855 & 30.869 & 0 & 0 & -9.829 & -17.763 \\ -7.372 & -4.026 & 0 & 0 & 38.951 & 13.855 & -31.579 & -9.829 \\ -9.829 & -17.763 & 0 & 0 & 13.855 & 30.869 & -4.026 & -13.105 \\ 0 & 13.855 & -7.372 & -9.829 & -31.579 & -4.026 & 38.951 & 0 \\ 13.855 & 0 & -4.026 & -17.763 & -9.829 & -13.105 & 0 & 30.868 \end{bmatrix}\begin{bmatrix} u_1 \\ v_1 \\ u_2 \\ v_2 \\ u_3 \\ v_3 \\ u_4 \\ v_4 \end{bmatrix}=\begin{bmatrix} 0 \\ -3.9\times10^{7} \\ 0 \\ -3.9\times10^{7} \\ X_3 \\ Y_3 \\ 0 \\ Y_4 \end{bmatrix}$$

结构平衡方程组引入边界约束条件缩阶后变为：

$$1\times10^{9}\times\begin{bmatrix} 38.951 & 0 & -31.579 & -4.026 & 0 \\ 0 & 30.868 & -9.829 & -13.105 & 13.855 \\ -31.579 & -9.829 & 38.951 & 13.855 & -7.372 \\ -4.026 & -13.105 & 13.855 & 30.869 & -9.829 \\ 0 & 13.855 & -7.372 & -9.829 & 38.951 \end{bmatrix}\begin{bmatrix} u_1 \\ v_1 \\ u_2 \\ v_2 \\ u_4 \end{bmatrix}=\begin{bmatrix} 0 \\ -3.9\times10^{7} \\ 0 \\ -3.9\times10^{7} \\ 0 \end{bmatrix}$$

(5)求解结构平衡方程组,得到的结点位移为：

$$\boldsymbol{\delta}=\begin{bmatrix} u_1 \\ v_1 \\ u_2 \\ v_2 \\ u_4 \end{bmatrix}=\begin{bmatrix} -4.285\times10^{-8} \\ -2.261\times10^{-3} \\ 2.882\times10^{-4} \\ -2.261\times10^{-3} \\ 2.882\times10^{-4} \end{bmatrix}(\mathrm{m})=\begin{bmatrix} -4.285\times10^{-6} \\ -0.2261 \\ 0.0288 \\ -0.2261 \\ 0.0288 \end{bmatrix}(\mathrm{cm})$$

(6)计算单元应力。各单元的结点位移为：

$$\boldsymbol{\delta}^{(1)}=[u_1\quad v_1\quad u_4\quad v_4\quad u_2\quad v_2]^{\mathrm{T}}$$
$$=[-4.285\times10^{-8}\quad -2.261\times10^{-3}\quad 2.882\times10^{-4}\quad 0.0\quad 2.882\times10^{-4}\quad -2.261\times10^{-3}]^{\mathrm{T}}(\mathrm{m})$$

$$\boldsymbol{\delta}^{(2)}=[u_3\quad v_3\quad u_4\quad v_4\quad u_1\quad v_1]^{\mathrm{T}}$$
$$=[0.0\quad 0.0\quad 2.882\times10^{-4}\quad 0.0\quad -4.285\times10^{-8}\quad -2.261\times10^{-3}]^{\mathrm{T}}(\mathrm{m})$$

根据单元应力$\boldsymbol{\sigma}=\boldsymbol{DB\delta}^{e}$,求得各单元的应力为：

单元(1)：

$$\boldsymbol{\sigma}=\begin{bmatrix} \sigma_x \\ \sigma_y \\ \tau_{xy} \end{bmatrix}=\begin{bmatrix} -0.0003 \\ -13.0008 \\ 0.0000 \end{bmatrix}(\mathrm{MPa})$$

单元(2)：

$$\boldsymbol{\sigma}=\begin{bmatrix} \sigma_x \\ \sigma_y \\ \tau_{xy} \end{bmatrix}=\begin{bmatrix} -0.0006 \\ -13.0009 \\ -0.0001 \end{bmatrix}(\mathrm{MPa})$$

顺便将本例题有限单元法的计算结果与理论精确解比较。根据图4-21(a),该结构中应力的理论精确解为：

$$\boldsymbol{\sigma}=\begin{bmatrix}\sigma_x\\ \sigma_y\\ \tau_{xy}\end{bmatrix}=\begin{bmatrix}0\\ -13\\ 0\end{bmatrix}(\text{MPa})$$

可见,本例题中有限单元法计算结果的精度是比较高的。其原因是,三角形单元的位移函数恰好能够符合本例题混凝土短柱在顶面均布力作用下的位移形态。

4.10　水工结构有限单元法计算中地基范围和边界条件

地基的计算范围应足够大,以使施加的边界条件符合实际情况,保证计算结果的精度。但过大的地基计算范围对计算结果改善不大,却增加了有限元网格的单元数和结点数以及计算量,也是不必要的。另外,有限元网格单元数和结点数较多时,对计算机容量的要求也增加,计算速度可能较慢。因此,在水工结构工程计算中,合理选取地基计算范围和边界位置,合理选择单元类型和单元尺寸,合理划分有限元网格,对工程计算是很重要的。

对于重力坝计算中地基范围的选取,目前的经验是:地基深度T、地基上游延伸长度B_1和下游延伸长度B_2取2～5倍的坝高H,如图4-22所示。

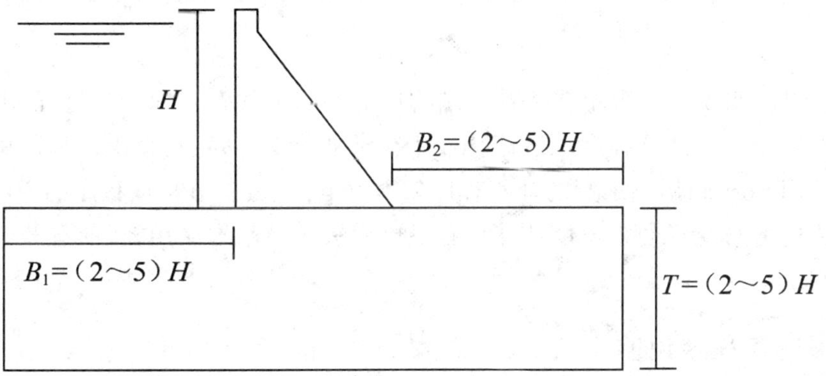

图4-22　有限单元法计算重力坝时地基范围选取示意

利用有限单元法对水工结构进行计算时,确定地基计算范围的一个合理的做法是:先按经验选取一个计算范围,然后通过试算检查是否合适。即先根据经验选取一个边界Γ_1进行计算,再将边界向外推到Γ_2再次进行计算。如果计算结果变化很小,说明Γ_1是足够大的边界;如果计算结果变化较大,说明Γ_1不是足够大的边界。此时,还需要检查边界Γ_2,即再将边界向外推到Γ_3,检查计算结果是否有较大变化,直到找到足够大的边界为止。

地基边界的约束条件应符合地基边界位移的实际情况。对于地基侧边界,可施加水平约束，即取水平位移$u=0$，而竖向位移v自由，即允许发生竖向沉降。地基底边界可作为不动边界，对其施加双向约束，取$u=v=0$，如图4-23所示。拱坝计算通常按空间问题处理，可在足够远的地基边界上施加固定约束，不允许边界发生位移。

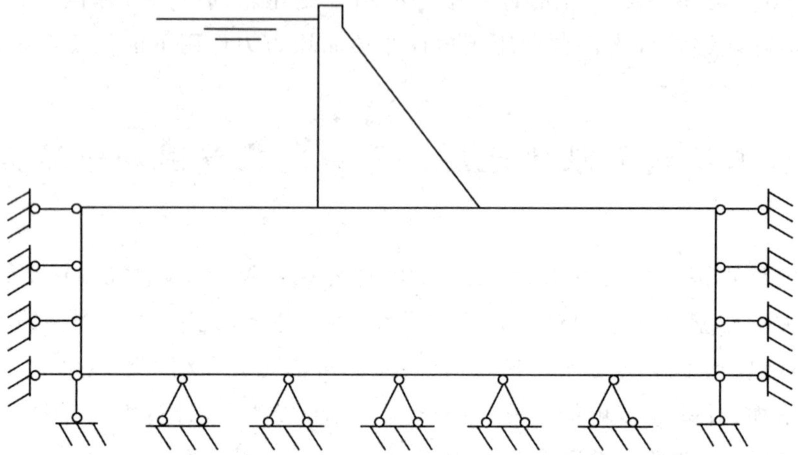

图4-23　有限单元法计算水工结构时地基边界约束条件示意

4.11　有限单元法计算结构应力与变形的计算程序说明与算例

为了进一步说明有限单元法计算结构应力与变形的特点和计算过程，本节介绍一个基本的有限单元法计算程序。该计算程序针对平面变形问题，采用线弹性材料和三角形单元。使用Fortran语言编制的计算程序见本章4.14节，本节是该程序的说明和算例。

结构应力与变形的线弹性计算是有限单元法的最基本应用，目前有若干成熟的通用软件可用。

4.11.1　计算程序说明

(1)建立坐标系，划分有限元网格，进行单元编号、结点编号。

(2)建立一个文件名为“initial-data.txt”的输入数据文本文件，在文件中依次输入下面的数据：

①单元总数NEN，结点总数NN，横向约束结点数NH，竖向约束结点数NV，材料类型数MAT，作用有外荷载等效结点力的结点数NLD。

②结点编号，结点x坐标值、y坐标值(从第1个结点到第NN个结点依次输入)。

③单元编号，各单元的i、j、m三个结点的编号(从第1个单元到第NEN个单元依次输入)。

④单元编号，单元材料类型号(从第1个单元到第NEN个单元依次输入)。

⑤有横向约束的结点号(排列顺序无要求，共NH个结点)。

⑥有竖向约束的结点号(排列顺序无要求,共NV个结点)。

⑦各类型材料的力学指标,包括材料类型号、重度、弹性模量、泊松比(从第1号材料到第MAT号材料依次输入)。

⑧外荷载等效结点力,包括结点号、水平力数值、竖向力数值(共NLD个结点)。

(3)编译、运行计算程序。生成的计算结果存放在名为"Result.txt"的文件中。

4.11.2　算例

下面计算重力坝在水压力作用下的应力和变形。重力坝剖面简图如图4-24所示,划分的有限元网格如图4-25所示。本算例只用于说明有限单元法计算程序的使用,未充分考虑有限元网格划分的合理性,过于稀疏的网格可能产生较大计算误差。

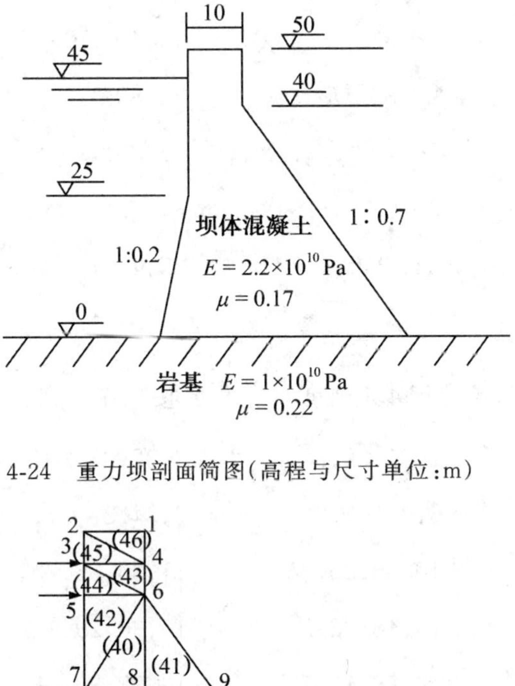

图4-24　重力坝剖面简图(高程与尺寸单位:m)

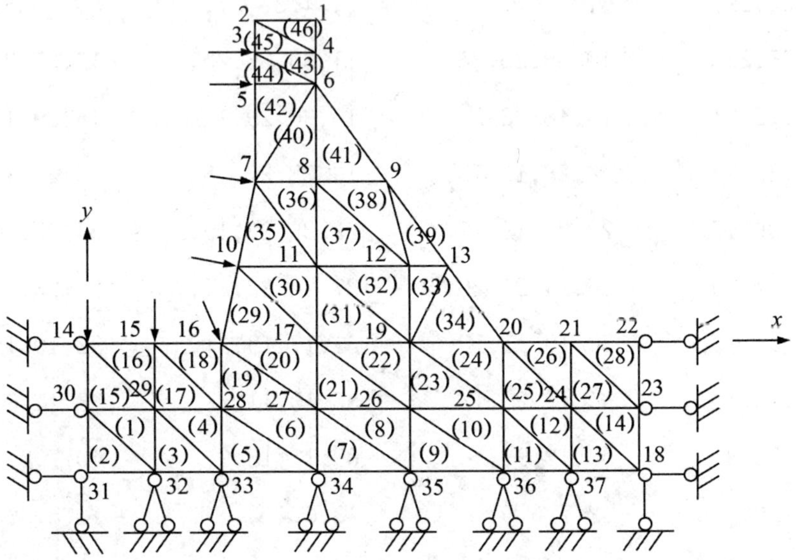

图4-25　重力坝计算有限元网格

根据该问题的计算条件，建立输入数据文件“initial-data.txt”如下：

单元总数、结点总数、横向约束结点数、竖向约束结点数、材料类型数、作用有外荷载等效结点力的结点数如下：

46,37,12,8,2,7,

结点坐标，从第1个结点到第37个结点按顺序排列：

1,35.0,50.0,	2,25.0,50.0,	3,25.0,45.0,	4,35.0,45.0,
5,25.0,40.0,	6,35.0,40.0,	7,25.0,25.0,	8,35.0,25.0,
9,45.5,25.0,	10,22.5,12.5,	11,35.0,12.5,	12,49.0,12.5,
13,54.25,12.5,	14,0.0,0.0,	15,10.0,0.0,	16,20.0,0.0,
17,35.0,0.0,	18,83.0,−20.0,	19,49.0,0.0,	20,63.0,0.0,
21,73.0,0.0,	22,83.0,0.0,	23,83.0,−10.0,	24,73.0,−10.0,
25,63.0,−10.0,	26,49.0,−10.0,	27,35.0,−10.0,	28,20.0,−10.0,
29,10.0,−10.0,	30,0.0,−10.0,	31,0.0,−20.0,	32,10.0,−20.0,
33,20.0,−20.0,	34,35.0,−20.0,	35,49.0,−20.0,	36,63.0,−20.0,
37,73.0,−20.0,			

单元结点编号，从第1个单元到第46个单元按顺序排列：

1,32,29,30,	2,31,32,30,	3,32,33,29,	4,33,28,29,
5,33,34,28,	6,34,27,28,	7,34,35,27,	8,35,26,27,
9,35,36,26,	10,36,25,26,	11,36,37,25,	12,37,24,25,
13,37,18,24,	14,18,23,24,	15,30,29,14,	16,29,15,14,
17,29,28,15,	18,28,16,15,	19,28,27,16,	20,27,17,16,
21,27,26,17,	22,26,19,17,	23,26,25,19,	24,25,20,19,
25,25,24,20,	26,24,21,20,	27,24,23,21,	28,23,22,21,
29,16,17,10,	30,17,11,10,	31,17,19,11,	32,19,12,11,
33,19,13,12,	34,19,20,13,	35,10,11,7,	36,11,8,7,
37,11,12,8,	38,12,9,8,	39,12,13,9,	40,7,8,6,
41,8,9,6,	42,7,6,5,	43,6,4,3,	44,5,6,3,
45,3,4,2,	46,4,1,2,		

单元材料类型号,从第1个单元到第46个单元按顺序排列(坝体材料类型号为1,坝基材料类型号为2):

1,2,	2,2,	3,2,	4,2,	5,2,	6,2,
7,2,	8,2,	9,2,	10,2,	11,2,	12,2
13,2,	14,2,	15,2,	16,2,	17,2,	18,2,
19,2,	20,2,	21,2,	22,2,	23,2,	24,2,
25,2,	26,2,	27,2,	28,2,	29,1,	30,1,
31,1,	32,1,	33,1,	34,1,	35,1,	36,1,
37,1,	38,1,	39,1,	40,1,	41,1,	42,1,
43,1,	44,1,	45,1,	46,1,		

横向约束结点号,共12个结点,排列顺序无要求:

14,30,31,32,33,34,35,36,37,22,23,18,

竖向约束结点号,共8个结点,排列顺序无要求:

31,32,33,34,35,36,37,18,

材料力学指标,包括材料类型号、重度、弹性模量、泊松比(不计自重荷载时重度取0值,从第1号材料开始按顺序排列):

1,0.0,22e9,0.17,
2,0.0,10e9,0.22,

等效结点力,包括结点号、x方向的力数值、y方向的力数值,结点号排列顺序无要求:

3,40.83e3,0.0,
5,816.67e3,0.0,
7,2582.75e3,−296.05e3,
10,3981.36e3,−796.28e3,
16,2501.11e3,−2705.22e3,
15,0.0,−4410.0e3,
14,0.0,−2205.0e3,

计算完成后,生成计算结果文件“Result.txt”,文件中包含有限元网格结点位移和单元应力,具体内容如下:

结点位移(mm)：

结点编号	水平位移	竖向位移	结点编号	水平位移	竖向位移
1	1.91	−0.09	2	1.91	0.15
3	1.79	0.15	4	1.79	−0.09
5	1.69	0.14	6	1.66	−0.09
7	1.31	0.11	8	1.26	−0.09
9	1.22	−0.28	10	1.01	0.04
11	0.90	−0.10	12	0.82	−0.28
13	0.79	−0.34	14	0.00	−0.61
15	0.25	−0.54	16	0.58	−0.10
17	0.56	−0.11	18	0.00	0.00
19	0.49	−0.23	20	0.39	−0.26
21	0.14	−0.06	22	0.00	−0.01
23	0.00	−0.03	24	0.10	−0.08
25	0.17	−0.14	26	0.21	−0.12
27	0.25	−0.06	28	0.26	−0.05
29	0.15	−0.21	30	0.00	−0.25
31	0.00	0.00	32	0.00	0.00
33	0.00	0.00	34	0.00	0.00
35	0.00	0.00	36	0.00	0.00
37	0.00	0.00			

单元应力(MPa,正应力以拉应力为正值)：

单元编号	水平正应力	竖向正应力	剪应力	大主应力	小主应力
1	0.11	−0.20	0.08	0.12	−0.21
2	−0.08	−0.28	0.00	−0.08	−0.28
3	−0.07	−0.24	0.06	−0.05	−0.26
4	0.11	−0.02	0.17	0.23	−0.14
5	−0.01	−0.05	0.11	0.07	−0.14
6	−0.03	−0.07	0.10	0.05	−0.15
7	−0.02	−0.07	0.10	0.06	−0.15
8	−0.07	−0.14	0.07	−0.02	−0.18
9	−0.04	−0.13	0.09	0.01	−0.19
10	−0.08	−0.17	0.06	−0.05	−0.20
11	−0.04	−0.16	0.07	−0.01	−0.19
12	−0.10	−0.11	0.07	−0.04	−0.17

13	−0.03	−0.09	0.04	−0.00	−0.11
14	−0.13	−0.07	0.02	−0.07	−0.13
15	0.06	−0.37	0.01	0.06	−0.37
16	0.18	−0.29	0.07	0.19	−0.30
17	0.01	−0.34	0.11	0.05	−0.37
18	0.36	0.05	0.32	0.56	−0.15
19	−0.02	−0.06	0.13	0.09	−0.17
20	−0.04	−0.06	0.12	0.08	−0.17
21	−0.04	−0.06	0.11	0.06	−0.16
22	−0.09	−0.14	0.08	−0.03	−0.20
23	−0.07	−0.13	0.11	0.01	−0.22
24	−0.12	−0.16	0.08	−0.06	−0.23
25	−0.12	−0.16	0.11	−0.02	−0.26
26	−0.28	−0.06	0.10	−0.03	−0.32
27	−0.11	−0.01	0.03	−0.00	−0.12
28	−0.15	−0.02	0.02	−0.02	−0.16
29	0.01	0.24	0.31	0.46	−0.21
30	−0.20	−0.02	0.16	0.07	−0.29
31	−0.10	0.00	0.18	0.14	−0.24
32	−0.15	−0.12	0.13	−0.01	−0.26
33	−0.15	−0.12	0.13	−0.01	−0.26
34	−0.21	−0.23	0.23	0.01	−0.45
35	−0.17	0.15	0.14	0.20	−0.23
36	−0.13	−0.01	0.08	0.03	−0.17
37	−0.13	−0.01	0.15	0.09	−0.23
38	−0.11	−0.15	0.12	−0.01	−0.25
39	−0.15	−0.12	0.17	0.03	−0.30
40	−0.13	−0.02	0.07	0.01	−0.16
41	−0.08	−0.01	0.08	0.04	−0.13
42	−0.06	0.04	0.02	0.04	−0.07
43	−0.02	−0.01	0.02	0.01	−0.04
44	−0.07	0.01	−0.01	0.01	−0.07
45	−0.02	0.00	−0.00	0.00	−0.02
46	−0.01	−0.00	0.00	0.00	−0.01

4.12 有限单元法计算结构应力与变形时常用单元精度比较与单元类型选择

本节通过几个算例来考察常用单元的计算精度，以帮助读者在工程计算中选择更合适的单元类型。本节各算例均采用ANSYS计算。

4.12.1 平面问题计算

算例1 设有一简支板，其上表面作用有均布压力，如图4-26所示，试计算简支板的位移与应力。

本算例按平面变形问题考虑，分别采用三角形、矩形、四边形、六结点三角形单元，各种单元有限元网格划分如图4-27所示。混凝土板弹性模量取$E=2.5\times10^{10}$ Pa，泊松比取$\mu=0.17$。

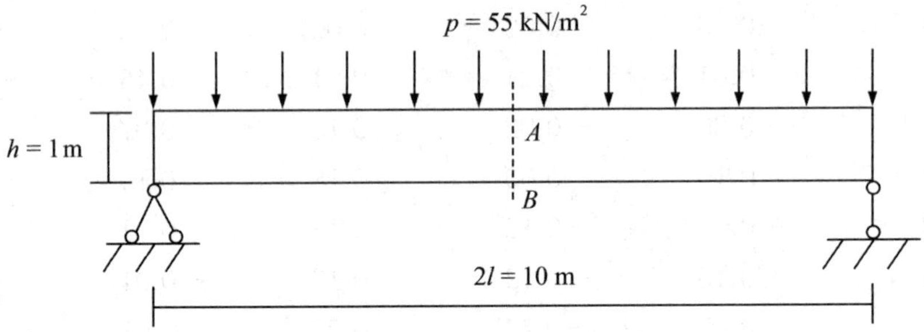

图4-26 简支板简图

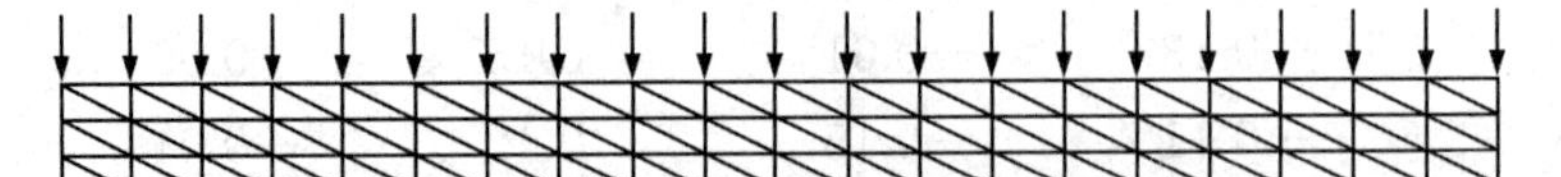

(a) 三角形单元：单元数160，结点数105

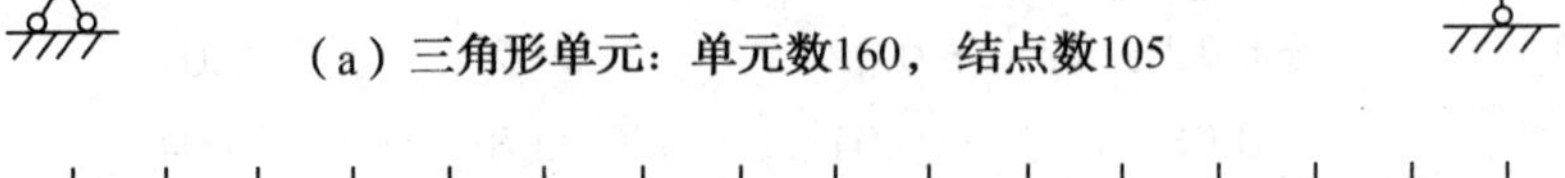

(b) 矩形单元：单元数45，结点数64

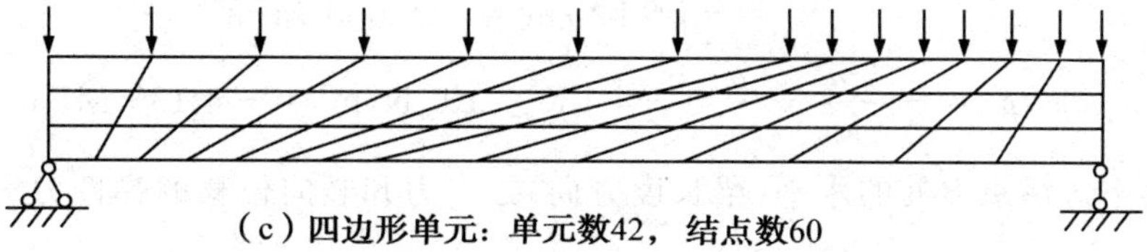

（c）四边形单元：单元数42，结点数60

（为了考察四边形单元的计算精度，特意划分得单元形状不规则）

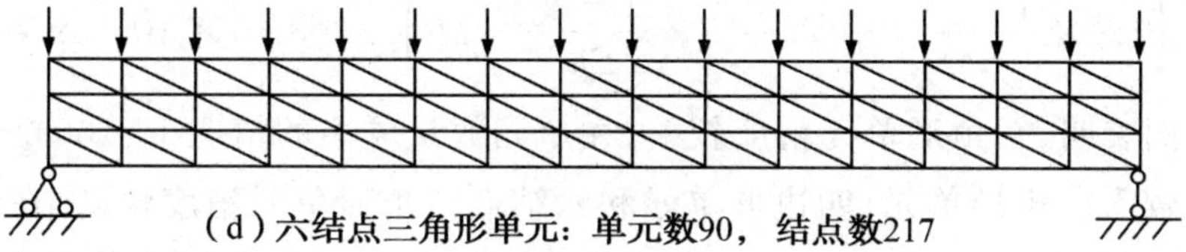

（d）六结点三角形单元：单元数90，结点数217

图4-27　简支板计算有限元网格

各类型单元下的简支板跨中截面的上边缘点A和下边缘点B处的应力与位移的计算结果如表4-1所示。

表4-1　不同类型单元应力与位移计算结果

计算工况	有限元网格单元数和结点数	跨中截面上边缘点A竖向压应力σ_y^A/MPa	跨中截面上边缘点A水平压应力σ_x^A/MPa	跨中截面下边缘点B水平拉应力σ_x^B/MPa	跨中截面下边缘点B挠度v^B/cm
三角形单元	单元数160，结点数105	−0.101	−2.381	2.381	0.24(↓)
矩形单元	单元数45，结点数64	−0.049	−4.111	4.111	0.34(↓)
四边形单元	单元数42，结点数60	−0.053	−4.290	4.290	0.35(↓)
六结点三角形单元	单元数90，结点数217	−0.059	−4.132	4.132	0.34(↓)
精确解	—	−0.055	−4.136	4.136	0.34(↓)

注：矩形单元和四边形单元的计算结果是采用ANSYS四边形单元“Simple enhanced strain”算法得到的，该算法可以防止梁弯曲问题中的“剪切锁定”。采用“Full integration”算法的计算结果误差较大。

不同类型单元计算精度比较：

本算例中，跨中截面上边缘点A处的竖向压应力和水平（梁长度方向）压应力的弹性力学理论解答为：

$$\sigma_y^A = -55\ \text{kN/m}^2 = -0.055\ \text{MPa}$$

$$\sigma_x^A = -\frac{3pl^2}{h^2} - \frac{p}{5} = -4.136 \times 10^6\ \text{N/m}^2 = -4.136\ \text{MPa}$$

跨中截面下边缘点B处的水平(梁长度方向)拉应力和竖向位移的弹性力学理论解答为:

$$\sigma_x^B = \frac{3pl^2}{h^2} + \frac{p}{5} = 4.136 \times 10^6\ \text{N/m}^2 = 4.136\ \text{MPa}$$

$$v^B = -\left(1.2 \times \frac{1-\mu^2}{Eh} \times pl^2 + 2.5 \times \frac{1-\mu^2}{Eh^3} \times pl^4\right) \approx -3.40 \times 10^{-3}\ \text{m} = -0.34\ \text{cm}$$

该算例表明,三角形单元精度较差,在单元数量较多的情况下(160个单元),计算结果误差仍较大。矩形单元、四边形单元和六结点三角形单元精度较高,在单元数量较少的情况下(分别为45个单元、42个单元和90个单元),得到了误差较小的计算结果。

简支板跨中AB截面附近若干单元的应力σ_x、σ_y、τ_{xy}计算结果,如图4-28所示。三角形单元标注了单元的三个应力分量σ_x、σ_y和τ_{xy},其他类型的单元标注了单元结点处的三个应力分量,还标注了结点编号。不同类型单元计算结果的特点如下:

(1)三角形单元计算出的单元内各点的应力是相同的,属于常应变常应力单元。

(2)矩形单元、四边形单元、六结点三角形单元计算出的单元内各点的应力是不同的,能反映单元内应力随位置的变化。

(3)同一结点处不同单元给出的应力可能是不同的,说明有限单元法给出的应力场是不连续的,而给出的位移场是连续的。

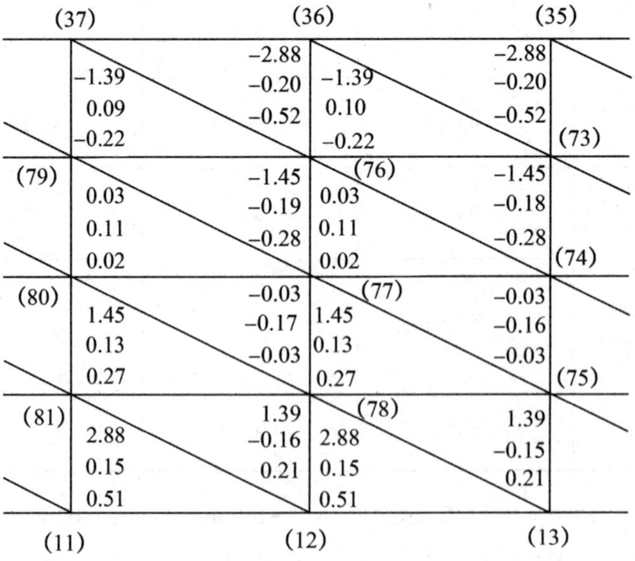

(a) 三角形单元应力计算结果

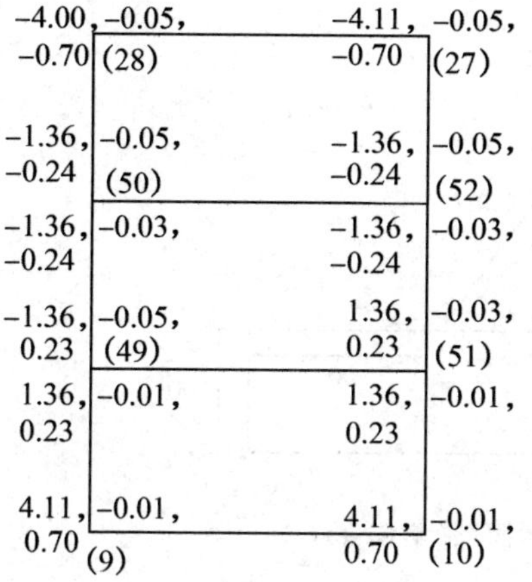

(b)矩形单元应力计算结果

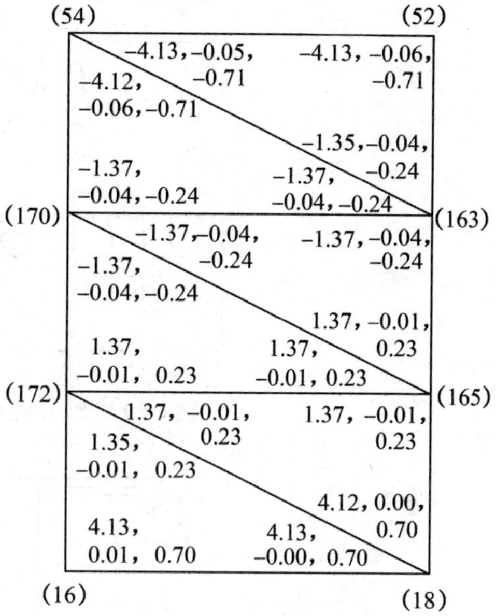

(c) 六结点三角形单元应力计算结果

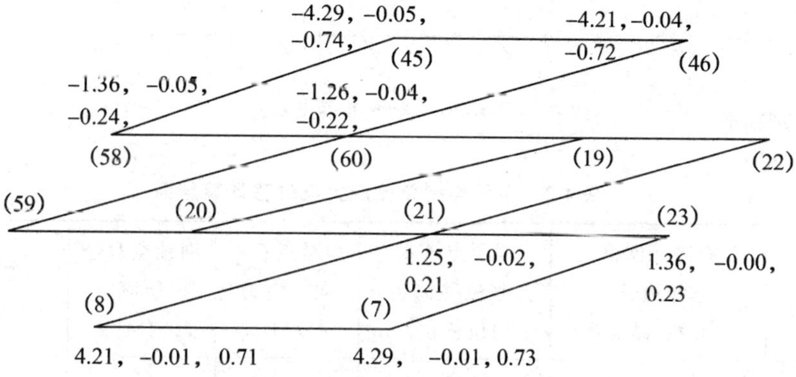

(d) 四边形单元应力计算结果

图4-28 简支板跨中AB截面附近若干单元应力σ_x、σ_y、τ_{xy}计算结果(单位:MPa)

算例2 设有如图4-29所示的重力坝,上游坝面和上游坝基面作用有静水压力,试计算重力坝的位移和应力,不考虑其他荷载。按平面应力问题考虑。

本算例分别采用三角形、四边形、六结点三角形单元,地基计算范围取上游、下游及深度方向各100 m,如图4-29所示。混凝土坝体与岩基弹性模量均取$E=1.5\times10^{10}$ Pa,泊松比均取$\mu=0.17$。

若干考察点示意图如图4-30所示,选取坝体上游坝面上A、B两点和坝基面上C(坝踵)、D(坝趾)两点,考察计算结果。这几个点处不同类型单元应力与位移计算结果如表4-2所示。

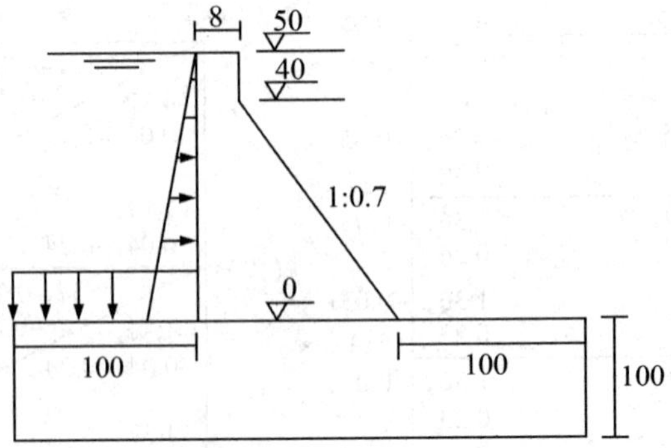

图4-29　重力坝剖面简图(单位:m)

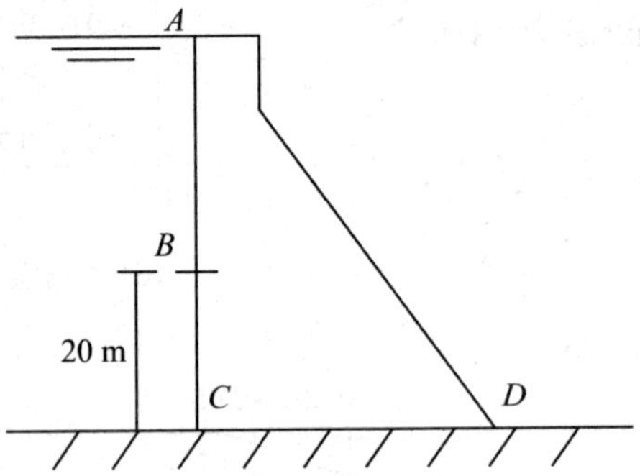

图4-30　若干考察点示意

表4-2　不同类型单元应力与位移计算结果

单元类型	有限元网格单元边长、单元数、结点数	坝顶点A水平位移u_x^A、竖向位移u_y^A/cm	坝踵点C竖向拉应力σ_y^C/MPa	坝趾点D竖向压应力σ_y^D/MPa	上游坝面点B水平压应力σ_x^B/MPa
三角形单元	1 m左右、51248、26007	0.893(→) 0.146(↑)	3.26	−1.03	−0.299
四边形单元	1 m左右、25624、26007	0.899(→) 0.148(↑)	3.96	−1.19	−0.294
六结点三角形单元	1 m左右、51248、103261	0.903(→) 0.149(↑)	5.77	−1.44	−0.294
四边形单元(加密)	坝体及附近0.5 m左右、其他地方1 m左右、35296、35761	0.902(→) 0.149(↑)	5.78	−1.49	−0.294

注:坝踵点C和坝趾点D的应力是坝体单元结点应力的平均值,坝基单元未参与平均。

算例计算结果显示：

(1)对于坝顶A点的位移,三种类型单元计算结果差异不大。

(2)对于上游坝面B点的水平压应力,三种类型单元计算结果差异不大,但四边形单元和六结点三角形单元精度更高,其计算结果等于精确解(0.294 MPa)。

(3)对于坝踵C点的竖向拉应力和坝趾D点的竖向压应力,三种类型单元计算结果差异较大,六结点三角形单元和加密的四边形单元的计算结果接近。

在结构的应力与变形计算中,关于不同类型单元的精度与单元类型选择,有以下几点建议和说明：

(1)不宜采用三角形单元,而应采用四边形单元、六结点三角形单元等高精度单元。

(2)宜减小结构关键部位的单元尺寸、增加单元密度,以提高计算精度。

(3)单元应具有良好的形态,如图4-31所示。单元边长相差过大,或过分狭长、尖锐、歪斜的单元,如图4-32(a)、(b)和(c)所示,有可能无法较好地反映结构的实际位移形态,导致计算精度降低,应避免出现这种情况;病态单元如图4-32(d)所示,会导致计算错误,应避免出现这种情况。

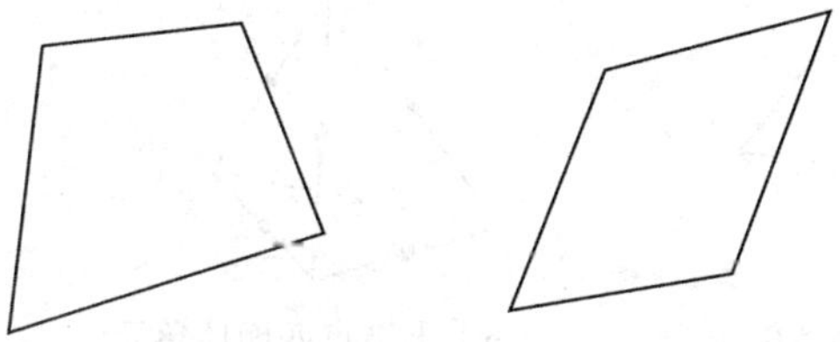

图4-31　形态良好单元

(a) 单元边长相差较大　　(b) 单元边长相差较大（过于狭长）

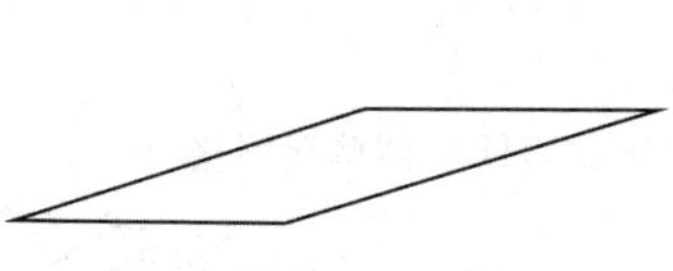

(c) 单元过于歪斜（尖锐）　　(d) 病态单元（单元内角不小于180°）

图4-32　形态不良单元和病态单元示意

4.12.2　空间问题计算

算例1　设有一简支梁,上表面作用有均布压力,如图4-33所示,试计算该简支梁的位移与应力。

简支梁厚度1 m,本算例按平面应变问题考虑,采用的几种空间单元分别为四面体单元、六面体单元、十结点四面体单元,如图4-34所示。混凝土梁弹性模量取$E=2.5\times10^{10}$ Pa,泊松比取$\mu=0.17$。各种单元的有限元网格如图4-35所示,为了考察六面体单元的计算精度,特意划分得六面体单元形状不规则。

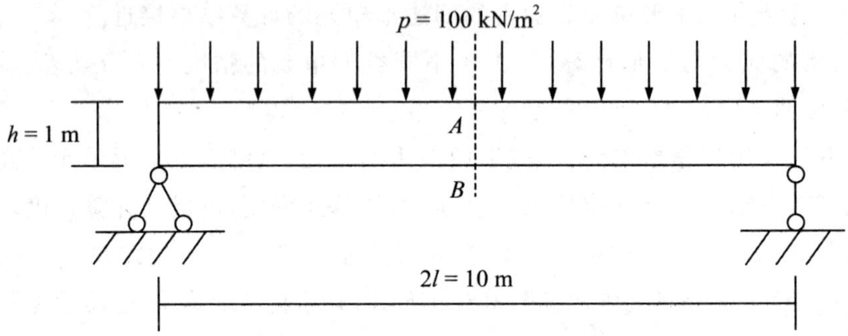

图4-33　简支梁简图

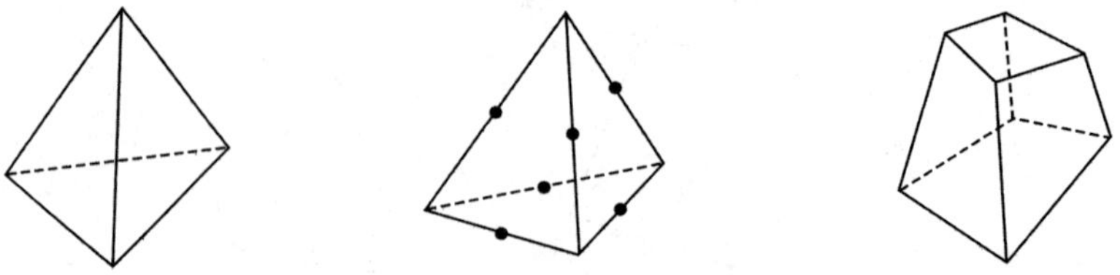

(a) 四面体单元　(b) 十结点四面体单元　(c) 六面体单元

图4-34　几种常用的三维单元示意

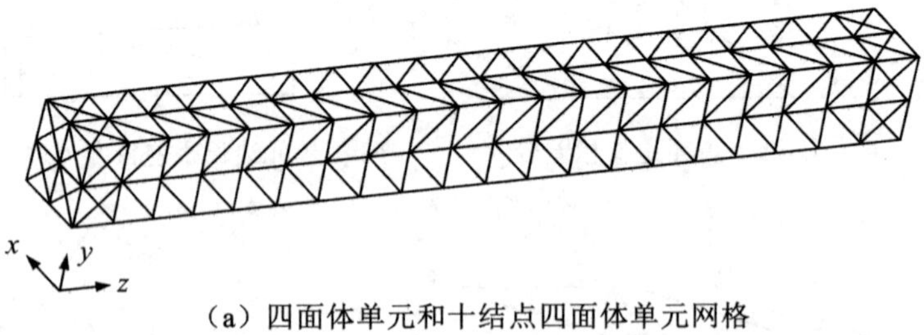

(a) 四面体单元和十结点四面体单元网格

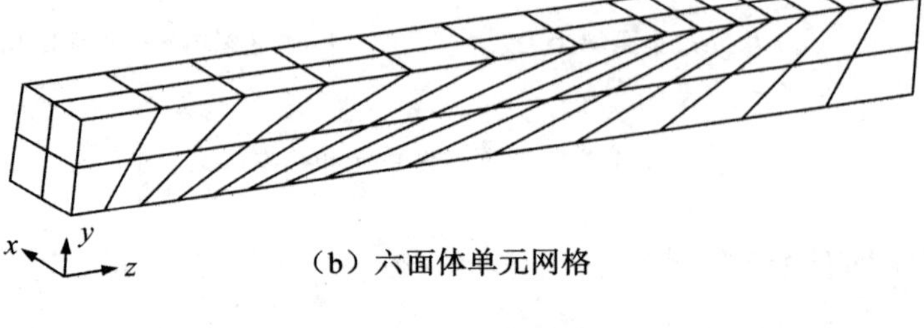

(b) 六面体单元网格

图4-35　简支梁计算有限元网格

简支梁跨中横截面顶边A结点处和底边B结点处不同类型单元应力与位移计算结果如表4-3所示。

表4-3　不同类型单元应力与位移计算结果

单元类型	有限元网格单元边长、单元数、结点数	跨中横截面顶边上A点竖向压应力σ_y^A/MPa	跨中横截面顶边上A点水平压应力σ_z^A/MPa	跨中横截面底边上B点水平拉应力σ_z^B/MPa	跨中横截面底边上B点竖向位移v^B/cm
四面体单元	单元边长0.5 m左右，单元数644，结点数227	−0.034	−4.444	4.279	0.36(↓)
六面体单元	单元边长0.5 m～1.0 m左右，单元数56，结点数135	−0.088	−8.030	8.032	0.67(↓)
十结点四面体单元	单元边长0.5 m左右，单元数681，结点数1338	−0.102	−7.526	7.526	0.63(↓)

注：六面体单元的计算结果是采用ANSYS六面体单元“Simple enhanced strain”算法得到的，该算法可以防止梁弯曲问题中的“剪切锁定”。采用“Full integration”算法的计算结果误差较大。

均布荷载作用下，简支梁跨中横截面顶边上A点竖向压应力和水平(梁长度方向)压应力的弹性力学解答为：

$$\sigma_y^A = -100\ \text{kN/m}^2 = -0.1\ \text{MPa}$$

$$\sigma_z^A = -\frac{3pl^2}{h^2} - \frac{p}{5} = -7.52\times10^6\ \text{N/m}^2 = -7.52\ \text{MPa}$$

跨中横截面底边上B点水平拉应力和竖向位移的弹性力学解答为：

$$\sigma_z^B = \frac{3pl^2}{h^2} + \frac{p}{5} = 7.52\times10^6\ \text{N/m}^2 = 7.52\ \text{MPa}$$

$$v^B = -\left(1.2\frac{1-\mu^2}{Eh}pl^2 + 2.5\frac{1-\mu^2}{Eh^3}pl^4\right) \approx -6.186\times10^{-3}\ \text{m} \approx -0.62\ \text{cm}$$

算例2　设半无限大弹性地基表面矩形区域(2 m × 4 m)上，作用有竖向均布压力$p = 1\times10^7$ Pa，试计算地基的位移和应力。

本算例取地基弹性模量$E = 6\times10^8$ Pa，泊松比$\mu = 0.27$，分别采用四面体单元、六面体单元、十结点四面体单元。

几种单元的有限元网格如图4-36和图4-37所示。

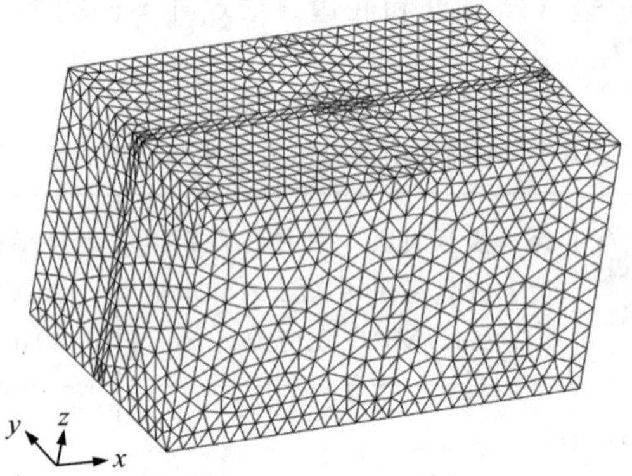

图 4-36　半无限大弹性地基四面体单元和十结点四面体单元网格

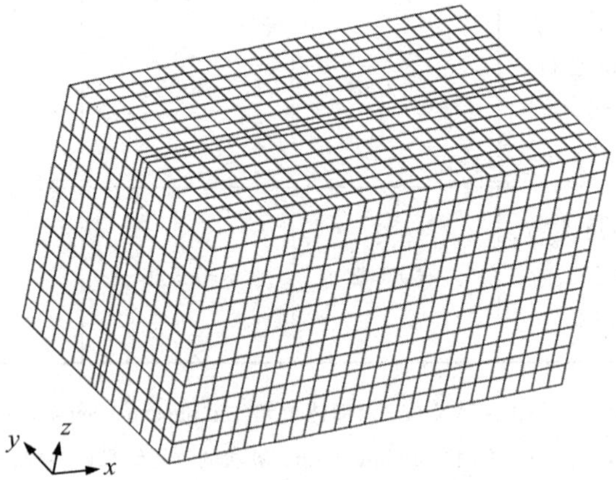

图 4-37　半无限大弹性地基六面体单元网格

地基中选取的若干考察点如图 4-38 所示，取地基表面矩形压力作用面中心点正下方若干点考察，比较不同类型单元的应力和位移计算结果。

若干考察点处不同类型单元的位移和应力计算结果如表 4-4 和表 4-5 所示。

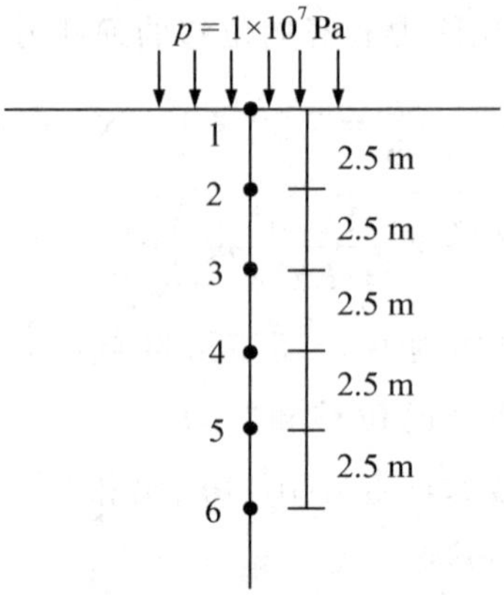

图 4-38　地基中选取的若干考察点

表4-4　若干考察点处的竖向位移计算结果　　单位:cm

计算情况	1	2	3	4	5	6
四面体单元,单元边长1～2.5 m左右,单元数33562	3.87	1.75	0.96	0.60	0.40	0.28
六面体单元,单元边长1～2.5 m左右,单元数4992	4.61	1.59	0.92	0.58	0.39	0.28
十结点四面体单元,单元边长1～2.5 m左右,单元数33792	4.40	1.96	1.00	0.62	0.41	0.29
弹性力学解答	4.73	2.20	1.25	0.86	0.65	0.53

表4-5　若干考察点处的应力σ_x、σ_y、σ_z计算结果　　单位:MPa

计算情况		1	2	3	4	5	6
四面体单元,单元边长1～2.5 m左右,单元数33562	σ_x	−2.565	−0.544	0.026	0.031	0.029	0.018
	σ_y	−2.673	−0.261	0.136	0.060	0.033	0.013
	σ_z	−6.007	−3.555	−1.289	−0.650	−0.370	−0.223
六面体单元,单元边长1～2.5 m左右,单元数4992	σ_x	−3.64	−0.019	−0.108	0.030	0.011	0.012
	σ_y	−3.92	0.542	−0.210	0.063	0.002	0.008
	σ_z	−8.57	−4.794	−1.166	−0.609	−0.346	−0.224
十结点四面体单元,单元边长1～2.5 m左右,单元数33792	σ_x	−6.70	−0.000	0.142	0.057	0.032	0.019
	σ_y	−7.48	0.385	0.163	0.050	0.026	0.011
	σ_z	−11.363	−3.715	−1.383	−0.628	−0.357	−0.229
弹性力学解答(竖向应力σ_z)		−10.0	−3.725	−1.312	−0.633	−0.367	−0.238

由两个算例可以看出:

(1)四结点四面体单元计算精度较低,在单元数量较多的情况下误差仍较大,工程计算中应避免采用。

(2)八结点六面体单元和十结点四面体单元计算精度较高,工程计算中可以采用。

(3)在应力和位移变化梯度较大的部位,高次单元的计算精度也是有限的(见表4-4和表4-5),应减小单元尺寸、增加单元密度,以提高计算精度。

4.13 有限单元法计算结构应力与变形的几种常用单元的特点

4.13.1 平面问题单元

4.13.1.1 三角形单元

三角形单元如图4-39所示。

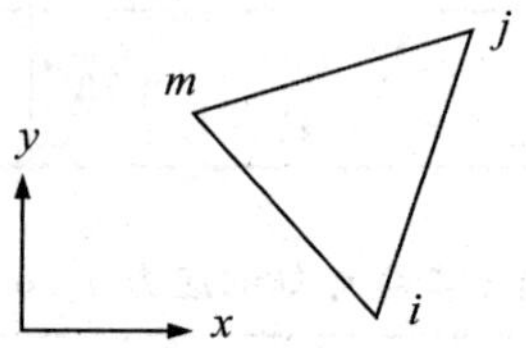

图4-39 三角形单元

(1)单元位移函数,表达式为:

$$\begin{cases} u = \alpha_1 + \alpha_2 x + \alpha_3 y \\ v = \alpha_4 + \alpha_5 x + \alpha_6 y \end{cases} \tag{4-59}$$

单元位移函数中,参数α_1、α_2、α_3和α_4、α_5、α_6是单元的六个常数,具体可用单元结点的位移和单元结点坐标表示,见本章4.2节。三角形单元内的位移采用位置坐标x和y的线性函数表示。

单元位移函数用结点位移形函数表示为:

$$\begin{cases} u = N_i u_i + N_j u_j + N_m u_m \\ v = N_i v_i + N_j v_j + N_m v_m \end{cases} \tag{4-60}$$

(2)单元应变,表达式为:

$$\begin{cases} \varepsilon_x = \dfrac{\partial u}{\partial x} = \alpha_2 \\ \varepsilon_y = \dfrac{\partial v}{\partial y} = \alpha_6 \\ \gamma_{xy} = \dfrac{\partial u}{\partial y} + \dfrac{\partial v}{\partial x} = \alpha_3 + \alpha_5 \end{cases} \tag{4-61}$$

三角形单元内的应变是不随位置变化的常数,单元内的应力也是不随位置变化的常数。

(3)单元刚度矩阵,表达式为:

$$\boldsymbol{k} = \iint \boldsymbol{B}^{\mathrm{T}} \boldsymbol{D} \boldsymbol{B} t \mathrm{d}x \mathrm{d}y = \boldsymbol{B}^{\mathrm{T}} \boldsymbol{D} \boldsymbol{B} t A \tag{4-62}$$

式(4-62)相关介绍见本章4.5节。

4.13.1.2　矩形单元

在矩形单元的四个角点设置结点，如图4-40所示。

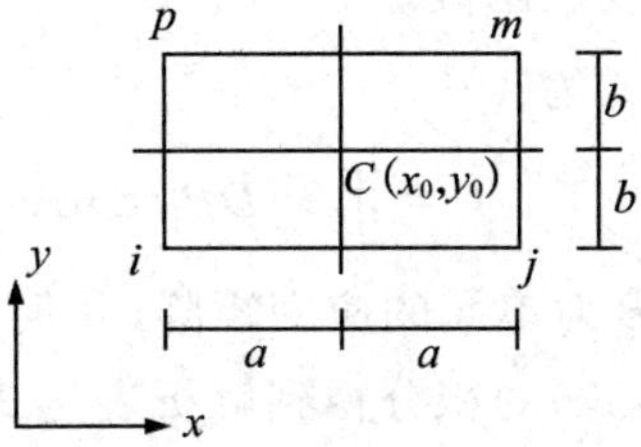

图4-40　矩形单元

(1)单元位移函数，表达式为：

$$\begin{cases}u=\alpha_1+\alpha_2 x+\alpha_3 y+\alpha_4 xy\\ v=\alpha_5+\alpha_6 x+\alpha_7 y+\alpha_8 xy\end{cases}\tag{4-63}$$

单元位移函数中，参数$\alpha_1 \sim \alpha_4$和$\alpha_5 \sim \alpha_8$是单元的八个常数，可用单元的结点位移和单元结点坐标表达。矩形单元的位移函数中含有xy二次项。

单元位移函数用结点位移形函数表示为：

$$\begin{cases}u=N_i u_i+N_j u_j+N_m u_m+N_p u_p\\ v=N_i v_i+N_j v_j+N_m v_m+N_p v_p\end{cases}\tag{4-64}$$

矩形单元的结点位移形函数为：

$$\begin{cases}N_i=\dfrac{1}{4}\left(1-\dfrac{x-x_0}{a}\right)\left(1-\dfrac{y-y_0}{b}\right)\\ N_j=\dfrac{1}{4}\left(1+\dfrac{x-x_0}{a}\right)\left(1-\dfrac{y-y_0}{b}\right)\\ N_m=\dfrac{1}{4}\left(1+\dfrac{x-x_0}{a}\right)\left(1+\dfrac{y-y_0}{b}\right)\\ N_p=\dfrac{1}{4}\left(1-\dfrac{x-x_0}{a}\right)\left(1+\dfrac{y-y_0}{b}\right)\end{cases}\tag{4-65}$$

式中，x_0和y_0是矩形单元形心C点的坐标，如图4-40所示。

(2)单元应变，表达式为：

$$\begin{cases}\varepsilon_x=\dfrac{\partial u}{\partial x}=\alpha_2+\alpha_4 y\\ \varepsilon_y=\dfrac{\partial v}{\partial y}=\alpha_7+\alpha_8 x\\ \gamma_{xy}=\dfrac{\partial u}{\partial y}+\dfrac{\partial v}{\partial x}=\alpha_3+\alpha_6+\alpha_4 x+\alpha_8 y\end{cases}\tag{4-66}$$

在矩形单元上，正应变ε_x在x方向是常量，在y方向是线性函数；正应变ε_y在y方向是常量，在x方向是线性函数；剪应变γ_{xy}在x和y两个方向都是线性函数。

根据材料应力与应变的关系$\boldsymbol{\sigma}=\boldsymbol{D\varepsilon}$（见本章4.4节），在矩形单元上，三个应力分量$\sigma_x$、$\sigma_y$和$\tau_{xy}$都是坐标$x$和$y$的线性函数。

（3）单元刚度矩阵，表达式为：

$$\boldsymbol{k}=\iint \boldsymbol{B}^{\mathrm{T}}\boldsymbol{DB}\,t\,\mathrm{d}x\mathrm{d}y \tag{4-67}$$

式中，$\boldsymbol{D}$为材料的弹性矩阵；$\boldsymbol{B}$为单元的应变矩阵（几何矩阵）；t为单元的厚度。矩形单元刚度矩阵的元素可通过式(4-67)的积分得到解析表达式，无须采用数值积分。

这里还要说明，矩形单元并不等同于形状为矩形的单元。矩形单元要求矩形的两个边与两个直角坐标轴平行。当矩形的边不与坐标轴平行时，单元属于四边形等参单元（见4.13.1.4节），本节提到的矩形单元的位移、应变、应力以及单元刚度矩阵等的表达式将不再适用。

矩形单元适合形状规则的板、梁、柱等结构的计算，水工结构计算中用得较少。

4.13.1.3 六结点三角形单元

在三角形单元的三个角点和每个边的中点设置结点，如图4-41所示。

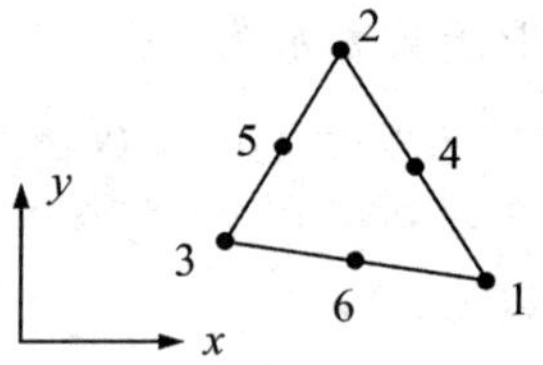

图4-41 六结点三角形单元

（1）单元位移函数，表达式为：

$$\begin{cases} u=\alpha_1+\alpha_2 x+\alpha_3 y+\alpha_4 x^2+\alpha_5 xy+\alpha_6 y^2 \\ v=\alpha_7+\alpha_8 x+\alpha_9 y+\alpha_{10} x^2+\alpha_{11} xy+\alpha_{12} y^2 \end{cases} \tag{4-68}$$

单元位移函数中，参数α_1～α_6和α_7～α_{12}是单元的十二个常数，可用单元结点的位移和单元结点坐标表示。

单元位移函数用结点位移形函数表示为：

$$\begin{cases} u=N_1u_1+N_2u_2+N_3u_3+N_4u_4+N_5u_5+N_6u_6 \\ v=N_1v_1+N_2v_2+N_3v_3+N_4v_4+N_5v_5+N_6v_6 \end{cases} \tag{4-69}$$

六结点三角形单元的结点位移形函数为：

$$\begin{cases} N_1=(2L_1-1)L_1 \\ N_2=(2L_2-1)L_2 \\ N_3=(2L_3-1)L_3 \\ N_4=4L_1L_2 \\ N_5=4L_2L_3 \\ N_6=4L_1L_3 \end{cases} \tag{4-70}$$

式中，L_1、L_2和L_3为三角形单元内点的面积坐标。

六结点三角形单元引入面积坐标，可使单元位移函数的表达、单元刚度矩阵的积分计算和单元等效结点力的积分计算，较采用直角坐标大大简化。

(2)单元应变，表达式为：

$$\begin{cases}\varepsilon_x=\dfrac{\partial u}{\partial x}=\alpha_2+2\alpha_4 x+\alpha_5 y\\ \varepsilon_y=\dfrac{\partial v}{\partial y}=\alpha_9+\alpha_{11}x+2\alpha_{12}y\\ \gamma_{xy}=\dfrac{\partial u}{\partial y}+\dfrac{\partial v}{\partial x}=\alpha_3+\alpha_8+(\alpha_5+2\alpha_{10})x+(2\alpha_6+\alpha_{11})y\end{cases}\tag{4-71}$$

在六结点三角形单元内，三个应变分量ε_x、ε_y和γ_{xy}均是坐标x、y的线性函数；因而三个应力分量σ_x、σ_y和τ_{xy}也都是坐标x、y的线性函数。与常应变、常应力的三结点三角形单元相比，六结点三角形单元在表达结构的应力与应变方面有较大改善，而在建立有限元网格方面与三角形单元同样方便，因而是平面问题计算中较好的单元类型。

(3)单元刚度矩阵，表达式为：

$$\boldsymbol{k}=\iint \boldsymbol{B}^{\mathrm{T}}\boldsymbol{D}\boldsymbol{B}t\mathrm{d}x\mathrm{d}y\tag{4-72}$$

式中，$\boldsymbol{D}$为材料的弹性矩阵；$\boldsymbol{B}$为单元的应变矩阵（几何矩阵）；t为单元的厚度。

根据直角坐标和面积坐标之间的关系，将单元刚度矩阵元素的计算转化为面积坐标下的积分计算更为方便。

4.13.1.4　四边形单元

(1)四边形等参单元的特点。三角形单元、矩形单元和六结点三角形单元被称为规则单元。对于一些结构的边界情况或内部不同区域的分界情况，采用四边形单元或曲边单元更好，可以减少单元数量、方便建立有限元网格等。四边形单元和曲边单元必须采用等参数单元，简称等参单元。在直角坐标系下，如果四边形单元仍采用矩形单元的位移函数式(4-63)、由结点坐标和结点位移确定单元位移函数中的系数$\alpha_1\sim\alpha_4$和$\alpha_5\sim\alpha_8$，则相邻单元在公共边界上给出的位移是不同的，会出现单元公共边界上位移不连续的情况。四边形单元公共边界上位移不连续示意如图4-42所示，如果四边形单元直接采用矩形单元的位移函数式(4-63)，则单元(1)给出的AB边的位移和单元(2)给出的AB边的位移是不同的，仅在A和B两个结点处的位移相同。采用等参数单元可以解决这个问题。

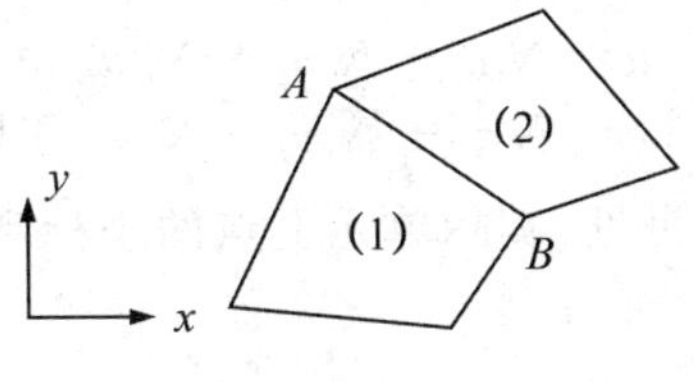

图4-42　四边形单元公共边界上位移不连续示意

等参数单元把不规则单元转换为规则单元。等参数单元的提出是有限单元法的一个重要成果。

四边形等参数单元首先引入一个单元的局部坐标系和局部坐标系下的一个正方形规则单元,称为母单元;然后将母单元映射成实际的四边形单元。

四边形等参数单元的局部坐标系和母单元如图4-43(a)所示,实际的四边形单元如图4-43(b)所示。

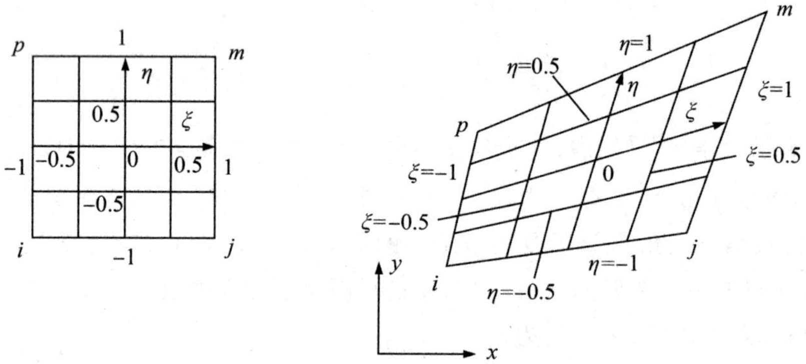

（a）局部坐标系和母单元　　（b）实际单元

图4-43　四边形等参数单元示意

在局部坐标系中,母单元上定义的单元结点位移形函数为:

$$\begin{cases} N_i=\dfrac{1}{4}(1-\xi)(1-\eta) \\ N_j=\dfrac{1}{4}(1+\xi)(1-\eta) \\ N_m=\dfrac{1}{4}(1+\xi)(1+\eta) \\ N_p=\dfrac{1}{4}(1-\xi)(1+\eta) \end{cases} \tag{4-73}$$

实际单元上结点的坐标为:

$$\begin{cases} x=N_ix_i+N_jx_j+N_mx_m+N_px_p \\ y=N_iy_i+N_jy_j+N_my_m+N_py_p \end{cases} \tag{4-74}$$

由式(4-74)确定整体坐标(x,y)与局部坐标(ξ,η)的关系。

实际单元的位移函数为:

$$\begin{cases} u=N_iu_i+N_ju_j+N_mu_m+N_pu_p \\ v=N_iv_i+N_jv_j+N_mv_m+N_pv_p \end{cases} \tag{4-75}$$

由式(4-74)和式(4-75)可见,实际单元上点的坐标和位移采用同样的形函数确定,故称为等参数单元。

(2)单元应变,表达式为:

$$\boldsymbol{\varepsilon}=\boldsymbol{B}\boldsymbol{\delta}^{e}=[\boldsymbol{B}_i \quad \boldsymbol{B}_j \quad \boldsymbol{B}_m \quad \boldsymbol{B}_p]\boldsymbol{\delta}^{e} \tag{4-76}$$

式中,应变矩阵子块为:

$$\boldsymbol{B}_i=\begin{bmatrix} \dfrac{\partial N_i}{\partial x} & 0 \\ 0 & \dfrac{\partial N_i}{\partial y} \\ \dfrac{\partial N_i}{\partial y} & \dfrac{\partial N_i}{\partial x} \end{bmatrix}(i,j,m,p\text{轮换}) \tag{4-77}$$

式(4-77)中,单元形函数对直角坐标的偏导数可表示为:

$$\begin{bmatrix} \dfrac{\partial N_i}{\partial x} \\ \dfrac{\partial N_i}{\partial y} \end{bmatrix}=\boldsymbol{J}^{-1}\begin{bmatrix} \dfrac{\partial N_i}{\partial \xi} \\ \dfrac{\partial N_i}{\partial \eta} \end{bmatrix} \tag{4-78}$$

式(4-78)中,$\boldsymbol{J}$为雅可比矩阵,其表达式为:

$$\boldsymbol{J}=\begin{bmatrix} \dfrac{\partial x}{\partial \xi} & \dfrac{\partial y}{\partial \xi} \\ \dfrac{\partial x}{\partial \eta} & \dfrac{\partial y}{\partial \eta} \end{bmatrix}=\begin{bmatrix} \sum\limits_{i,j,m,p}\dfrac{\partial N_i}{\partial \xi}x_i & \sum\limits_{i,j,m,p}\dfrac{\partial N_i}{\partial \xi}y_i \\ \sum\limits_{i,j,m,p}\dfrac{\partial N_i}{\partial \eta}x_i & \sum\limits_{i,j,m,p}\dfrac{\partial N_i}{\partial \eta}y_i \end{bmatrix} \tag{4-79}$$

(3)单元刚度矩阵,表达式为:

$$\boldsymbol{k}=\iint \boldsymbol{B}^{\mathrm{T}}\boldsymbol{D}\boldsymbol{B}t\,\mathrm{d}x\mathrm{d}y \tag{4-80}$$

式中,$\boldsymbol{D}$为材料的弹性矩阵;$\boldsymbol{B}$为单元的应变矩阵(几何矩阵);t为单元的厚度。

将单元刚度矩阵元素的积分计算转化为在形状规则的母单元内对局部坐标的积分,比对直角坐标积分方便,但因无法得到积分的解析表达式,需要采用数值积分。

确定等参单元等效结点力的积分,也是将其转化为在形状规则的母单元内对局部坐标的积分。

4.13.2　空间问题单元

4.13.2.1　四面体单元

四面体单元如图4-44所示。为了在公式计算中使四面体的体积V不为负值,四面体单元局部结点编号按照"右手螺旋"规则,即四指沿$i\to j\to m$方向转动时,拇指指向p结点。

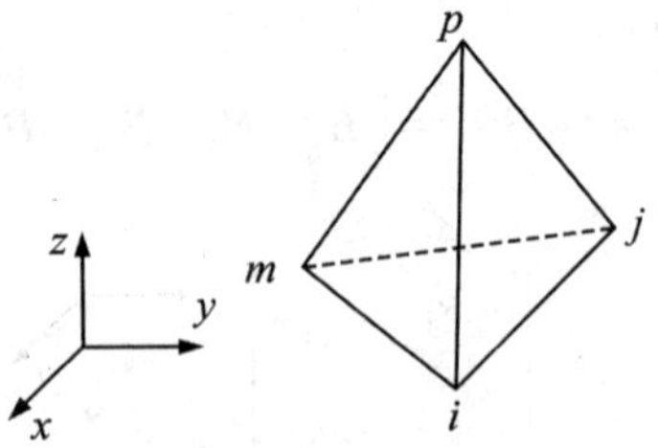

图4-44　四面体单元

(1)单元位移函数。四面体单元内各点的位移用线性函数表示为：

$$\begin{cases} u=\alpha_1+\alpha_2 x+\alpha_3 y+\alpha_4 z \\ v=\alpha_5+\alpha_6 x+\alpha_7 y+\alpha_8 z \\ w=\alpha_9+\alpha_{10} x+\alpha_{11} y+\alpha_{12} z \end{cases} \tag{4-81}$$

式中，参数$\alpha_1 \sim \alpha_4$、$\alpha_5 \sim \alpha_8$和$\alpha_9 \sim \alpha_{12}$是单元的十二个常数，可用单元结点的位移和单元结点坐标表示。四面体单元上的位移可采用位置坐标x、y和z的线性函数来表示。

单元位移函数用形函数表示为：

$$\begin{cases} u=N_i u_i+N_j u_j+N_m u_m+N_p u_p \\ v=N_i v_i+N_j v_j+N_m v_m+N_p v_p \\ w=N_i w_i+N_j w_j+N_m w_m+N_p w_p \end{cases} \tag{4-82}$$

(2)单元应变，表达式为：

$$\begin{cases} \varepsilon_x=\dfrac{\partial u}{\partial x}=\alpha_2 \\ \varepsilon_y=\dfrac{\partial v}{\partial y}=\alpha_7 \\ \varepsilon_z=\dfrac{\partial w}{\partial z}=\alpha_{12} \\ \gamma_{xy}=\dfrac{\partial u}{\partial y}+\dfrac{\partial v}{\partial x}=\alpha_3+\alpha_6 \\ \gamma_{yz}=\dfrac{\partial v}{\partial z}+\dfrac{\partial w}{\partial y}=\alpha_8+\alpha_{11} \\ \gamma_{zx}=\dfrac{\partial w}{\partial x}+\dfrac{\partial u}{\partial z}=\alpha_{10}+\alpha_4 \end{cases} \tag{4-83}$$

由式(4-83)可知，四面体单元内的应变是不随位置坐标变化的常数，因此单元内的应力也是不随位置变化的常数。

(3)单元刚度矩阵，表达式为：

$$\boldsymbol{k}=\iiint \boldsymbol{B}^{\mathrm{T}} \boldsymbol{D} \boldsymbol{B} \mathrm{d}x \mathrm{d}y \mathrm{d}z=\boldsymbol{B}^{\mathrm{T}} \boldsymbol{D} \boldsymbol{B} V \tag{4-84}$$

式中，$\boldsymbol{B}$是单元的应变矩阵；$\boldsymbol{D}$是材料的弹性矩阵；V是四面体单元的体积。

4.13.2.2 十结点四面体单元

在四面体单元的四个角点和每条棱的中点设置结点，如图4-45所示。

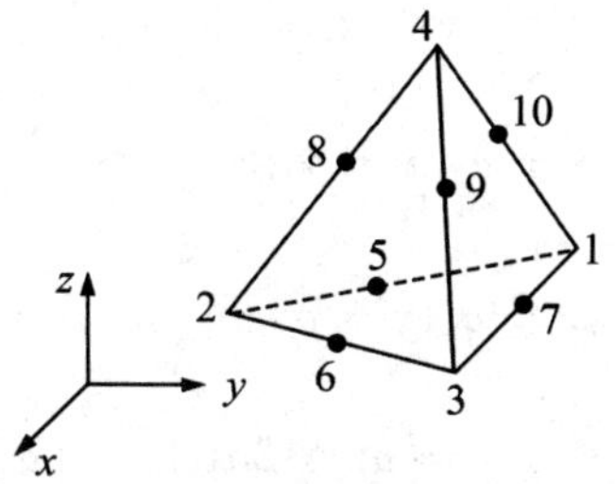

图4-45 十结点四面体单元

(1)单元位移函数。单元位移函数采用位置坐标的二次函数表示为：

$$
\begin{cases}
u=\alpha_1+\alpha_2 x+\alpha_3 y+\alpha_4 z+\alpha_5 x^2+\alpha_6 y^2+\alpha_7 z^2+\alpha_8 xy+\alpha_9 yz+\alpha_{10} zx \\
v=\alpha_{11}+\alpha_{12} x+\alpha_{13} y+\alpha_{14} z+\alpha_{15} x^2+\alpha_{16} y^2+\alpha_{17} z^2+\alpha_{18} xy+\alpha_{19} yz+\alpha_{20} zx \\
w=\alpha_{21}+\alpha_{22} x+\alpha_{23} y+\alpha_{24} z+\alpha_{25} x^2+\alpha_{26} y^2+\alpha_{27} z^2+\alpha_{28} xy+\alpha_{29} yz+\alpha_{30} zx
\end{cases}
\tag{4-85}
$$

式中，参数 $\alpha_1 \sim \alpha_{10}$、$\alpha_{11} \sim \alpha_{20}$ 和 $\alpha_{21} \sim \alpha_{30}$ 是单元的三十个常数，可用单元结点的位移和单元结点坐标表示。

单元位移函数用结点位移形函数表示为：

$$
\begin{cases}
u=\sum_{i=1}^{10} N_i u_i \\
v=\sum_{i=1}^{10} N_i v_i \\
w=\sum_{i=1}^{10} N_i w_i
\end{cases}
\tag{4-86}
$$

十结点四面体单元的位移形函数为：

$$
\begin{cases}
N_1=(2L_1-1)L_1 \\
N_2=(2L_2-1)L_2 \\
N_3=(2L_3-1)L_3 \\
N_4=(2L_4-1)L_4 \\
N_5=4L_1 L_2 \\
N_6=4L_2 L_3 \\
N_7=4L_1 L_3 \\
N_8=4L_2 L_4 \\
N_9=4L_3 L_4 \\
N_{10}=4L_1 L_4
\end{cases}
\tag{4-87}
$$

式中，L_1、L_2、L_3 和 L_4 为四面体单元内点的体积坐标。

十结点四面体单元引入体积坐标后，可使单元位移函数的表达、单元刚度矩阵的积分计算和单元等效结点力的积分计算，较采用直角坐标简化很多。

(2)单元应变，表达式为：

$$\begin{cases}\varepsilon_x=\dfrac{\partial u}{\partial x}=\alpha_2+2\alpha_5 x+\alpha_8 y+\alpha_{10}z\\ \varepsilon_y=\dfrac{\partial v}{\partial y}=\alpha_{13}+2\alpha_{16}y+\alpha_{18}x+\alpha_{19}z\\ \varepsilon_z=\dfrac{\partial w}{\partial z}=\alpha_{24}+2\alpha_{27}z+\alpha_{29}y+\alpha_{30}x\\ \gamma_{xy}=\dfrac{\partial u}{\partial y}+\dfrac{\partial v}{\partial x}=\alpha_3+\alpha_{12}+(\alpha_8+2\alpha_{15})x+(\alpha_{18}+2\alpha_6)y+(\alpha_9+\alpha_{20})z\\ \gamma_{yz}=\dfrac{\partial v}{\partial z}+\dfrac{\partial w}{\partial y}=\alpha_{14}+\alpha_{23}+(\alpha_{20}+\alpha_{28})x+(\alpha_{19}+2\alpha_{26})y+(\alpha_{29}+2\alpha_{17})z\\ \gamma_{zx}=\dfrac{\partial w}{\partial x}+\dfrac{\partial u}{\partial z}=\alpha_{22}+\alpha_4+(\alpha_{10}+2\alpha_{25})x+(\alpha_{28}+\alpha_9)y+(\alpha_{30}+2\alpha_7)z\end{cases} \tag{4-88}$$

在十结点四面体单元内，六个应变分量ε_x、ε_y、ε_z、γ_{xy}、γ_{yz}、γ_{zx}均是坐标x、y、z的线性函数，因而六个应力分量σ_x、σ_y、σ_z、τ_{xy}、τ_{yz}、τ_{zx}也都是坐标x、y、z的线性函数。比起常应变常应力的四结点四面体单元，十结点四面体单元在表达结构的应力与应变方面大为改善，而在建立有限元网格方面与四面体单元同样方便，因而是空间问题计算中较好的单元类型。

(3)单元刚度矩阵，表达式为：

$$\boldsymbol{k}=\iiint \boldsymbol{B}^{\mathrm{T}}\boldsymbol{D}\boldsymbol{B}\mathrm{d}x\mathrm{d}y\mathrm{d}z \tag{4-89}$$

式中，$\boldsymbol{D}$为材料的弹性矩阵；$\boldsymbol{B}$为单元的应变矩阵。

根据直角坐标和体积坐标之间的关系，将单元刚度矩阵元素的计算转化为体积坐标下的积分计算更为方便。

4.13.2.3 六面体单元

(1)六面体等参单元的特点。四面体单元、十结点四面体单元被称为空间问题的规则单元。对于一些结构的边界或内部不同区域分界，采用六面体单元更好，可以减少单元数量，方便建立有限元网格。类似于平面问题的四边形单元，空间问题的六面体单元必须采用等参数单元。

六面体等参数单元引入一个单元的局部坐标系和局部坐标系下的正方体规则单元，正方体规则单元作为母单元，如图4-46(a)所示。局部坐标系的原点取正方体母单元的形心，母单元六个边界面的局部坐标分别为$\xi=1$，$\xi=-1$，$\eta=1$，$\eta=-1$，$\zeta=1$，$\zeta=-1$。将母单元映射成实际的六面体单元，如图4-46(b)所示。

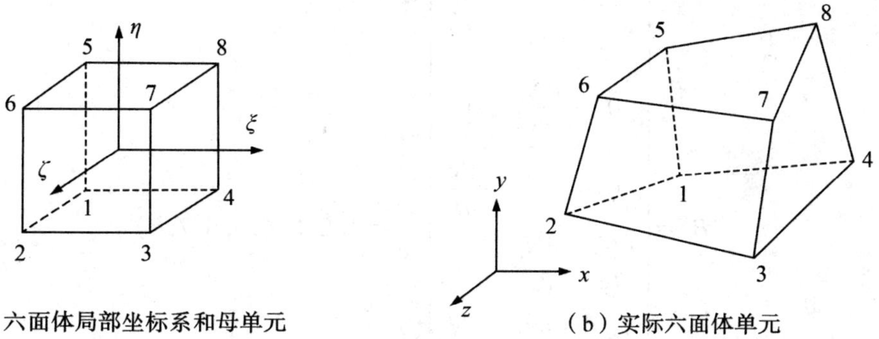

（a）六面体局部坐标系和母单元　　（b）实际六面体单元

图4-46　六面体等参单元示意

在局部坐标系中，母单元上定义的单元结点位移形函数为：

$$N_i=\frac{1}{8}(1+\xi_i\xi)(1+\eta_i\eta)(1+\zeta_i\zeta)\qquad(i=1,2,3,4,5,6,7,8)\tag{4-90}$$

实际单元上点的坐标为：

$$\begin{cases}x=\sum_{i=1}^{8}N_ix_i\\ y=\sum_{i=1}^{8}N_iy_i\\ z=\sum_{i=1}^{8}N_iz_i\end{cases}\tag{4-91}$$

由式(4-91)确定整体坐标(x,y,z)与局部坐标(ξ,η,ζ)的关系。

单元的位移函数为：

$$\begin{cases}u=\sum_{i=1}^{8}N_iu_i\\ v=\sum_{i=1}^{8}N_iv_i\\ w=\sum_{i=1}^{8}N_iw_i\end{cases}\tag{4-92}$$

由式(4-91)和式(4-92)可知，实际单元上点的坐标和位移采用同样的形函数确定，故称为等参数单元。

(2)单元应变，表达式为：

$$\boldsymbol{\varepsilon}=\boldsymbol{B\delta}^e=[\boldsymbol{B}_1\quad\boldsymbol{B}_2\quad\boldsymbol{B}_3\quad\boldsymbol{B}_4\quad\boldsymbol{B}_5\quad\boldsymbol{B}_6\quad\boldsymbol{B}_7\quad\boldsymbol{B}_8]\boldsymbol{\delta}^e\tag{4-93}$$

式中，应变矩阵子块为：

$$
\boldsymbol{B}_i=\begin{bmatrix}
\frac{\partial N_i}{\partial x} & 0 & 0 \\
0 & \frac{\partial N_i}{\partial y} & 0 \\
0 & 0 & \frac{\partial N_i}{\partial z} \\
\frac{\partial N_i}{\partial y} & \frac{\partial N_i}{\partial x} & 0 \\
0 & \frac{\partial N_i}{\partial z} & \frac{\partial N_i}{\partial y} \\
\frac{\partial N_i}{\partial z} & 0 & \frac{\partial N_i}{\partial x}
\end{bmatrix}(i=1,2,3,4,5,6,7,8) \tag{4-94}
$$

式(4-94)中,单元形函数对直角坐标的偏导数可表示为:

$$
\begin{bmatrix}
\frac{\partial N_i}{\partial x} \\
\frac{\partial N_i}{\partial y} \\
\frac{\partial N_i}{\partial z}
\end{bmatrix}=\boldsymbol{J}^{-1}\begin{bmatrix}
\frac{\partial N_i}{\partial \xi} \\
\frac{\partial N_i}{\partial \eta} \\
\frac{\partial N_i}{\partial \zeta}
\end{bmatrix} \tag{4-95}
$$

式(4-95)中,$\boldsymbol{J}$为雅可比矩阵,其表达式为:

$$
\boldsymbol{J}=\begin{bmatrix}
\frac{\partial x}{\partial \xi} & \frac{\partial y}{\partial \xi} & \frac{\partial z}{\partial \xi} \\
\frac{\partial x}{\partial \eta} & \frac{\partial y}{\partial \eta} & \frac{\partial z}{\partial \eta} \\
\frac{\partial x}{\partial \zeta} & \frac{\partial y}{\partial \zeta} & \frac{\partial z}{\partial \zeta}
\end{bmatrix}=\begin{bmatrix}
\sum_{i=1}^{8}\frac{\partial N_i}{\partial \xi}x_i & \sum_{i=1}^{8}\frac{\partial N_i}{\partial \xi}y_i & \sum_{i=1}^{8}\frac{\partial N_i}{\partial \xi}z_i \\
\sum_{i=1}^{8}\frac{\partial N_i}{\partial \eta}x_i & \sum_{i=1}^{8}\frac{\partial N_i}{\partial \eta}y_i & \sum_{i=1}^{8}\frac{\partial N_i}{\partial \eta}z_i \\
\sum_{i=1}^{8}\frac{\partial N_i}{\partial \zeta}x_i & \sum_{i=1}^{8}\frac{\partial N_i}{\partial \zeta}y_i & \sum_{i=1}^{8}\frac{\partial N_i}{\partial \zeta}z_i
\end{bmatrix} \tag{4-96}
$$

(3)单元刚度矩阵,表达式为:

$$
\boldsymbol{k}=\iiint \boldsymbol{B}^{\mathrm{T}}\boldsymbol{D}\boldsymbol{B}\,\mathrm{d}x\mathrm{d}y\mathrm{d}z \tag{4-97}
$$

式中,$\boldsymbol{D}$为材料的弹性矩阵;$\boldsymbol{B}$为单元的应变矩阵。

将单元刚度矩阵元素的积分计算转化为在形状规则的母单元内对局部坐标的积分,比对直角坐标积分方便,但因无法得到积分的解析表达式,需要采用数值积分。

对单元等效结点力进行积分计算时,也需将其转化为在形状规则的母单元内、对局部坐标的积分计算。

4.14　有限单元法计算结构应力与变形的计算程序

本程序针对平面变形问题，采用线弹性材料和三角形单元，用Fortran　77语言编制。

```
      COMMON/DF/NEN,NN,NH,NV,MAT,NLD
      COMMON/DY/MT(2500),ME(2500,3)
      COMMON/DX/XY(2000,2),CT(10,3)
      COMMON/DW/NP1(1000),NPO(1000)
      COMMON/DP/PI(1000,3)
      COMMON/DT/TK(200000),U(2000,2)
      COMMON/AA/STRESS(2500,3),STRESSM(2500,2)
      COMMON/TGM/GM(2500),TKE(2500)
      COMMON/DQ/M(2000),NRO(2000,2),Y(2000)
      COMMON/DA/N,MR
      OPEN(5,FILE='INITIAL-DATA.TXT',STATUS='OLD')
      READ(5,*) NEN,NN,NH,NV,MAT,NLD
      READ(5,*) (IL,(XY(I,J),J=1,2),I=1,NN)
      READ(5,*) (IL,(ME(I,J),J=1,3),I=1,NEN)
      READ(5,*) (IL,MT(I),I=1,NEN)
      READ(5,*) (NP1(I),I=1,NH)
      READ(5,*) (NPO(I),I=1,NV)
      READ(5,*) (IL,(CT(I,J),J=1,3),I=1,MAT)
      READ(5,*) ((PI(I,J),J=1,3),I=1,NLD)
      CLOSE(5)
      OPEN (9,FILE='RESULT.TXT',STATUS='UNKNOWN')
      WRITE(9,32)NEN,NN,NH,NV,MAT,NLD
32    FORMAT('单元总数:',I5,3X,'结点总数:',I5,3X,
     #'横向约束结点数:',I5,3X,'竖向约束结点数:',I5,3X,
     #'材料类型数:',I3,3X,'作用外力结点数',I5)
      WRITE(9,231)
231   FORMAT(/(1X,'结点坐标:'))
      WRITE(9,232) (I,(XY(I,J),J=1,2),I=1,NN)
```

```
232  FORMAT(I5,')',F8.2,3X,F8.2,4X,I5,')',F8.2,3X,F8.2,4X,I5,')',F8.2,
    #3X,F8.2)
     WRITE(9,243)
243  FORMAT(/'单元结点编号:')
     WRITE(9,233)(I,(ME(I,J),J=1,3),I=1,NEN)
233  FORMAT(I6,')',1X,3I7,5X,I6,')',1X,3I7)
     WRITE(9,118)
118  FORMAT(/'单元材料类型编号:')
     WRITE(9,111)(I,MT(I),I=1,NEN)
111  FORMAT(7(I6,')',1X,I2))
     WRITE(9,119)
119  FORMAT(/'横向约束结点号:')
     WRITE(9,124)(NP1(I),I=1,NH)
124  FORMAT(12I7)
     WRITE(9,136)
136  FORMAT(/'竖向约束结点号:')
     WRITE(9,128)(NPO(I),I=1,NV)
128  FORMAT(12I7)
     WRITE(9,126)
126  FORMAT(/'各材料力学指标:')
     WRITE(9,127)(I,(CT(I,J),J=1,3),I=1,MAT)
127  FORMAT(I3,')',2X,F9.2,2X,E11.4,2X,F7.3)
     WRITE(9,156)
156  FORMAT(/'已知结点作用力:')
     WRITE(9,157)(INT(PI(I,1)),PI(I,2),PI(I,3),I=1,NLD)
157  FORMAT(I5,2X,F12.3,3X,F12.3)
     DO I=1,2000
     DO J=1,2
     U(I,J)=0.0
     ENDDO
     ENDDO
     DO I=1,2500
     DO J=1,3
     STRESS(I,J)=0.0
```

```
      ENDDO
      DO J=1,2
      STRESSM(I,J)=0.0
      ENDDO
      ENDDO
      CALL FORMRO
      CALL NM
      CALL STIFF
      CALL LOAD
      CALL SOLVE
      CALL ESTRESS
      CALL OUTPUT
      CLOSE(9)
      STOP
      END

C    *****SUB1 形成三角形单元BI,CI和面积A*****
      SUBROUTINE BC(IE,B,C,A)
      COMMON/DY/MT(2500),ME(2500,3)
      COMMON/DX/XY(2000,2),CT(10,3)
      DIMENSION B(3),C(3)
      N1=ME(IE,1)
      N2=ME(IE,2)
      N3=ME(IE,3)
      X1=XY(N1,1)
      Y1=XY(N1,2)
      X2=XY(N2,1)
      Y2=XY(N2,2)
      X3=XY(N3,1)
      Y3=XY(N3,2)
      B(1)=Y2-Y3
      B(2)=Y3-Y1
      B(3)=Y1-Y2
      C(1)=X3-X2
```

```
      C(2)=X1-X3
      C(3)=X2-X1
      A=0.5*(B(1)*C(2)-C(1)*B(2))
      IF(A.LE.0.0)WRITE(9,15) IE
15    FORMAT('错误:单元面积为负值! 单元号:',I6)
      RETURN
      END

C   *****SUB2形成平面变形问题的三角形单元刚度矩阵*****
      SUBROUTINE T3(IE,TKO)
      COMMON/TGM/GM(2500),TKE(2500)
      DIMENSION B(3),C(3)
      DIMENSION TKO(6,6)
      CALL BC(IE,B,C,A)
      D=TKE(IE)
      F=GM(IE)
      Q=D/(8.0*A*(1.0+F))
      P=0.5-F
      H=(1.0-F)/P
      D=F/P
      DO IR=1,3
      DO IS=1,3
      I=2*IR
      J=2*IS
      I1=I-1
      J1=J-1
      TKO(I1,J1)=Q*(H*B(IR)*B(IS)+C(IR)*C(IS))
      TKO(I1,J)=Q*(D*B(IR)*C(IS)+C(IR)*B(IS))
      TKO(I,J1)=Q*(D*C(IR)*B(IS)+B(IR)*C(IS))
      TKO(I,J)=Q*(H*C(IR)*C(IS)+B(IR)*B(IS))
      ENDDO
      ENDDO
      RETURN
      END
```

```
C     *****SUB3 形成自由度指示矩阵*****
      SUBROUTINE FORMRO
      COMMON/DF/NEN,NN,NH,NV,MAT,NLD
      COMMON/DW/NP1(1000),NPO(1000)
      COMMON/DQ/M(2000),NRO(2000,2),Y(2000)
      COMMON/DA/N,MR
      DO I=1,NN
      DO J=1,2
      NRO(I,J)=1
      ENDDO
      ENDDO
      DO I=1,NV
      I1=NPO(I)
      NRO(I1,2)=0
      ENDDO
      DO I=1,NH
      NJ=NP1(I)
      NRO(NJ,1)=0
      ENDDO
      N=0
      DO I=1,NN
      DO J=1,2
      NR=NRO(I,J)
      IF (NR.EQ.1)THEN
      N=N+1
      NRO(I,J)=N
      ENDIF
      ENDDO
      ENDDO
      RETURN
      END
C     *****SUB4 形成整体刚度矩阵指示矩阵*****
      SUBROUTINE NM
```

```
COMMON/DF/NEN,NN,NH,NV,MAT,NLD
COMMON/DY/MT(2500),ME(2500,3)
COMMON/DQ/M(2000),NRO(2000,2),Y(2000)
COMMON/DA/N,MR
DIMENSION NUO(6)
DO I=1,N
M(I)=0
Y(I)=0.0
ENDDO
DO IE=1,NEN
DO I=1,3
ID=ME(IE,I)
DO J=1,2
NI=2*I+J-2
NUO(NI)=NRO(ID,J)
ENDDO
ENDDO
DO I=1,6
ID=NUO(I)
IF (ID.GT.0)THEN
DO J=1,6
N9=NUO(J)
IF (N9.GT.0)THEN
ND=ID-N9
IF (ND.GE.0)THEN
MS=ND+1
MD=M(ID)
IF(MS.GT.MD) M(ID)=MS
ENDIF
ENDIF
ENDDO
ENDIF
ENDDO
ENDDO
```

```
      M(1)=1
      DO I=2,N
      IM=I-1
      M(I)=M(I)+M(IM)
      ENDDO
      MR=M(N)
      IF(MR.GE.200000) WRITE(9,345)MR
345   FORMAT('错误！数组TK(200000)出界！')
      RETURN
      END

C   *****SUB5 形成整体刚度矩阵*****
      SUBROUTINE STIFF
      COMMON/DF/NEN,NN,NH,NV,MAT,NLD
      COMMON/DY/MT(2500),ME(2500,3)
      COMMON/DX/XY(2000,2),CT(10,3)
      COMMON/DT/TK(200000),U(2000,2)
      COMMON/DQ/M(2000),NRO(2000,2),Y(2000)
      COMMON/TGM/GM(2500),TKE(2500)
      COMMON/DA/N,MR
      DIMENSION TKO(6,6)
      DIMENSION NUO(6)
      DO IE=1,NEN
      IG=MT(IE)
      TKE(IE)=CT(IG,2)
      GM(IE)=CT(IG,3)
      ENDDO
      DO I=1,MR
      TK(I)=0.0
      ENDDO
      DO IE=1,NEN
      CALL T3(IE,TKO)
      DO I=1,3
      ID=ME(IE,I)
```

```
      DO J=1,2
      NI=2*I+J-2
      NUO(NI)=NRO(ID,J)
      ENDDO
      ENDDO
      DO I=1,6
      ID=NUO(I)
      IF (ID.GT.0)THEN
      DO J=1,6
      N9=NUO(J)
      IF (N9.GT.0)THEN
      ND=ID-N9
      IF (ND.GE.0) THEN
      IH=M(ID)+NUO(J)-ID
      TK(IH)=TK(IH)+TKO(I,J)
      ENDIF
      ENDIF
      ENDDO
      ENDIF
      ENDDO
      ENDDO
      RETURN
      END

C     *****SUB6 形成等效结点作用力列阵*****
      SUBROUTINE LOAD
      COMMON/DF/NEN,NN,NH,NV,MAT,NLD
      COMMON/DY/MT(2500),ME(2500,3)
      COMMON/DX/XY(2000,2),CT(10,3)
      COMMON/DP/PI(1000,3)
      COMMON/DQ/M(2000),NRO(2000,2),Y(2000)
      DIMENSION B(3),C(3)
      DO I=1,NLD
      IA=PI(I,1)
```

```
      ID=NRO(IA,2)
      NF=NRO(IA,1)
      IF (ID.NE.0) Y(ID)=Y(ID)+PI(I,3)
      IF (NF.NE.0) Y(NF)=Y(NF)+PI(I,2)
      ENDDO
      DO NE=1,NEN
      IG=MT(NE)
      P=CT(IG,1)
      CALL BC(NE,B,C,A)
      DO I=1,3
      ME7=ME(NE,I)
      IQ=NRO(ME7,2)
      IF (IQ.NE.0) THEN
      Y1=-P*A/3.0
      Y(IQ)=Y(IQ)+Y1
      ENDIF
      ENDDO
      ENDDO
      RETURN
      END
C    *****SUB7 结构平衡方程组求解*****
      SUBROUTINE SOLVE
      COMMON/DT/TK(200000),U(2000,2)
      COMMON/DQ/M(2000),NRO(2000,2),Y(2000)
      COMMON/DF/NEN,NN,NH,NV,MAT,NLD
      COMMON/DA/N,MR
      Y(1)=Y(1)/TK(1)
      DO 1005 I=2,N
      IG=M(I)
      ID=I-1
      IH=M(ID)+I-IG+1
      IF (IH.GE.I) GOTO 1001
      IIH=IH+1
      DO 1000 IP1=IIH,I
```

```
      IR=IG-I+IP1
      IA=IP1-1
      IV=M(IA)
      DO 1000 J=IH,IA
      IQ=IG-I+J
      IS=M(IP1)-IP1+J
      NF=M(J)
      IF(IV.LT.IS) TK(IR)=TK(IR)-TK(IQ)/TK(NF)*TK(IS)
1000  CONTINUE
1001  CONTINUE
      IF (IH.GT.ID) GOTO 1011
      DO 1004 J=IH,ID
      IQ=IG-I+J
      Y(I)=Y(I)-TK(IQ)*Y(J)
1004  CONTINUE
1011  Y(I)=Y(I)/TK(IG)
1005  CONTINUE
      NA=N-1
      DO 1007 LI=1,NA
      I=N-LI
      Q=0.0
      IG=M(I)
      IB=I+1
      DO 1006 J=IB,N
      ID=M(J)-J+I
      J1=J-1
      IH=M(J1)
      IF (IH.LT.ID) Q=Q+TK(ID)*Y(J)
1006  CONTINUE
      Y(I)=Y(I)-Q/TK(IG)
1007  CONTINUE
      DO I=1,NN
      DO J=1,2
      IQ=NRO(I,J)
```

```
      IF(IQ.EQ.0) U(I,J)=0.0
      IF(IQ.NE.0) U(I,J)=Y(IQ)
      ENDDO
      ENDDO
      RETURN
      END

C    *****SUB8 单元应变应力求解*****
      SUBROUTINE ESTRESS
      COMMON/DF/NEN,NN,NH,NV,MAT,NLD
      COMMON/DY/MT(2500),ME(2500,3)
      COMMON/DT/TK(200000),U(2000,2)
      COMMON/AA/STRESS(2500,3),STRESSM(2500,2)
      COMMON/TGM/GM(2500),TKE(2500)
      DIMENSION XO(3,2),B(3),C(3)
      DO 7 IE=1,NEN
      CALL BC(IE,B,C,A)
      STRAINX=0.0
      STRAINY=0.0
      STRAINXY=0.0
      DO 20 I=1,3
      IQ=ME(IE,I)
      XO(I,1)=U(IQ,1)
      XO(I,2)=U(IQ,2)
      STRAINX=STRAINX+B(I)*XO(I,1)/(2*A)
      STRAINY=STRAINY+C(I)*XO(I,2)/(2*A)
      STRAINXY=STRAINXY+(C(I)*XO(I,1)+B(I)*XO(I,2))/(2*A)
20    CONTINUE
      D=TKE(IE)
      F=GM(IE)
      P=D*(1-F)/((1+F)*(1-2*F))
      R=F/(1-F)
      H=0.5*D/(1+F)
      STRESSX=P*(STRAINX+R*STRAINY)
```

```
      STRESSY=P*(R*STRAINX+STRAINY)
      STRESSXY=H*STRAINXY
      STRESS(IE,1)=STRESSX
      STRESS(IE,2)=STRESSY
      STRESS(IE,3)=STRESSXY
      P=(STRESSX-STRESSY)*0.5
      S=STRESSXY
      R=SQRT(S*S+P*P)
      STRESSM(IE,1)=(STRESSX+STRESSY)*0.5+R
      STRESSM(IE,2)=(STRESSX+STRESSY)*0.5-R
7     CONTINUE
      RETURN
      END

C   *****SUB9 计算结果输出 *****
      SUBROUTINE OUTPUT
      COMMON/DF/NEN,NN,NH,NV,MAT,NLD
      COMMON/DT/TK(200000),U(2000,2)
      COMMON/AA/STRESS(2500,3),STRESSM(2500,2)
      DO I=1,NN
      DO J=1,2
      U(I,J)=U(I,J)*100
      ENDDO
      ENDDO
      WRITE(9,46)
46    FORMAT (/,20X,'***************计算结果*****************')
      WRITE(9,12)
12    FORMAT(35X,'结点位移(CM)')
      WRITE(9,14)
14    FORMAT(2X,'结点号',2X,'水平位移',2X,'竖向位移',4X,'结点号',2X,
     #'水平位移',2X,'竖向位移',5X,'结点号',2X,'水平位移',2X,'竖向位移')
      WRITE(9,31) (I,U(I,1),U(I,2),I=1,NN)
31    FORMAT(3(I5,2X,F8.4,2X,F8.4,4X))
      WRITE(9,13)
```

```
13    FORMAT(/35X,'单元应力(PA)')
      WRITE(9,15)
15    FORMAT(2X,'单元号',3X,'水平正应力',4X,'竖向正应力',7X,
     #'剪应力',8X,'大主应力',6X,'小主应力')
       WRITE (9, 30) (I, STRESS (I, 1) , STRESS (I, 2) , STRESS (I, 3) ,
STRESSM(I,1),
     #STRESSM(I,2),I=1,NEN)
30    FORMAT(I5,2X,E12.4,2X,E12.4,2X,E12.4,2X,E12.4,2X,E12.4)
      RETURN
      END
```

第5章　有限单元法计算水工结构力学问题时的若干理论和方法

除了前面几章讲述的理论、原理和方法，利用有限单元法进行水工结构力学问题计算时还涉及多个方面的理论和方法。本章主要讲述以下几个问题：结构应力与变形计算涉及的固体力学的平衡微分方程和弹性体的虚功原理，有限元网格的建立和软件应用，渗流问题等势线与温度问题等温线绘制，线性方程组求解。本章意在通过讲述这几个问题，加强读者对有关理论的理解和有关方法的掌握。本章还讲述利用有限单元法对结构应力与变形进行计算时，基于加权余量法建立单元刚度矩阵和求解方程组的相关内容，以加深读者对有限单元法的理解。

5.1　固体力学的基础理论

5.1.1　固体力学的平衡微分方程

水工结构力学计算中，经常用到固体力学的平衡微分方程，如重力坝的应力计算。本节将较详细地讲述固体力学平衡微分方程的建立过程。

在固体中的一点 P 处取微元体，如图 5-1 所示。微元体边界上作用有正应力和剪应力，微元体上作用有 x 轴方向的体积力 X 和 y 轴方向的体积力 Y（体积力的单位为 $\mathrm{N/m^3}$，材料的自重是常见的竖向体积力）。正应力以拉为正；剪应力正向如图 5-1 所标；体积力以沿坐标轴的正向为正，如图 5-1 所标。图 5-1 中标注了微元体边界角点处略去更高阶的无穷小量后的正应力和剪应力，图 5-2 显示了微元体边界上正应力和剪应力的分布。

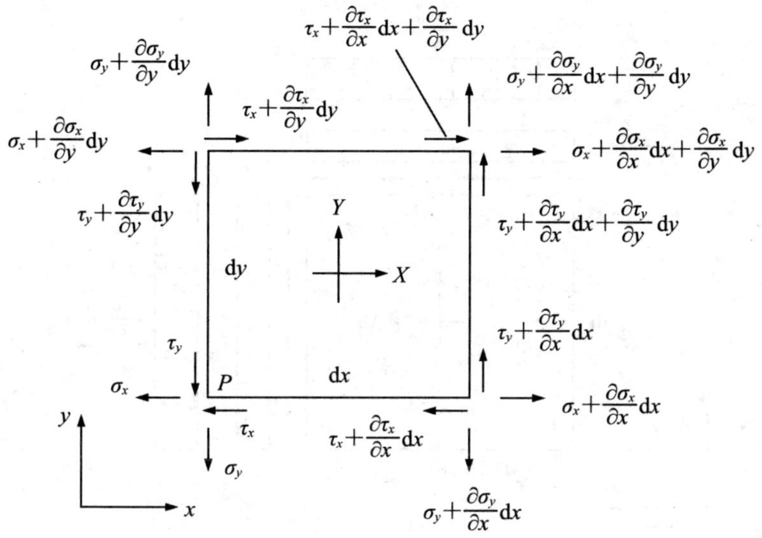

图5-1　固体中微元体受力简图(边界上的正应力和剪应力略去了更高阶的无穷小量)

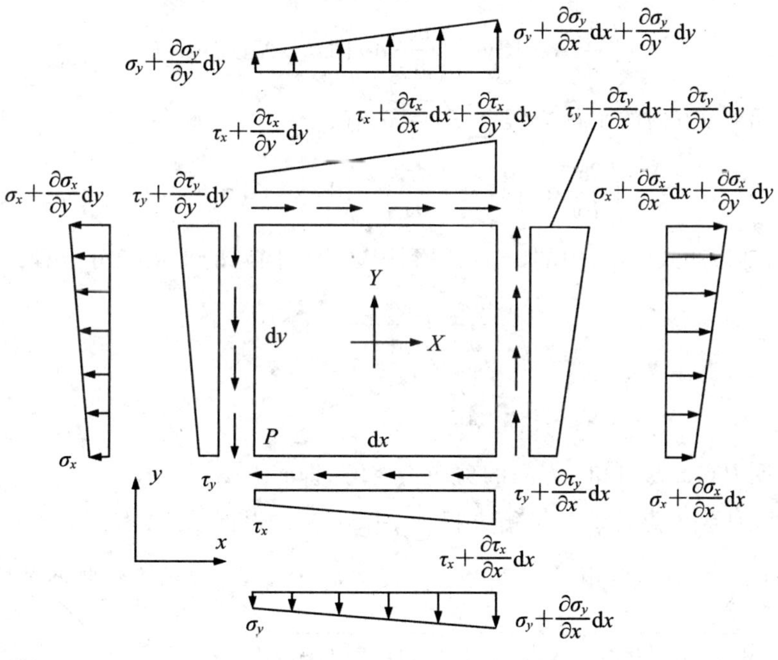

图5-2　固体中微元体边界上的正应力和剪应力分布(略去了更高阶的无穷小量)

根据图5-2,微元体两对侧边界上的正应力与正应力、剪应力与剪应力相抵消后,微元体边界上剩余的正应力和剪应力如图5-3所示。

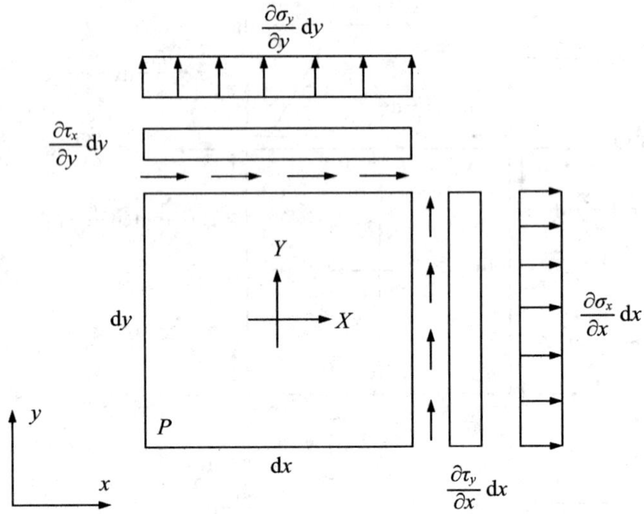

图 5-3　固体中微元体边界上剩余的正应力和剪应力分布(略去了更高阶的无穷小量)

根据微元体 x 方向的平衡方程 $\sum F_x=0$,有:

$$\left(\frac{\partial \sigma_x}{\partial x}\mathrm{d}x\right)\mathrm{d}y+\left(\frac{\partial \tau_x}{\partial y}\mathrm{d}y\right)\mathrm{d}x+X\mathrm{d}x\mathrm{d}y=0 \tag{5-1}$$

根据微元体 y 方向的平衡方程 $\sum F_y=0$,有:

$$\left(\frac{\partial \sigma_y}{\partial y}\mathrm{d}y\right)\mathrm{d}x+\left(\frac{\partial \tau_y}{\partial x}\mathrm{d}x\right)\mathrm{d}y+Y\mathrm{d}x\mathrm{d}y=0 \tag{5-2}$$

约去式(5-1)和式(5-2)中的 $\mathrm{d}x\mathrm{d}y$,得到固体力学问题的平衡微分方程:

$$\begin{cases}\dfrac{\partial \sigma_x}{\partial x}+\dfrac{\partial \tau_x}{\partial y}+X=0\\[2ex]\dfrac{\partial \sigma_y}{\partial y}+\dfrac{\partial \tau_y}{\partial x}+Y=0\end{cases} \tag{5-3}$$

下面证明 P 点 x 方向和 y 方向的剪应力互等,即 $\tau_x=\tau_y$。

根据微元体绕 P 点转动的平衡方程 $\sum M_{\mathrm{P}}=0$,并根据图 5-2 和图 5-3,可得到:

微元体顶面剪应力弯矩　　　　微元体右侧面剪应力弯矩

$$\frac{1}{2}\left(\tau_x+\frac{\partial \tau_x}{\partial y}\mathrm{d}y+\tau_x+\frac{\partial \tau_x}{\partial x}\mathrm{d}x+\frac{\partial \tau_x}{\partial y}\mathrm{d}y\right)\mathrm{d}x\mathrm{d}y-\frac{1}{2}\left(\tau_y+\frac{\partial \tau_y}{\partial x}\mathrm{d}x+\tau_y+\frac{\partial \tau_y}{\partial x}\mathrm{d}x+\frac{\partial \tau_y}{\partial y}\mathrm{d}y\right)\mathrm{d}y\mathrm{d}x$$

$$-\left(\frac{\partial \sigma_y}{\partial y}\mathrm{d}y\right)\mathrm{d}x\left(\frac{1}{2}\mathrm{d}x\right)+\left(\frac{\partial \sigma_x}{\partial x}\mathrm{d}x\right)\mathrm{d}y\left(\frac{1}{2}\mathrm{d}y\right)-Y\mathrm{d}x\mathrm{d}y\left(\frac{1}{2}\mathrm{d}x\right)+X\mathrm{d}x\mathrm{d}y\left(\frac{1}{2}\mathrm{d}y\right)=0$$

微元体边界正应力弯矩　　　　微元体体积力弯矩

(5-4)

式(5-4)中，约去$dxdy$，并整理得到：

$$\begin{aligned}&\tau_x+\frac{\partial\tau_x}{\partial y}dy+\frac{1}{2}\cdot\frac{\partial\tau_x}{\partial x}dx-\tau_y-\frac{\partial\tau_y}{\partial x}dx-\frac{1}{2}\cdot\frac{\partial\tau_y}{\partial y}dy\\&-\frac{1}{2}\cdot\frac{\partial\sigma_y}{\partial y}dx+\frac{1}{2}\cdot\frac{\partial\sigma_x}{\partial x}dy-\frac{1}{2}\cdot Ydx+\frac{1}{2}\cdot Xdy=0\end{aligned}\tag{5-5}$$

式(5-5)中，令$dx=0$和$dy=0$，得到：

$$\tau_x-\tau_y=0\tag{5-6}$$

由式(5-6)得到：

$$\tau_x=\tau_y\tag{5-7}$$

可见，P点x方向和y方向的剪应力是互等的。因此，在平面问题中，某点处的剪应力分量τ_x和τ_y均可以用τ_{xy}表示，或者用τ表示。

参照以上二维平面问题平衡微分方程的建立方法，可以建立三维空间问题的平衡微分方程：

$$\begin{cases}\dfrac{\partial\sigma_x}{\partial x}+\dfrac{\partial\tau_{yx}}{\partial y}+\dfrac{\partial\tau_{zx}}{\partial z}+X=0\\[2mm]\dfrac{\partial\sigma_y}{\partial y}+\dfrac{\partial\tau_{zy}}{\partial z}+\dfrac{\partial\tau_{xy}}{\partial x}+Y=0\\[2mm]\dfrac{\partial\sigma_z}{\partial z}+\dfrac{\partial\tau_{xz}}{\partial x}+\dfrac{\partial\tau_{yz}}{\partial y}+Z=0\end{cases}\tag{5-8}$$

式中，X、Y和Z分别代表固体内某点处x方向、y方向和z方向作用的体积力；τ_{yx}和τ_{zx}分别为垂直于y轴的截面和垂直于z轴截面的x轴方向的剪应力；τ_{xy}和τ_{zy}分别为垂直于x轴的截面和垂直于z轴截面的y轴方向的剪应力；τ_{xz}和τ_{yz}分别为垂直于x轴的截面和垂直于y轴截面的z轴方向的剪应力。

式(5-8)中的三个微分方程是由微元体在x方向、y方向和z方向的平衡方程得到的。固体内某点处与三个坐标轴垂直的截面上的各应力分量及其正向如图5-4所示。σ_x、σ_y和σ_z分别代表x方向、y方向和z方向的正应力，以拉应力为正。

剪应力正负值规定：如果某个截面的外法线方向是沿坐标轴正向的，则这个截面上的两个剪应力分量沿坐标轴的正向为正，沿坐标轴的负向为负。如果某个截面的外法线方向是沿坐标轴的负向的，则这个截面上的两个剪应力分量沿坐标轴的负向为正，沿坐标轴的止向为负，如图5-4所示。根据剪应力互等，有$\tau_{yx}=\tau_{xy}$，$\tau_{zx}=\tau_{xz}$，$\tau_{zy}=\tau_{yz}$。

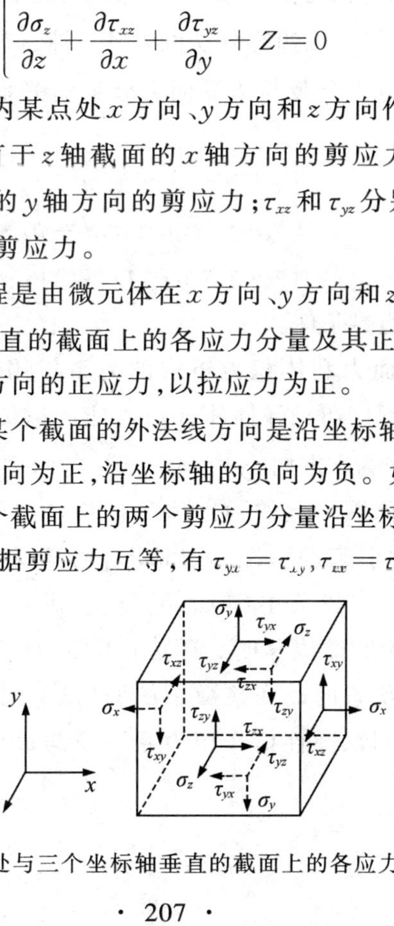

图5-4　固体中某点处与三个坐标轴垂直的截面上的各应力分量及其正向

5.1.2 弹性体的虚功原理

弹性体的虚功原理在结构力学计算中经常用到，本节较详细地给出弹性体虚功原理的证明。

虚功原理又称虚位移原理。理论力学中关于刚体系统及其质点系平衡的虚功原理，是在18世纪由J. 伯努利(J. Bernoulli)和J. L. 拉格朗日(J. L. Lagrange)提出的。而弹性体的虚功原理，则是在20世纪50年代由J. H. 阿吉里斯(J. H. Argyris)明确提出的。弹性体虚功原理的建立，为杆件结构和连续结构的位移和内力(应力)计算提供了统一的方法，称为矩阵方法。该方法包括位移法和力法，也为有限单元法计算连续结构力学问题奠定了基础。弹性体的虚功原理是现在结构力学和弹性力学教科书中的一个重要内容。

弹性体的虚功原理表述为：弹性体在边界面力和体积力组成的力系作用下处于平衡状态时，力系在任何微小虚位移上的外力虚功等于弹性体应力在虚应变上的内力虚功。反之，弹性体在边界面力和体积力组成的力系作用下，如果对于任何微小虚位移，外力虚功等于内力虚功，则弹性体的应力状态满足平衡微分方程，弹性体处于平衡状态。

5.1.2.1 弹性体虚功原理证明

设弹性体边界上作用有面力$\boldsymbol{p}=[\,p_x \quad p_y \quad p_z\,]^{\mathrm{T}}$，其中$p_x$、$p_y$和$p_z$分别为$x$方向、$y$方向和$z$方向边界上的面力分量。设边界外法线对于$x$轴、$y$轴和$z$轴的方向余弦分别为$l$、$m$和$n$，则弹性体边界上的应力分量与边界面力分量的关系为(具体推导见弹性力学相关教材)：

$$\begin{cases}\sigma_x l+\tau_{yx}m+\tau_{zx}n=p_x\\ \sigma_y m+\tau_{zy}n+\tau_{xy}l=p_y\\ \sigma_z n+\tau_{xz}l+\tau_{yz}m=p_z\end{cases}\tag{5-9}$$

式(5-9)是弹性体的应力边界条件。

如果弹性体在边界面力和体积力组成的力系作用下处于平衡状态，则弹性体中的应力满足平衡微分方程(5-8)，弹性体任何可能的虚位移$\boldsymbol{\delta f}=[\,\delta u \quad \delta v \quad \delta w\,]^{\mathrm{T}}$，满足式(5-10)，$\delta u$、$\delta v$、$\delta w$分别为$x$方向、$y$方向和$z$方向的虚位移。所谓虚位移，是指弹性体作用力系以外的其他原因引起的弹性体的位移。虚位移可以是其他荷载作用产生的弹性体位移、温度变化引起的弹性体位移等，也可以是假想的弹性体几何上相容的和约束许可的位移[见5.1.2.2节中(4)的说明]。虚功原理要求虚位移是微小的，这样，可以认为弹性体在发生虚位移时，弹性体形状、弹性体作用力系以及与该作用力系相应的弹性体的应力状态的改变是微小的，可以忽略。或者说，弹性体在发生虚位移时，可以认为弹性体形状、弹性体作用力系以及与该作用力系相应的弹性体的应力状态保持不变。

$$\iiint_V \left[\left(\frac{\partial \sigma_x}{\partial x}+\frac{\partial \tau_{yx}}{\partial y}+\frac{\partial \tau_{zx}}{\partial z}+X\right)\delta u+\left(\frac{\partial \sigma_y}{\partial y}+\frac{\partial \tau_{zy}}{\partial z}+\frac{\partial \tau_{xy}}{\partial x}+Y\right)\delta v+\left(\frac{\partial \sigma_z}{\partial z}+\frac{\partial \tau_{xz}}{\partial x}+\frac{\partial \tau_{yz}}{\partial y}+Z\right)\delta w\right]\mathrm{d}V=0 \tag{5-10}$$

式(5-10)是在弹性体上的积分,其中V代表弹性体的体积。对式(5-10)采用分部积分和高斯公式进行变换。根据分部积分,有:

$$\frac{\partial[\sigma_x(\delta u)]}{\partial x}=\frac{\partial \sigma_x}{\partial x}\delta u+\sigma_x\frac{\partial(\delta u)}{\partial x} \tag{5-11}$$

由此得到:

$$\frac{\partial \sigma_x}{\partial x}\delta u=\frac{\partial[\sigma_x(\delta u)]}{\partial x}-\sigma_x\frac{\partial(\delta u)}{\partial x} \tag{5-12a}$$

同理,可以得到:

$$\frac{\partial \tau_{yx}}{\partial y}\delta u=\frac{\partial[\tau_{yx}(\delta u)]}{\partial y}-\tau_{yx}\frac{\partial(\delta u)}{\partial y} \tag{5-12b}$$

$$\frac{\partial \tau_{zx}}{\partial z}\delta u=\frac{\partial[\tau_{zx}(\delta u)]}{\partial z}-\tau_{zx}\frac{\partial(\delta u)}{\partial z} \tag{5-12c}$$

$$\frac{\partial \sigma_y}{\partial y}\delta v=\frac{\partial[\sigma_y(\delta v)]}{\partial y}-\sigma_y\frac{\partial(\delta v)}{\partial y} \tag{5-12d}$$

$$\frac{\partial \tau_{zy}}{\partial z}\delta v=\frac{\partial[\tau_{zy}(\delta v)]}{\partial z}-\tau_{zy}\frac{\partial(\delta v)}{\partial z} \tag{5-12e}$$

$$\frac{\partial \tau_{xy}}{\partial x}\delta v=\frac{\partial[\tau_{xy}(\delta v)]}{\partial x}-\tau_{xy}\frac{\partial(\delta v)}{\partial x} \tag{5-12f}$$

$$\frac{\partial \sigma_z}{\partial z}\delta w=\frac{\partial[\sigma_z(\delta w)]}{\partial z}-\sigma_z\frac{\partial(\delta w)}{\partial z} \tag{5-12g}$$

$$\frac{\partial \tau_{xz}}{\partial x}\delta w=\frac{\partial[\tau_{xz}(\delta w)]}{\partial x}-\tau_{xz}\frac{\partial(\delta w)}{\partial x} \tag{5-12h}$$

$$\frac{\partial \tau_{yz}}{\partial y}\delta w=\frac{\partial[\tau_{yz}(\delta w)]}{\partial y}-\tau_{yz}\frac{\partial(\delta w)}{\partial y} \tag{5-12i}$$

把式(5-12a)～式(5-12i)代入式(5-10),得到:

$$\underbrace{\iiint_V \left\{\frac{\partial[\sigma_x(\delta u)+\tau_{xy}(\delta v)+\tau_{xz}(\delta w)]}{\partial x}+\frac{\partial[\sigma_y(\delta v)+\tau_{yx}(\delta u)+\tau_{yz}(\delta w)]}{\partial y}+\frac{\partial[\sigma_z(\delta w)+\tau_{zx}(\delta u)+\tau_{zy}(\delta v)]}{\partial z}\right\}\mathrm{d}V}_{I_{V,1}}$$

$$-\iiint_V\left[\sigma_x\frac{\partial(\delta u)}{\partial x}+\sigma_y\frac{\partial(\delta v)}{\partial y}+\sigma_z\frac{\partial(\delta w)}{\partial z}+\tau_{yx}\frac{\partial(\delta u)}{\partial y}+\tau_{xy}\frac{\partial(\delta v)}{\partial x}\right.$$
$$\left.+\tau_{zy}\frac{\partial(\delta v)}{\partial z}+\tau_{yz}\frac{\partial(\delta w)}{\partial y}+\tau_{zx}\frac{\partial(\delta u)}{\partial z}+\tau_{xz}\frac{\partial(\delta w)}{\partial x}\right]\mathrm{d}V$$

$I_{V.2}$

$$+\iiint_V[X(\delta u)+Y(\delta v)+Z(\delta w)]\mathrm{d}V=0$$

$I_{V.3}$

(5-13)

对式(5-13)等号左边第一个积分项$I_{V.1}$运用高斯公式(高斯公式在5.1节最后介绍),并根据式(5-9),有:

$$\begin{aligned}I_{V.1}=&\iint_S\{[\sigma_x(\delta u)+\tau_{xy}(\delta v)+\tau_{xz}(\delta w)]l+[\sigma_y(\delta v)+\tau_{yx}(\delta u)+\tau_{yz}(\delta w)]m\\&+[\sigma_z(\delta w)+\tau_{zx}(\delta u)+\tau_{zy}(\delta v)]n\}\mathrm{d}S\\=&\iint_S\left[(\sigma_x l+\tau_{yx}m+\tau_{zx}n)\delta u+(\sigma_y m+\tau_{zy}n+\tau_{xy}l)\delta v+(\sigma_z n+\tau_{xz}l+\tau_{yz}m)\delta w\right]\mathrm{d}S\\=&\iint_S[p_x(\delta u)+p_y(\delta v)+p_z(\delta w)]\mathrm{d}S\end{aligned}\tag{5-14}$$

式中,S为弹性体的边界;$I_{V.1}$为弹性体边界上作用的面力在虚位移上做的虚功。

对式(5-13)等号左边第二个积分项$I_{V.2}$进行变换。当虚位移是微小的、引起的结构变形为小变形时,根据小变形问题的几何方程,虚位移引起的虚应变为:

$$\frac{\partial(\delta u)}{\partial x}=\delta\varepsilon_x\tag{5-15a}$$

$$\frac{\partial(\delta v)}{\partial y}=\delta\varepsilon_y\tag{5-15b}$$

$$\frac{\partial(\delta w)}{\partial z}=\delta\varepsilon_z\tag{5-15c}$$

$$\frac{\partial(\delta u)}{\partial y}+\frac{\partial(\delta v)}{\partial x}=\delta\gamma_{xy}\tag{5-15d}$$

$$\frac{\partial(\delta v)}{\partial z}+\frac{\partial(\delta w)}{\partial y}=\delta\gamma_{yz}\tag{5-15e}$$

$$\frac{\partial(\delta u)}{\partial z}+\frac{\partial(\delta w)}{\partial x}=\delta\gamma_{zx}\tag{5-15f}$$

把式(5-15a)~式(5-15f)代入式(5-13)等号左边第二个积分项$I_{V.2}$,得到:

$$I_{V.2}=\iiint_V[\sigma_x(\delta\varepsilon_x)+\sigma_y(\delta\varepsilon_y)+\sigma_z(\delta\varepsilon_z)+\tau_{xy}(\delta\gamma_{xy})+\tau_{yz}(\delta\gamma_{yz})+\tau_{zx}(\delta\gamma_{zx})]\mathrm{d}V\tag{5-16}$$

式中，$I_{V.2}$为弹性体内的应力在虚应变上做的虚功。

式(5-13)中，$I_{V.3}$代表了弹性体中作用的体积力在虚位移上做的虚功。

把$I_{V.1}$的表达式(5-14)和$I_{V.2}$的表达式(5-16)代入式(5-13)，得到：

$$\begin{aligned}&\iint_S[p_x(\delta u)+p_y(\delta v)+p_z(\delta w)]\mathrm{d}S+\iiint_V[X(\delta u)+Y(\delta v)+Z(\delta w)]\mathrm{d}V\\&=\iiint_V\left[\sigma_x\left(\delta\varepsilon_x\right)+\sigma_y\left(\delta\varepsilon_y\right)+\sigma_z\left(\delta\varepsilon_z\right)+\tau_{xy}\left(\delta\gamma_{xy}\right)+\tau_{yz}\left(\delta\gamma_{yz}\right)+\tau_{zx}\left(\delta\gamma_{zx}\right)\right]\mathrm{d}V\end{aligned} \tag{5-17}$$

式(5-17)等号左边代表了弹性体边界上作用的面力和弹性体中作用的体积力在虚位移上做的功，称为外力虚功，可用δW表示；等号右边代表了弹性体中的应力在虚应变上做的功，称为内力虚功，可用δU表示。因此，式(5-17)可表示为：

$$\delta W=\delta U \tag{5-18}$$

式(5-18)表明，弹性体在边界面力和体积力组成的力系作用下，处于平衡状态时，力系在任何微小虚位移上的外力虚功等于弹性体应力在虚应变上的内力虚功。

按照上面相反的过程，可以证明：弹性体在边界面力和体积力组成的力系作用下，如果对于任何微小虚位移，外力虚功等于内力虚功，则弹性体的应力状态满足平衡微分方程(5-8)，则弹性体处于平衡状态。

式(5-14)中的$I_{V.1}$代表了弹性体边界上的面力虚功，式(5-13)中的$I_{V.3}$代表了弹性体中体积力的虚功，是显然的。式(5-16)中的$I_{V.2}$代表了弹性体内的应力在虚应变上做的虚功，下面对此进行说明。

由图5 5(a)可知，在略去了更高阶的小量后，弹性体单位体积内正应力σ_x和σ_y的虚功分别为：

$$\frac{\left(\sigma_x\mathrm{d}y\mathrm{d}z\right)\left[\dfrac{\partial(\delta u)}{\partial x}\mathrm{d}x\right]}{\mathrm{d}x\mathrm{d}y\mathrm{d}z}=\sigma_x\frac{\partial(\delta u)}{\partial x}=\sigma_x(\delta\varepsilon_x) \tag{5-19a}$$

$$\frac{\left(\sigma_y\mathrm{d}x\mathrm{d}z\right)\left[\dfrac{\partial(\delta v)}{\partial y}\mathrm{d}y\right]}{\mathrm{d}x\mathrm{d}y\mathrm{d}z}=\sigma_y\frac{\partial(\delta v)}{\partial y}=\sigma_y(\delta\varepsilon_y) \tag{5-19b}$$

同理，弹性体单位体积内正应力σ_z的虚功为：

$$\frac{\left(\sigma_z\mathrm{d}x\mathrm{d}y\right)\left[\dfrac{\partial(\delta w)}{\partial z}\mathrm{d}z\right]}{\mathrm{d}x\mathrm{d}y\mathrm{d}z}=\sigma_z\frac{\partial(\delta w)}{\partial z}=\sigma_z(\delta\varepsilon_z) \tag{5-19c}$$

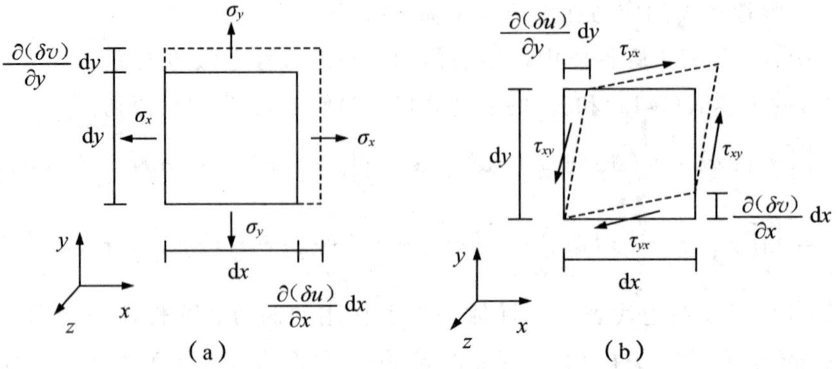

图5-5　正应力和剪应力的虚功说明示意

由图5-5(b)可知,在略去了更高阶的小量后,弹性体单位体积内剪应力τ_{xy}和τ_{yx}的虚功合在一起为:

$$\frac{(\tau_{xy}\mathrm{d}y\mathrm{d}z)\left[\frac{\partial(\delta v)}{\partial x}\mathrm{d}x\right]}{\mathrm{d}x\mathrm{d}y\mathrm{d}z}+\frac{(\tau_{yx}\mathrm{d}x\mathrm{d}z)\left[\frac{\partial(\delta u)}{\partial y}\mathrm{d}y\right]}{\mathrm{d}x\mathrm{d}y\mathrm{d}z}=\tau_{xy}\left[\frac{\partial(\delta v)}{\partial x}+\frac{\partial(\delta u)}{\partial y}\right]=\tau_{xy}(\delta\gamma_{xy}) \tag{5-19d}$$

同理,弹性体单位体积内剪应力τ_{yz}和τ_{zy}的虚功合在一起为:

$$\frac{(\tau_{yz}\mathrm{d}z\mathrm{d}x)\left[\frac{\partial(\delta w)}{\partial y}\mathrm{d}y\right]}{\mathrm{d}x\mathrm{d}y\mathrm{d}z}+\frac{(\tau_{zy}\mathrm{d}x\mathrm{d}y)\left[\frac{\partial(\delta v)}{\partial z}\mathrm{d}z\right]}{\mathrm{d}x\mathrm{d}y\mathrm{d}z}=\tau_{yz}\left[\frac{\partial(\delta w)}{\partial y}+\frac{\partial(\delta v)}{\partial z}\right]=\tau_{yz}(\delta\gamma_{yz}) \tag{5-19e}$$

弹性体单位体积内剪应力τ_{zx}和τ_{xz}的虚功合在一起为:

$$\frac{(\tau_{zx}\mathrm{d}x\mathrm{d}y)\left[\frac{\partial(\delta u)}{\partial z}\mathrm{d}z\right]}{\mathrm{d}x\mathrm{d}y\mathrm{d}z}+\frac{(\tau_{xz}\mathrm{d}y\mathrm{d}z)\left[\frac{\partial(\delta w)}{\partial x}\mathrm{d}x\right]}{\mathrm{d}x\mathrm{d}y\mathrm{d}z}=\tau_{zx}\left[\frac{\partial(\delta u)}{\partial z}+\frac{\partial(\delta w)}{\partial x}\right]=\tau_{zx}(\delta\gamma_{zx}) \tag{5-19f}$$

由式(5-19a)～(5-19f)可以得出,式(5-16)的$I_{V.2}$代表了弹性体内的应力在虚应变上做的虚功。

5.1.2.2　虚功原理说明

(1)弹性体边界上或弹性体内部作用有集中力时,虚功原理显然适用。此时,集中力的虚功等于集中力乘以其作用点的虚位移。因为弹性体边界上作用的集中力,可以先看作是作用在边界很小面积上的面力,在这个很小的面积上,面力的虚功等于该集中力乘以其作用点的虚位移。同理,弹性体内部作用的集中力,可以先看作是作用在内部很小体积上的体积力,在这个很小的体积上,体积力的虚功等于该集中力乘以其作用点的虚位移。

(2)弹性体虚功原理的证明并未涉及材料的应力应变关系,因而当材料的应力应变关系是线弹性或非线性时,虚功原理都是适用的。

(3)弹性体的虚功原理只涉及弹性体在力系作用下的平衡问题,适用于弹性体边界上不存在位移约束的情况。

但很显然,当弹性体边界上存在位移约束时,虚功原理仍然成立。因为边界上的位移约束可用相应的作用于边界上的力代替,这样弹性体边界上存在位移约束的情况仍然属于弹性体受到力系作用、边界上不存在位移约束的情况,虚功原理成立。当弹性体边界上存在位移约束时,弹性体的虚位移应当是边界上位移约束所许可的位移,在位移约束处虚位移应当为0。这样,在边界位移约束处的外力虚功为0,在计算外力虚功时,就不用考虑边界位移约束处的外力虚功了。

(4)弹性体虚功原理中的虚位移应当是微小位移,即其引起的弹性体变形应当是小变形。这样才可以认为在发生虚位移时,弹性体的形状、作用力系以及与该作用力系相应的弹性体的应力状态保持不变。式(5-15a)~式(5-15f)计算虚位移引起的虚应变时,用到了小变形问题的应变方程。

另外,要求虚位移在弹性体上是连续的,即虚位移在弹性体上是光滑的或分区光滑的,也就是虚位移在几何上是相容的。因为虚功方程(5-13)是个积分方程,其中出现了虚位移偏导数在弹性体上的积分,只要虚位移在弹性体上连续,即光滑或分区光滑,虚功方程就成立。

下面介绍高斯公式:

设空间区域Ω是由分片光滑的闭曲面Σ所围成,函数$P(x,y,z)$、$Q(x,y,z)$、$R(x,y,z)$在Ω上连续,其一阶偏导数在Ω上可积,则有:

$$\iiint_{\Omega}\left(\frac{\partial P}{\partial x}+\frac{\partial Q}{\partial y}+\frac{\partial R}{\partial z}\right)\mathrm{d}V=\oiint_{\Sigma}(P\cos\alpha+Q\cos\beta+R\cos\gamma)\mathrm{d}S \tag{5-20}$$

式中,$\cos\alpha$、$\cos\beta$和$\cos\gamma$分别是闭曲面Σ上的点(x,y,z)处边界外法线对于x轴、y轴和z轴的方向余弦。

高斯公式建立了函数偏导数在空间域上的体积积分与函数在边界上的面积积分之间的关系。

5.2　基于加权余量法建立单元刚度矩阵和求解方程组

利用有限单元法计算结构应力与变形时,从结构作用力平衡的角度来考虑,可根据虚功原理建立单元刚度矩阵,可以根据有限元结构的平衡方程建立求解方程组。从误差控制的角度来考虑,单元刚度矩阵和求解方程组也可以基于加权余量法来建立。两种途径的结果相同。

5.2.1 单元刚度矩阵的建立

以四个结点的四边形单元(见图5-6)为例。如4.13节所讲,四个结点的位移形函数为:

$$\begin{cases} N_i=\frac{1}{4}(1-\xi)(1-\eta) \\ N_j=\frac{1}{4}(1+\xi)(1-\eta) \\ N_m=\frac{1}{4}(1+\xi)(1+\eta) \\ N_p=\frac{1}{4}(1-\xi)(1+\eta) \end{cases} \tag{5-21}$$

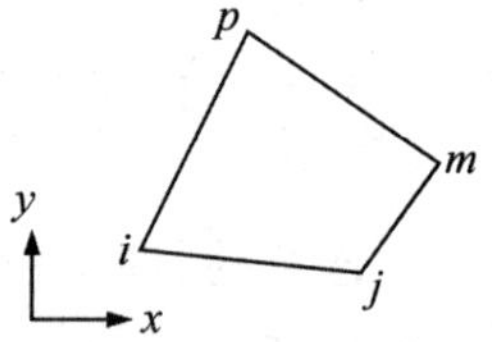

图5-6 四边形单元示意

平面问题中固体的平衡微分方程由式(5-3)给出,具体如下:

$$\frac{\partial \sigma_x}{\partial x}+\frac{\partial \tau_{xy}}{\partial y}+X=0 \tag{5-22a}$$

$$\frac{\partial \sigma_y}{\partial y}+\frac{\partial \tau_{xy}}{\partial x}+Y=0 \tag{5-22b}$$

式中,由于剪应力τ_x与τ_y相等,因此剪应力τ_x与τ_y均用τ_{xy}表示。

采用伽辽金加权余量法,以单元的结点位移形函数为权函数,令平衡微分方程(5-22)的误差(余量)在单元域上的加权积分为0,进而建立方程。

根据形函数N_i与式(5-22a)误差的加权积分为0建立的方程为:

$$\iint_A N_i\left(\frac{\partial \sigma_x}{\partial x}+\frac{\partial \tau_{xy}}{\partial y}+X\right)\mathrm{d}A=0 \tag{5-23}$$

式中,A为单元的面积。

对式(5-23)进行变换,根据分部积分,有:

$$\frac{\partial (N_i\sigma_x)}{\partial x}=\frac{\partial N_i}{\partial x}\sigma_x+N_i\frac{\partial \sigma_x}{\partial x} \tag{5-24a}$$

$$\frac{\partial (N_i\tau_{xy})}{\partial y}=\frac{\partial N_i}{\partial y}\tau_{xy}+N_i\frac{\partial \tau_{xy}}{\partial y} \tag{5-24b}$$

根据式(5-24a)和式(5-24b),有:

$$N_i\frac{\partial\sigma_x}{\partial x}=\frac{\partial(N_i\sigma_x)}{\partial x}-\frac{\partial N_i}{\partial x}\sigma_x \tag{5-25a}$$

$$N_i\frac{\partial\tau_{xy}}{\partial y}=\frac{\partial(N_i\tau_{xy})}{\partial y}-\frac{\partial N_i}{\partial y}\tau_{xy} \tag{5-25b}$$

根据式(5-25a)和式(5-25b),式(5-23)可变换为:

$$\iint_A\left[\frac{\partial(N_i\sigma_x)}{\partial x}+\frac{\partial(N_i\tau_{xy})}{\partial y}-\frac{\partial N_i}{\partial x}\sigma_x-\frac{\partial N_i}{\partial y}\tau_{xy}+N_iX\right]\mathrm{d}A=0 \tag{5-26}$$

根据高斯公式,有:

$$\iint_A\left[\frac{\partial(N_i\sigma_x)}{\partial x}+\frac{\partial(N_i\tau_{xy})}{\partial y}\right]\mathrm{d}A=\oint_\Gamma(N_i\sigma_xl+N_i\tau_{xy}m)\mathrm{d}\Gamma \tag{5-27}$$

式中,Γ为单元的全部边界,对于四边形单元,全部边界由单元的四个边组成;l和m分别为单元边界的外法线对于坐标轴x轴和y轴的方向余弦。

根据弹性力学,对于平面问题,弹性体边界上的应力分量与边界面力分量的关系为:

$$\begin{cases}\sigma_xl+\tau_{xy}m=p_x\\ \sigma_ym+\tau_{xy}l=p_y\end{cases} \tag{5-28}$$

式中,p_x和p_y分别为单元边界上作用的x轴方向和y轴方向的面力。

式(5-28)是弹性体平面问题的应力边界条件,它给出了弹性体应力分量的边界值与边界面力分量的关系。

根据式(5-27)和式(5-28),式(5-26)可表示为:

$$\iint_A\left(\frac{\partial N_i}{\partial x}\sigma_x+\frac{\partial N_i}{\partial y}\tau_{xy}\right)\mathrm{d}A=\oint_\Gamma N_ip_x\mathrm{d}\Gamma+\iint_A N_iX\mathrm{d}A \tag{5-29}$$

如果把单元边界上作用的面力和单元上作用的体积力等效移置到单元结点上,式(5-29)中$\oint_\Gamma N_ip_x\mathrm{d}\Gamma$表示边界面力$p_x$在$i$结点产生的$x$轴方向的等效结点力,$\iint_A N_iX\mathrm{d}A$表示体积力$X$在$i$结点产生的$x$轴方向的等效结点力。令$U_i$代表单元$i$结点$x$轴方向的等效结点力,有:

$$U_i=\oint_\Gamma N_ip_x\mathrm{d}\Gamma+\iint_A N_iX\mathrm{d}A \tag{5-30}$$

将式(5-29)等号左边用矩阵表达,并根据式(5-30),有:

$$\iint_A\begin{bmatrix}\dfrac{\partial N_i}{\partial x} & 0 & \dfrac{\partial N_i}{\partial y}\end{bmatrix}\begin{bmatrix}\sigma_x\\ \sigma_y\\ \tau_{xy}\end{bmatrix}\mathrm{d}A=U_i \tag{5-31}$$

根据形函数N_i与式(5-22b)误差的加权积分为0建立的方程为:

$$\iint_A N_i\left(\frac{\partial\sigma_y}{\partial y}+\frac{\partial\tau_{xy}}{\partial x}+Y\right)\mathrm{d}A=0 \tag{5-32}$$

对式(5-32)进行变换,根据分部积分,有:

$$\frac{\partial(N_i\sigma_y)}{\partial y}=\frac{\partial N_i}{\partial y}\sigma_y+N_i\frac{\partial\sigma_y}{\partial y}\tag{5-33a}$$

$$\frac{\partial(N_i\tau_{xy})}{\partial x}=\frac{\partial N_i}{\partial x}\tau_{xy}+N_i\frac{\partial\tau_{xy}}{\partial x}\tag{5-33b}$$

根据式(5-33a)和式(5-33b),有:

$$N_i\frac{\partial\sigma_y}{\partial y}=\frac{\partial(N_i\sigma_y)}{\partial y}-\frac{\partial N_i}{\partial y}\sigma_y\tag{5-34a}$$

$$N_i\frac{\partial\tau_{xy}}{\partial x}=\frac{\partial(N_i\tau_{xy})}{\partial x}-\frac{\partial N_i}{\partial x}\tau_{xy}\tag{5-34b}$$

根据式(5-34a)和式(5-34b),式(5-32)可变换为:

$$\iint_A\left[\frac{\partial(N_i\sigma_y)}{\partial y}+\frac{\partial(N_i\tau_{xy})}{\partial x}-\frac{\partial N_i}{\partial y}\sigma_y-\frac{\partial N_i}{\partial x}\tau_{xy}+N_iY\right]\mathrm{d}A=0\tag{5-35}$$

根据高斯公式,有:

$$\iint_A\left[\frac{\partial(N_i\sigma_y)}{\partial y}+\frac{\partial(N_i\tau_{xy})}{\partial x}\right]\mathrm{d}A=\oint_\Gamma(N_i\sigma_ym+N_i\tau_{xy}l)\mathrm{d}\Gamma\tag{5-36}$$

根据式(5-36)和式(5-28),式(5-35)可变换为:

$$\iint_A\left(\frac{\partial N_i}{\partial y}\sigma_y+\frac{\partial N_i}{\partial x}\tau_{xy}\right)\mathrm{d}A=\oint_\Gamma N_ip_y\mathrm{d}\Gamma+\iint_A N_iY\mathrm{d}A\tag{5-37}$$

如果把单元边界上作用的面力和单元上作用的体积力等效移置到单元结点上,式(5-37)等号右边代表了边界面力 p_y 和体积力 Y 在 i 结点产生的 y 轴方向的等效结点力。令 V_i 代表单元 i 结点 y 轴方向的等效结点力,有:

$$V_i=\oint_\Gamma N_ip_y\mathrm{d}\Gamma+\iint_A N_iY\mathrm{d}A\tag{5-38}$$

将式(5-37)等号左边用矩阵表达,并根据式(5-38),有:

$$\iint_A\begin{bmatrix}0 & \frac{\partial N_i}{\partial y} & \frac{\partial N_i}{\partial x}\end{bmatrix}\begin{bmatrix}\sigma_x\\ \sigma_y\\ \tau_{xy}\end{bmatrix}\mathrm{d}A=V_i\tag{5-39}$$

根据形函数 N_j 与式(5-22)误差的加权积分为0建立的方程为:

$$\iint_A N_j\left(\frac{\partial\sigma_x}{\partial x}+\frac{\partial\tau_{xy}}{\partial y}+X\right)\mathrm{d}A=0\tag{5-40}$$

$$\iint_A N_j\left(\frac{\partial\sigma_y}{\partial y}+\frac{\partial\tau_{xy}}{\partial x}+Y\right)\mathrm{d}A=0\tag{5-41}$$

通过与上面同样的推导过程,可得到:

$$\iint_A \begin{bmatrix} \frac{\partial N_j}{\partial x} & 0 & \frac{\partial N_j}{\partial y} \end{bmatrix} \begin{bmatrix} \sigma_x \\ \sigma_y \\ \tau_{xy} \end{bmatrix} \mathrm{d}A = U_j \tag{5-42}$$

$$\iint_A \begin{bmatrix} 0 & \frac{\partial N_j}{\partial y} & \frac{\partial N_j}{\partial x} \end{bmatrix} \begin{bmatrix} \sigma_x \\ \sigma_y \\ \tau_{xy} \end{bmatrix} \mathrm{d}A = V_j \tag{5-43}$$

根据形函数N_m与式(5-22)误差的加权积分为0建立的方程为：

$$\iint_A N_m \left(\frac{\partial \sigma_x}{\partial x} + \frac{\partial \tau_{xy}}{\partial y} + X \right) \mathrm{d}A = 0 \tag{5-44}$$

$$\iint_A N_m \left(\frac{\partial \sigma_y}{\partial y} + \frac{\partial \tau_{xy}}{\partial x} + Y \right) \mathrm{d}A = 0 \tag{5-45}$$

由式(5-44)和式(5-45)可以分别得到：

$$\iint_A \begin{bmatrix} \frac{\partial N_m}{\partial x} & 0 & \frac{\partial N_m}{\partial y} \end{bmatrix} \begin{bmatrix} \sigma_x \\ \sigma_y \\ \tau_{xy} \end{bmatrix} \mathrm{d}A = U_m \tag{5-46}$$

$$\iint_A \begin{bmatrix} 0 & \frac{\partial N_m}{\partial y} & \frac{\partial N_m}{\partial x} \end{bmatrix} \begin{bmatrix} \sigma_x \\ \sigma_y \\ \tau_{xy} \end{bmatrix} \mathrm{d}A = V_m \tag{5-47}$$

根据形函数N_p与式(5-22)误差的加权积分为0建立的方程为：

$$\iint_A N_p \left(\frac{\partial \sigma_x}{\partial x} + \frac{\partial \tau_{xy}}{\partial y} + X \right) \mathrm{d}A = 0 \tag{5-48}$$

$$\iint_A N_p \left(\frac{\partial \sigma_y}{\partial y} + \frac{\partial \tau_{xy}}{\partial x} + Y \right) \mathrm{d}A = 0 \tag{5-49}$$

由式(5-48)和式(5-49)可以分别得到：

$$\iint_A \begin{bmatrix} \frac{\partial N_p}{\partial x} & 0 & \frac{\partial N_p}{\partial y} \end{bmatrix} \begin{bmatrix} \sigma_x \\ \sigma_y \\ \tau_{xy} \end{bmatrix} \mathrm{d}A = U_p \tag{5-50}$$

$$\iint_A \begin{bmatrix} 0 & \frac{\partial N_p}{\partial y} & \frac{\partial N_p}{\partial x} \end{bmatrix} \begin{bmatrix} \sigma_x \\ \sigma_y \\ \tau_{xy} \end{bmatrix} \mathrm{d}A = V_p \tag{5-51}$$

将四个形函数N_i、N_j、N_m、N_p对应的x轴方向和y轴方向的方程式(5-31)、式(5 39)、式(5-42)、式(5-43)、式(5-46)、式(5-47)、式(5-50)和式(5-51)合在一起用矩阵表示为：

$$\iint_A \begin{bmatrix} \frac{\partial N_i}{\partial x} & 0 & \frac{\partial N_i}{\partial y} \\ 0 & \frac{\partial N_i}{\partial y} & \frac{\partial N_i}{\partial x} \\ \frac{\partial N_j}{\partial x} & 0 & \frac{\partial N_j}{\partial y} \\ 0 & \frac{\partial N_j}{\partial y} & \frac{\partial N_j}{\partial x} \\ \frac{\partial N_m}{\partial x} & 0 & \frac{\partial N_m}{\partial y} \\ 0 & \frac{\partial N_m}{\partial y} & \frac{\partial N_m}{\partial x} \\ \frac{\partial N_p}{\partial x} & 0 & \frac{\partial N_p}{\partial y} \\ 0 & \frac{\partial N_p}{\partial y} & \frac{\partial N_p}{\partial x} \end{bmatrix} \begin{bmatrix} \sigma_x \\ \sigma_y \\ \tau_{xy} \end{bmatrix} \mathrm{d}A = \begin{bmatrix} U_i \\ V_i \\ U_j \\ V_j \\ U_m \\ V_m \\ U_p \\ V_p \end{bmatrix} \tag{5-52}$$

令

$$\boldsymbol{B} = \begin{bmatrix} \frac{\partial N_i}{\partial x} & 0 & \frac{\partial N_j}{\partial x} & 0 & \frac{\partial N_m}{\partial x} & 0 & \frac{\partial N_p}{\partial x} & 0 \\ 0 & \frac{\partial N_i}{\partial y} & 0 & \frac{\partial N_j}{\partial y} & 0 & \frac{\partial N_m}{\partial y} & 0 & \frac{\partial N_p}{\partial y} \\ \frac{\partial N_i}{\partial y} & \frac{\partial N_i}{\partial x} & \frac{\partial N_j}{\partial y} & \frac{\partial N_j}{\partial x} & \frac{\partial N_m}{\partial y} & \frac{\partial N_m}{\partial x} & \frac{\partial N_p}{\partial y} & \frac{\partial N_p}{\partial x} \end{bmatrix} \tag{5-53}$$

将应力分量记为 $\boldsymbol{\sigma} = [\sigma_x \quad \sigma_y \quad \tau_{xy}]^{\mathrm{T}}$，将单元的等效结点力记为 $\boldsymbol{F}^e = [U_i \quad V_i \quad U_j \quad V_j \quad U_m \quad V_m \quad U_p \quad V_p]^{\mathrm{T}}$，式(5-52)可表示为：

$$\iint_A \boldsymbol{B}^{\mathrm{T}} \boldsymbol{\sigma} \mathrm{d}A = \boldsymbol{F}^e \tag{5-54}$$

根据单元应力与单元结点位移的关系 $\boldsymbol{\sigma} = \boldsymbol{D}\boldsymbol{B}\boldsymbol{\delta}^e$，由式(5-54)可得到：

$$\iint_A \boldsymbol{B}^{\mathrm{T}} \boldsymbol{D}\boldsymbol{B}\boldsymbol{\delta}^e \mathrm{d}A = \boldsymbol{F}^e \tag{5-55}$$

令

$$\boldsymbol{k} = \iint_A \boldsymbol{B}^{\mathrm{T}} \boldsymbol{D}\boldsymbol{B} \mathrm{d}A \tag{5-56}$$

由式(5-55)可得到：

$$\boldsymbol{k}\boldsymbol{\delta}^e = \boldsymbol{F}^e \tag{5-57}$$

式(5-57)是根据加权余量法得到的单元结点力与单元结点位移的关系式，式(5-56)是根据加权余量法得到的单元刚度矩阵 $\boldsymbol{k}$ 的表达式。

5.2.2　求解方程组的建立

基于加权余量法，在单元域内，结点 l（$l=1,2,\cdots,n$，n 为有限元结构的结点总数）的形函数 N_l 在每个坐标轴方向对应着一个方程。将围绕结点 l 的所有单元中的结点 l 的形函数 N_l 对应的同一个坐标轴方向的方程相加，就得到结点 l 的形函数 N_l 对应的各坐标轴方向的方程。这相当于将有限元结构求解方程组表示为：

$$\boldsymbol{K}\boldsymbol{\delta}=\boldsymbol{F} \tag{5-58}$$

式中，$\boldsymbol{K}$ 为整体刚度矩阵；$\boldsymbol{\delta}$ 为结点位移列阵；$\boldsymbol{F}$ 为等效结点力列阵，由单元域内的等效结点力叠加得到。

由于单元公共边界上的面力相互抵消，其产生的等效结点力也就相互抵消，因此 $\boldsymbol{F}$ 只需考虑作用于结构上的外荷载产生的等效结点力。

如果某个结点在某个坐标轴方向存在约束，则取消该结点的形函数在该坐标轴方向对应的方程，并由此引入边界条件。

5.3　有限元网格的建立和软件应用

建立有限元几何网格，是利用有限单元法进行工程结构力学计算的重要步骤。在有限单元法应用早期，采用人工划分有限元网格的方式，自动化程度低，即人工将计算结构或计算区域划分为单元网格，并进行单元编号、结点编号，整理各单元结点号、各结点坐标、各单元材料类型号、边界上存在约束的自由度等信息，最后将这些信息输入计算机进行计算。人工划分有限元网格和整理有限元网格信息，是一个繁杂和工作量很大的工作，建立三维网格工作量更大。

20世纪70年代到90年代，人们曾投入大量精力研究有限元网格自动生成技术。现在，有限元网格自动生成问题已经得到较好的解决，一些大型通用软件（如ANSYS）具有较强的有限元网格建立功能。在利用有限单元法进行工程问题计算时，如果需要建立有限元网格，采用自编程序计算，可以使用现有的软件或工具建立有限元网格，而不宜再采用人工划分有限单元网格的方式或再专门去研究网格自动划分技术。

本节通过一个例子说明如何读取ANSYS有限元网格信息。设有一个重力坝剖面，如图5-7所示。用ANSYS建立的有限元网格如图5-8所示，采用四边形单元，坝体最大单元边长4 m左右，坝基最大单元边长5 m（这里单元尺寸选取未充分考虑其合理性，只是为了说明方法），所建立的有限元网格有597个结点、540个单元。

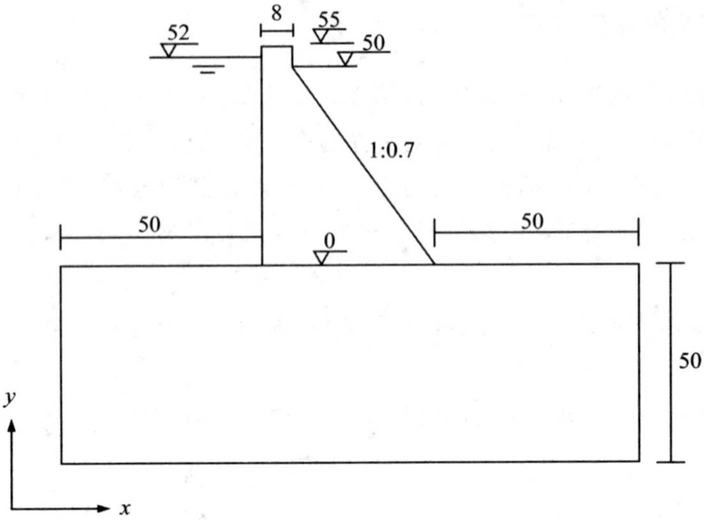

图 5-7　重力坝剖面简图(单位:m)

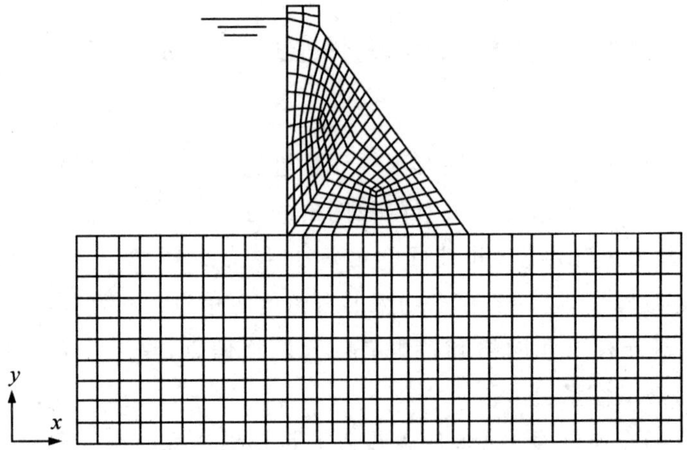

图 5-8　重力坝剖面有限元网格(597个结点、540个单元,ANSYS建立)

利用ANSYS的“List Nodes”功能,可将有限元网格的结点坐标导出并保存为.txt文本文件;利用“List Elements”功能,可将有限元网格单元信息,包括单元结点号、单元材料类型号等保存为.txt文本文件(这两个文件默认保存为.lis文件,可以把.lis换成.txt后再保存;或者在保存为.lis文件后,再把.lis改为.txt,转变为文本文件)。另外,这两个文件中的文字内容,可以通过“删除”和“替换为空格”两个简单操作去除,而只保留数字信息,文件中的空格、空行可以保留,不需要处理。这样,这两个文件中的结点坐标、单元结点号、单元材料类型号等信息就很容易读取了。

本例题去除文字内容的结点坐标文件"NLIST.txt"的内容如下：

1	60.0000000000	112.000000000	0.00000000000
2	68.0000000000	110.000000000	0.00000000000
3	64.0000000000	111.000000000	0.00000000000
4	68.0000000000	115.000000000	0.00000000000
5	68.0000000000	112.500000000	0.00000000000
…… ……			
597	63.5833333333	15.0000000000	0.00000000000

去除文字内容的单元信息文件"ELIST.txt"的内容如下：

1	1	1	1	0	1	1	3	9	8
2	1	1	1	0	1	3	2	5	9
3	1	1	1	0	1	8	9	7	6
4	1	1	1	0	1	9	5	4	7
5	1	1	1	0	1	16	44	59	15
…… ……									
540	1	1	1	0	1	597	406	388	488

下面的Fortran程序可以读入ANSYS建立的有限元网格的信息。在程序中，可以加入计算过程，进行有关工程计算，这里略去。本例提供的Fortran程序只把读入的有限元网格信息即结点坐标文件和单元信息文件再输出，供AutoCAD VBA读取和绘制有限元网格。本例意在说明两方面的问题：其一是说明ANSYS网格可以方便地读取和利用；其二是说明AutoCAD VBA的应用。

AutoCAD软件加入了VBA (Visual Basic for Application)开发工具。通过AutoCAD VBA，可以调用AutoCAD的绘图命令和功能，实现编程绘图。与AutoCAD人机交互式绘图相比，编程绘图提高了绘图效率，因此可利用AutoCAD VBA进行科研与工程计算的成果绘图。

本例编写的Fortran程序，可以把ANSYS建立的有限元网格结点坐标文件"NLIST.txt"和单元信息文件"ELIST.txt"读入；然后把有限元网格结点坐标写入"Pxy.txt"文件中，把单元结点编号写入"Enode.txt"文件中。AutoCAD VBA可读入这两个文件，并绘制出有限元网格。

Fortran程序"ANSYS有限元网格读入与输出.for"如下：

```
DIMENSION XY(5000,2),NEP(4000,4)
NP=597
NE=540
```

```
 OPEN (5,FILE='NLIST.TXT',STATUS='OLD')
 READ(5,*)(IP,XY(I,1),XY(I,2),X3,I=1,NP)
 CLOSE(5)
 OPEN (5,FILE='ELIST.TXT',STATUS='OLD')
 READ(5,*)(I1,I2,I3,I4,I5,I6,NEP(I,1),NEP(I,2),NEP(I,3),
#NEP(I,4),I=1,NE)
 CLOSE(5)
 OPEN (7,FILE='PXY.TXT',STATUS='UNKNOWN')
 WRITE(7,10) (XY(I,1),XY(I,2),I=1,NP)
 CLOSE(7)
 OPEN (7,FILE='ENODE.TXT',STATUS='UNKNOWN')
 WRITE(7,20) (NEP(I,1),NEP(I,2),NEP(I,3),NEP(I,4),I=1,NE)
 CLOSE(7)
10 FORMAT(3(F8.3,2X,F8.3,4X))
20 FORMAT(4I7)
 STOP
 END
```

采用 AutoCAD VBA 语言，编写 .dvb 格式的程序文件，读入有限元网格结点坐标数据和单元结点编号数据并绘图。AutoCAD 加载和运行“.dvb”文件，进行有限元网格绘图。

AutoCAD VBA 绘图程序“FEM mesh by AutoCAD.dvb”如下：

```
Public Sub drawout()
Dim NP As Integer
Dim NE As Integer
Dim NM As Integer
Dim XY(1 To 5000, 1 To 2) As Double
Dim NEP(1 To 4000, 1 To 4) As Integer
NP = 597
NE = 540

Open 'C:\AAA\Pxy.txt' For Input Access Read As #1
NM = 1
Do While NM <= NP
Input #1, XY(NM, 1), XY(NM, 2)
```

```
NM = NM + 1
Loop
Close #1

Open 'C:\AAA\Enode.txt' For Input Access Read As #1
NM = 1
Do While NM <= NE
Input #1, NEP(NM, 1), NEP(NM, 2), NEP(NM, 3), NEP(NM, 4)
NM = NM + 1
Loop
Close #1

Dim points(0 To 7) As Double
Dim pline As AcadLWPolyline
Dim N1 As Integer
Dim N2 As Integer

NM = 1
Do While NM <= NE
N1 — 1
Do While N1 <= 4
N2 = NEP(NM, N1)
points(2 * N1 - 2) = XY(N2, 1)
points(2 * N1 - 1) = XY(N2, 2)
N1 = N1 + 1

Loop
Set pline = ThisDrawing.ModelSpace.AddLightWeightPolyline(points)
pline.Closed — True
NM = NM + 1
Loop

End Sub
```

AutoCAD绘制的重力坝有限元网格如图5-9所示。在AutoCAD中,可用overkill命令删去重合的单元边,用explode命令将连在一起的单元边分开。总之,在AutoCAD中可以对有限元网格进行各种编辑,这对计算成果整理等很有帮助。

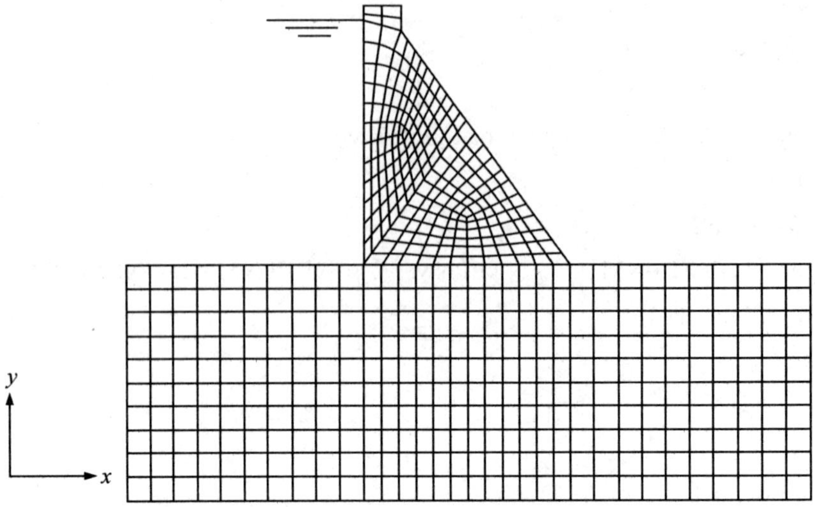

图 5-9　重力坝剖面有限元网格(597个结点、540个单元,AutoCAD绘制)

5.4　渗流问题等势线与温度问题等温线的绘制

在水工结构渗流问题计算中,常常需要绘制渗流域的等势线;在温度问题计算中,常常需要绘制温度场的等温线。等势线绘制与等温线绘制在方法和编程方面是同一个问题。本节将结合算例,介绍渗流域等势线的绘制方法与计算机程序,这对温度场等温线的绘制也完全适用。

5.4.1　土石坝有限单元法渗流计算算例

5.4.1.1　计算条件与处理方法

设有一个土石坝剖面,如图5-10所示,上游水位和下游水位高程,坝身和坝基土体的渗透系数(k)已标注在图5-10中。下面采用有限单元法进行稳定渗流计算,并绘制渗流域水头等势线图。

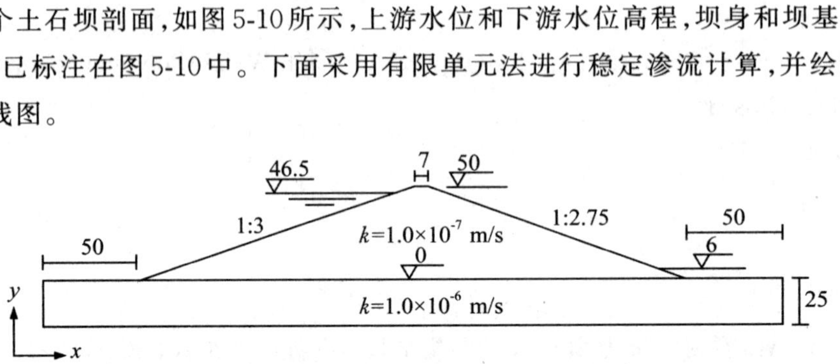

图5-10　土石坝剖面简图(高程和各尺寸的单位:m)

采用ANSYS建立渗流域有限元网格，并将ANSYS有限元网格输出，具体参考本章第5.3节。采用ANSYS建立的土石坝渗流计算有限元网格如图5-11所示，其有4358个三角形单元和2338个结点。

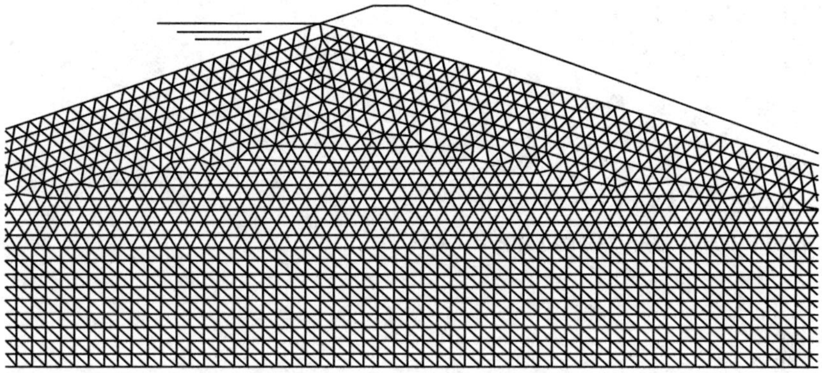

图5-11　土石坝渗流计算有限元网格（ANSYS建立）

本算例的有限单元法渗流计算程序在2.6节和2.10节给出的基本Fortran计算程序基础上做了一定扩展，增加了读入ANSYS有限元网格信息和浸润线位置自动试算功能。计算程序从使用ANSYS建立的有限元网格结点坐标文件中读入各结点坐标，从单元信息文件中读入各单元的结点号和单元土体类型号（本算题在ANSYS建立有限元网格时，将坝体单元的材料类型号设为1，坝基单元的材料类型号设为2）。上游和下游边界上水头已知的结点号及浸润线上的结点号也由ANSYS输出和Fortran计算程序读入。

5.4.1.2　浸润线绘制

本算例中，渗流计算所得的土石坝剖面的浸润线如图5-12所示。土石坝剖面轮廓线由AutoCAD直接绘制。浸润线由渗流计算Fortran程序将浸润线上结点坐标数据输出到名为“sr.txt”的文件中，利用AutoCAD VBA绘制。AutoCAD VBA绘制浸润线的.dvb程序如下。浸润线上的结点数为49，浸润线上结点数变量直接在.dvb程序中赋值；.dvb程序从sr.txt中读入浸润线上结点的坐标。

AutoCAD VBA绘制浸润线的程序代码如下：

```
Public Sub drawout()
Dim NP As Integer
Dim NM As Integer
Dim XY(1 To 100, 1 To 2) As Double
NP = 49

Open 'C:\AAA\sr.txt' For Input Access Read As #1
```

```
NM = 1
Do While NM <= NP
Input #1, XY(NM, 1), XY(NM, 2)
NM = NM + 1
Loop
Close #1

Dim points(0 To 97) As Double
Dim pline As AcadLWPolyline

NM = 1
Do While NM <= NP
points(2 * NM - 2) = XY(NM, 1)
points(2 * NM - 1) = XY(NM, 2)
NM = NM + 1
Loop
Set pline = ThisDrawing.ModelSpace.AddLightWeightPolyline(points)
pline.Closed = False

End Sub
```

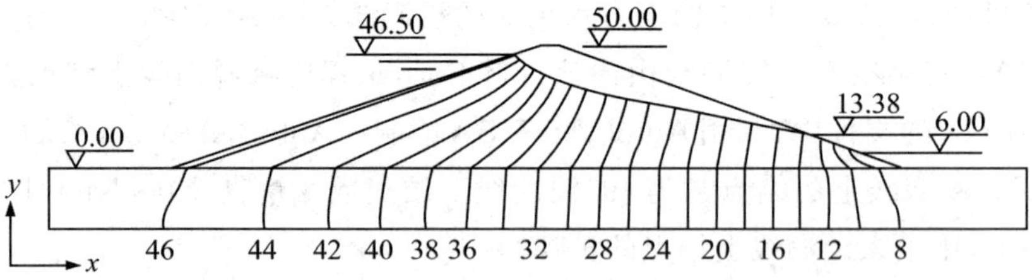

图 5-12　土石坝渗流域的浸润线与等势线

注:等势线值单位为 m;相邻等势线值间隔为 2 m。

5.4.2　等势线绘制

本算例中,渗流计算所得的土石坝剖面的等势线如图 5-12 所示。渗流等势线数据由 Fortran 程序,根据有限单元法渗流计算结果中的结点水头计算得到。等势线利用 AutoCAD VBA 根据渗流等势线数据绘制。

5.4.2.1　渗流等势线数据计算的Fortran程序

(1)程序说明

①程序依次从不同文件读入不同的数据：

a.从名为“data.txt”的文件中读入以下变量的数值：

NE——有限元网格单元数；

NN——有限元网格结点数；

*V*1——等势线起始值(即第一根等势线的水头值，从下游起)，m；

DD——等势线间隔值(即相邻等势线水头的间隔值)，m；

VF——上游水位水头值，m。

b.从名为“Hnodes.txt”的文件中读入有限元网格各结点的水头值：

HH(*I*)，*I*取值为1～*NN*。

c.从名为“XYnodes.txt”的文件中读入有限元网格各结点的坐标。这是浸润线位置试算完成、有限元网格调整后的结点坐标，并非初始的浸润线位置是假定的有限元网格的结点坐标。

XY(*I*，1)，*XY*(*I*，2)，*I*取值为1～*NN*。

d.从名为“ELIST.txt”的文件中读入有限元网格各单元的结点号：

NEP(*I*，1)，*NEP*(*I*，2)，*NEP*(*I*，3)，*I*取值为1～*NE*。

②程序的主要过程：

a.渗流计算中，水头参考面常取坐标系的x轴，这样浸润线上结点的水头，上、下游边界上已知的结点水头，都等于结点或水面的y坐标，方便计算。绘制等势线时，将等势线数值与上、下游水位直接联系，即把等势线参考面取为零高程面，便于理解和分析。因此，在计算程序中，将水头参考面转换，即将结点水头值转换。

b.对于每个数值的等势线，计算程序对所有单元的各边进行计算判断，寻找单元边上等势线上的点，由此确定每个数值等势线上的点。

c.对于每个数值的等势线，将其位置最高的点作为第一个点，然后确定与其相邻的第二个点、第三个点……照此规律，对等势线上的点进行排序。

d.为了方便AutoCAD VBA绘图，取每条等势线上的点的数量相同。取所有等势线点数中的最大值，作为各等势线的点数。对于点数不足的等势线，用其最后一点补齐，即对于点数不足的等势线，将其最后一点重复，以使各等势线的点数相同。

e.依次将各等势线上各点的坐标输出到名为“Hpoint.txt”的文件中，供AutoCAD VBA读入绘图。

(2)渗流等势线数据计算的Fortran程序

```
DIMENSION XY(4000,2),NEP(7000,3),MT(300)
DIMENSION TV(300),HH(4000),TP(300,2000,2),TP1(300,2000,2)
```

```
      OPEN (5,FILE='DATA.TXT',STATUS='OLD')
      READ(5,*) NE,NN
      READ(5,*) V1,DD,VF
      CLOSE(5)
      OPEN (5,FILE='HNODES.TXT',STATUS='OLD')
      READ(5,*) (HH(I),I=1,NN)
      CLOSE(5)
      OPEN (5,FILE='XYNODES.TXT',STATUS='OLD')
      READ(5,*)(IL,XY(I,1),XY(I,2),I=1,NN)
      CLOSE(5)
      OPEN (5,FILE='ELIST.TXT',STATUS='OLD')
      READ(5,*)(IL1,IL2,IL3,IL4,IL5,IL6,NEP(I,1),NEP(I,2),NEP(I,3),
     #IL7,I=1,NE)
      CLOSE(5)

C     ******水头值由坐标系x轴为参考面,改为以零高程面作为参考面******
      DO I=1,NN
      HH(I)=HH(I)-40.0
      ENDDO
      TV(1)=V1
      DO I=2,1000
      TX=TV(I-1)+DD
      IF(TX.GE.VF) GOTO 10
      TV(I)=TX
      ENDDO
10    CONTINUE
      NT=I-1
      DO K=1,NT
      TK=TV(K)
      JJP=0
      DO I=1,NE
      N1=NEP(I,1)
      N2=NEP(I,2)
      N3=NEP(I,3)
```

```
T1=HH(N1)
T2=HH(N2)
T3=HH(N3)
IF((TK.GE.T1.AND.TK.LE.T2).OR.(TK.GE.T2.AND.TK.LE.T1))THEN
X1=XY(N1,1)
Y1=XY(N1,2)
X2=XY(N2,1)
Y2=XY(N2,2)
IF(ABS(T2-T1).LT.0.0001)THEN
XXX=X1
YYY=Y1
JJP=JJP+1
ENDIF
IF(ABS(T2-T1).GE.0.0001)THEN
XXX=X1+(TK-T1)*(X2-X1)/(T2-T1)
YYY=Y1+(TK-T1)*(Y2-Y1)/(T2-T1)
JJP=JJP+1
ENDIF
TP(K,JJP,1)=XXX
TP(K,JJP,2)=YYY
ENDIF
IF((TK.GE.T2.AND.TK.LE.T3).OR.(TK.GE.T3.AND.TK.LE.T2))THEN
X2=XY(N2,1)
Y2=XY(N2,2)
X3=XY(N3,1)
Y3=XY(N3,2)
IF(ABS(T2-T3).LT.0.0001)THEN
XXX=X2
YYY=Y2
JJP=JJP+1
ENDIF
IF(ABS(T2-T3).GE.0.0001)THEN
XXX=X2+(TK-T2)*(X3-X2)/(T3-T2)
YYY=Y2+(TK-T2)*(Y3-Y2)/(T3-T2)
```

```
JJP=JJP+1
ENDIF
TP(K,JJP,1)=XXX
TP(K,JJP,2)=YYY
ENDIF
IF((TK.GE.T3.AND.TK.LE.T1).OR.(TK.GE.T1.AND.TK.LE.T3))THEN
X3=XY(N3,1)
Y3=XY(N3,2)
X1=XY(N1,1)
Y1=XY(N1,2)
IF(ABS(T1-T3).LT.0.0001)THEN
XXX=X3
YYY=Y3
JJP=JJP+1
ENDIF
IF(ABS(T1-T3).GE.0.0001)THEN
XXX=X3+(TK-T3)*(X1-X3)/(T1-T3)
YYY=Y3+(TK-T3)*(Y1-Y3)/(T1-T3)
JJP=JJP+1
ENDIF
TP(K,JJP,1)=XXX
TP(K,JJP,2)=YYY
ENDIF
ENDDO
MT(K)=JJP
ENDDO
MP=0
DO K=1,NT
IF(MT(K).GT.MP)MP=MT(K)
ENDDO

DO I=1,NT
I11=MT(I)
DO J=I11+1,MP
```

```
TP(I,J,1)=TP(I,I11,1)
TP(I,J,2)=TP(I,I11,2)
ENDDO
ENDDO
DO I=1,NT
DO J=1,MP
TP1(I,J,1)=0.0
TP1(I,J,2)=0.0
ENDDO
ENDDO
DO I=1,NT
YMAX=-1000.0
DO J=1,MP
YPP=TP(I,J,2)
IF(YPP.GT.YMAX) THEN
YMAX=YPP
JJJ=J
ENDIF
ENDDO
TP1(I,1,1)=TP(I,JJJ,1)
TP1(I,1,2)=TP(I,JJJ,2)
TP(I,JJJ,1)=1000.0
TP(I,JJJ,2)=1000.0
ENDDO
DO I=1,NT
DO J=2,MP
DMAX=5000.0
J1=J-1
X1=TP1(I,J1,1)
Y1=TP1(I,J1,2)
DO K=1,MP
XP1=TP(I,K,1)
YP1=TP(I,K,2)
D1=SQRT((XP1-X1)**2+(YP1-Y1)**2)
```

```
      IF(D1.LT.DMAX) THEN
      DMAX=D1
      JJK=K
      ENDIF
      ENDDO
      TP1(I,J,1)=TP(I,JJK,1)
      TP1(I,J,2)=TP(I,JJK,2)
      TP(I,JJK,1)=7000.0
      TP(I,JJK,2)=7000.0
      ENDDO
      ENDDO

      WRITE(*,20) NT,MP
20    FORMAT('NT=',I5,5X,'MP=',I5)
      OPEN (7,FILE='HPOINT.TXT',STATUS='UNKNOWN')
      DO I=1,NT
      DO J=1,MP
      WRITE(7,40) TP1(I,J,1),TP1(I,J,2)
      ENDDO
      ENDDO
40    FORMAT(F12.3,3X,F12.3)
      CLOSE(7)
      STOP
      END
```

5.4.2.2 渗流等势线绘制的AutoCAD VBA程序

本算例中，根据取定的等势线参数，有20条等势线，每条等势线上有266个点，这两个数据均由Fortran计算程序给出。在.dvb程序中，等势线数和每条等势线上的点数被直接赋值，从名为“Hpoint.txt”的文件中读入各等势线上点的坐标。

渗流等势线绘制的AutoCAD VBA程序代码如下：

```
Public Sub drawout()
Dim NT As Integer
Dim MP As Integer
Dim NA As Integer
```

```
Dim NB As Integer
Dim XY(1 To 300, 1 To 4000) As Double
NT = 20
MP = 266

Open 'C:\AAA\Hpoint.txt' For Input Access Read As #1
NA = 1
Do While NA <= NT
NB = 1
Do While NB <= MP
Input #1, XY(NA, 2 * NB - 1), XY(NA, 2 * NB)
NB = NB + 1
Loop
NA = NA + 1
Loop
Close #1

NA = 1
Dim points(0 To 531) As Double
Dim pline As AcadLWPolyline

Do While NA <= NT
NB = 1
Do While NB <= MP
points(2 * NB - 2) = XY(NA, 2 * NB - 1)
points(2 * NB - 1) = XY(NA, 2 * NB)
NB = NB + 1
Loop
Set pline = ThisDrawing.ModelSpace.AddLightWeightPolyline(points)
pline.Closed = False
NA = NA + 1
Loop

End Sub
```

5.4.2.3 说明

以上绘制等势线的Fortran计算程序和AutoCAD VBA绘图程序完全适用于温度问题的等温线绘制，只把物理量水头改为温度即可。3.2节的算例中，重力坝的等温线(见图3-4)即采用这两个程序绘制。

5.5 线性方程组求解

有限单元法计算需要求解线性方程组，其他问题的计算或研究也可能用到线性方程组求解。本节主要介绍线性方程组求解的实用知识和一个线性方程组求解的Fortran程序。线性方程组求解的详细知识，请参考有关数学书籍。

目前也有若干软件可用来进行线性方程组求解。

5.5.1 线性方程组求解的主元素消元法

在进行线性方程组求解时，按方程排列的自然顺序消元有时是不合理的，可能导致计算结果误差较大。下面用例子说明。

解线性方程组：

$$\begin{cases} 0.3x_1 + x_2 + 3x_3 = 11.3 \\ 1.8x_1 + 4.5x_2 + 2x_3 = 16.8 \\ 3.3x_1 + 1.55x_2 + x_3 = 9.4 \end{cases}$$

这个方程组的准确解为：$x_1 = 1, x_2 = 2, x_3 = 3$。

首先按方程排列的自然顺序消元求解，计算过程中保留三位有效数字。用增广矩阵的初等变换表达高斯消元法的计算过程如下：

$$\begin{bmatrix} \underline{0.3} & 1 & 3 & 11.3 \\ 1.8 & 4.5 & 2 & 16.8 \\ 3.3 & 1.55 & 1 & 9.4 \end{bmatrix} \begin{matrix} (1) \\ (2) \\ (3) \end{matrix}$$

用主元素0.3消元：

$$\begin{bmatrix} \underline{0.3} & 1 & 3 & 11.3 \\ 0 & \underline{-1.50} & -16.0 & -51.0 \\ 0 & -9.45 & -32.0 & -115 \end{bmatrix} \begin{matrix} (1) \\ (2) \\ (3) \end{matrix}$$

用主元素−1.50消元：

$$\begin{bmatrix} \underline{0.3} & 1 & 3 & 11.3 \\ 0 & \underline{-1.50} & -16.0 & -51.0 \\ 0 & 0 & 68.8 & 206 \end{bmatrix} \begin{matrix} (1) \\ (2) \\ (3) \end{matrix}$$

然后进行回代，得到方程组的计算解为：$x_3 = 2.99, x_2 = 2.11, x_1 = 0.733$。与精确解相比,误差是比较大的。

再按列主元素消元法求解,计算过程中保留三位有效数字。用增广矩阵表达的消元法计算过程如下:

$$\begin{bmatrix} 0.3 & 1 & 3 & 11.3 \\ 1.8 & 4.5 & 2 & 16.8 \\ \underline{3.3} & 1.55 & 1 & 9.4 \end{bmatrix} \begin{matrix} (1) \\ (2) \\ (3) \end{matrix}$$

第1次选主元素:在第1列中选绝对值最大的元素3.3为主元素。将矩阵的第(3)行与第(1)行对调,将3.3放到主元素位置上:

$$\begin{bmatrix} \underline{3.3} & 1.55 & 1 & 9.4 \\ 1.8 & 4.5 & 2 & 16.8 \\ 0.3 & 1 & 3 & 11.3 \end{bmatrix} \begin{matrix} (3) \\ (2) \\ (1) \end{matrix}$$

用主元素3.3消元:

$$\begin{bmatrix} \underline{3.3} & 1.55 & 1 & 9.4 \\ 1.50\times10^{-3} & \underline{3.66} & 1.46 & 11.7 \\ 3.00\times10^{-5} & 0.859 & 2.91 & 10.4 \end{bmatrix} \begin{matrix} (3) \\ (2) \\ (1) \end{matrix}$$

第2次选主元素:在剩余2个方程的第2列中,选绝对值最大的元素3.66为主元素。3.66已在主元素的位置上,无须对调方程位置。然后用主元素3.66消元:

$$\begin{bmatrix} \underline{3.3} & 1.55 & 1 & 9.4 \\ 1.50\times10^{-3} & \underline{3.66} & 1.46 & 11.7 \\ 3.00\times10^{-5} & -1.10\times10^{-3} & 2.57 & 7.65 \end{bmatrix} \begin{matrix} (3) \\ (2) \\ (1) \end{matrix}$$

然后进行回代,得到方程组的计算解为:$x_3=2.98, x_2=2.01, x_1=1.00$。与按方程排列的自然顺序消元求解的结果相比,这个解的精度明显提高。

这个例子表明,在线性方程组求解中,当计算机有效数字位数一定时,选取主元素消元是必要的。选取绝对值最大的元素作为主元素,用一个小于1的数为乘数,进行方程相减、消元,使被乘数中的舍入误差缩小。而按自然顺序消元,有可能用大于1的数为乘数,进行方程相减、消元,使被乘数中的舍入误差放大。

当线性方程组的系数矩阵为对称正定时,按自然顺序消元可以保证对舍入误差的控制,主元素消元法不是必需的。而用消元法对一般的线性方程组求解时,使用主元素消元法是必要的。

线性方程组求解的主元素消元法包括列主元素消元法和全主元素消元法。

(1)列主元素消元法:每次消元只在剩余各方程的相应的列中选绝对值最大的元素为主元素,并通过交换矩阵中行的位置将其放到主元素的位置上;用该主元素确定消元乘数(不大于1的数),进行方程相减、消元。

(2)全主元素消元法:每次消元在剩余各方程的剩余系数矩阵元素中选绝对值最大的元素为主元素,并通过矩阵行和列的位置交换将其放到主元素的位置上;用该主元素确定消元乘数(不大于1的数),进行方程相减、消元。全主元素消元法精度更高,但计算量也更大。

一般情况下,列主元素消元法就可以满足线性方程组求解的精度要求。

在这里顺便说明,用计算机进行工程计算时,实数宜采用双精度实数,一般有16位有效数字,可以保证计算精度;而单精度实数一般有7位有效数字,有可能达不到工程计算的精度要求。

5.5.2 一个线性方程组求解的Fortran程序

这里介绍一个线性方程组求解的Fortran程序,采用的是列主元素消元法。

5.5.2.1 程序说明

(1)将线性方程组表达为:

$$\begin{bmatrix} c_{11} & c_{12} & \cdots & c_{1n} \\ c_{21} & c_{22} & \cdots & c_{2n} \\ \vdots & \vdots & \vdots & \vdots \\ c_{n1} & c_{n2} & \cdots & c_{nn} \end{bmatrix} \begin{bmatrix} x_1 \\ x_2 \\ \vdots \\ x_n \end{bmatrix} = \begin{bmatrix} c_1 \\ c_2 \\ \vdots \\ c_n \end{bmatrix}$$

(2)建立一个名为“Initial-data.txt”的文本文件,并在该文件中依次输入下面的数据:

n,(系数矩阵的维数,即方程组未知量的个数)

$c_{11}, c_{12}, \cdots, c_{1n}$,

$c_{21}, c_{22}, \cdots, c_{2n}$,

…

$c_{n1}, c_{n2}, \cdots, c_{nn}$,(方程组系数矩阵各元素)

$c_1, c_2, \cdots, c_n$,(方程组常数项列阵)

(3)编译、运行程序。计算结果被存放在名为“Result.txt”的文本文件中。

5.5.2.2 算例

求解线性方程组:

$$\begin{bmatrix} -1 & -3.4 & 2.5 & 0.3 \\ 0.2 & -3.5 & 0 & 0.2 \\ -2 & 0.03 & 0 & -2 \\ 0 & 0 & 0.2 & 0.4 \end{bmatrix} \begin{bmatrix} x_1 \\ x_2 \\ x_3 \\ x_4 \end{bmatrix} = \begin{bmatrix} 12.1 \\ -1.55 \\ -1.985 \\ 0 \end{bmatrix}$$

建立已知数据文件“Initial-data.txt”,文件中的数据如下:

```
4,
-1,-3.4,2.5,0.3,
0.2,-3.5,0,0.2,
-2,0.03,0,-2,
0,0,0.2,0.4,
```

12.1，−1.55，−1.985，0，

计算结果如下：

$$x_1 = 5.00,\ x_2 = 0.50,\ x_3 = 8.00,\ x_4 = -4.00$$

5.5.2.3　线性方程组求解的Fortran程序

```
      DIMENSION A(2000,2000),C(2000),A1(2000)
      OPEN (5,FILE='INITIAL-DATA.TXT',STATUS='OLD')
      READ(5,*)NV
      READ(5,*) ((A(I,J),J=1,NV),I=1,NV)
      READ(5,*) (C(I),I=1,NV)
      CLOSE(5)
      KZ=1
      DO 30 J=1,NV
      AO=A(KZ,J)
      DO 10 I=KZ,NV
      AIJ=A(I,J)
      AAIJ=ABS(AIJ)
      AAO=ABS(AO)
      IF(AAIJ.GE.AAO) AO=AIJ
      IF(AAIJ.GE.AAO) N1=I
10    CONTINUE
      C1=C(KZ)
      C(KZ)=C(N1)
      C(N1)=C1
      DO 60 I=1,NV
      A1(I)=A(KZ,I)
      A(KZ,I)=A(N1,I)
      A(N1,I)=A1(I)
60    CONTINUE
      C(KZ)=C(KZ)/AO
      DO 20 I=1,NV
      A(KZ,I)=A(KZ,I)/AO
20    CONTINUE
      IF(KZ.EQ.NV) GO TO 70
      KZ1=KZ+1
```

```
      DO 40 I=KZ1,NV
      CCC=A(I,KZ)
      DO 50 II=1,NV
      A(I,II)=A(I,II)-CCC*A(KZ,II)
50    CONTINUE
      C(I)=C(I)-CCC*C(KZ)
40    CONTINUE
      KZ=KZ+1
70    CONTINUE
30    CONTINUE
      KZZ=NV-1
      DO 100 M=1,KZZ
      KZK=NV-M
      NNN=NV-M+1
      DO 80 I=1,KZK
      C(I)=C(I)-C(NNN)*A(I,NNN)
80    CONTINUE
100   CONTINUE
      OPEN (7,FILE='RESULT.TXT',STATUS='UNKNOWN')
      WRITE(7,656)
656   FORMAT(/'计算结果:')
      WRITE(7,110) (I,C(I),I=1,NV)
110   FORMAT(5(4X,I3,')',1X,F8.2))
      CLOSE(7)
      STOP
      END
```

第6章　一个新的弹塑性屈服(破坏)准则

水工结构弹塑性应力变形计算和稳定性计算,需要依据某种材料屈服或破坏准则。本章介绍作者研究提出的一个适用于岩土、混凝土类材料的弹塑性屈服(破坏)准则,供读者参考。

6.1　新弹塑性屈服准则提出的原因及其特点

摩尔-库伦(Mohr-Coulomb)准则(简称MC准则)和德鲁克-普拉格(Drucker-Prager)准则(简称DP准则)是弹塑性理论中的两个基本屈服准则,适用于岩土、混凝土等凝聚-摩擦类材料。这两个准则被广泛应用于土体、岩体及混凝土等材料的工程力学计算中,一些大型通用软件也将这两个准则包括在内。在相关领域的教科书中,这两个准则普遍会被介绍。

针对岩土材料,人们在不同的理论框架内(包括经典弹塑性理论、热力学理论、断裂损伤理论、基于材料的微观结构等)提出了大量的、复杂的本构关系模型。但由于这些模型的复杂性和应用不便性,以及岩土材料变形特性的复杂性,传统的MC准则和DP准则仍然是目前岩土材料工程计算中被广泛采用的屈服准则。

MC准则和DP准则对材料的屈服,采用不同的原则和判据,两者给出的计算结果往往有很大差异。MC准则的缺点是不考虑中间主应力。但研究表明,中间主应力对材料的屈服是有影响的。DP准则的缺点是不能反映材料拉伸屈服和压缩屈服的差异,且计算结果常常与实际情况差别较大。

作者对MC准则和DP准则加以综合,建立了一个新的弹塑性屈服准则。希望新准则兼有MC准则和DP准则的特点,能克服或减小这两个准则的不足,更好地表征材料的屈服和破坏。尤其是对于空间三维受力状态问题,希望新准则比MC准则或DP准则更合适,能更好地表征材料的屈服和破坏。

新准则的不足之处是，与MC准则和DP准则相比更复杂，因为新准则需要内摩擦角φ、凝聚力c和参数m三个材料常数，而MC准则和DP准则只需要内摩擦角φ和凝聚力c两个材料常数。另外，新准则屈服函数的表达式以及有关计算公式也比较复杂。

6.2 新弹塑性屈服准则的建立

6.2.1 新弹塑性屈服准则的定义

令σ_1、σ_2和σ_3为主应力，且规定以拉为正，$\sigma_1 \geqslant \sigma_2 \geqslant \sigma_3$。

令直角坐标系xOy中的π平面及π平面上MC准则、DP准则和新准则的屈服面如图6-1所示，$O\sigma_1'$、$O\sigma_2'$和$O\sigma_3'$是三个主应力轴在xOy平面上的投影，x轴水平，y轴与$O\sigma_2'$轴重合。

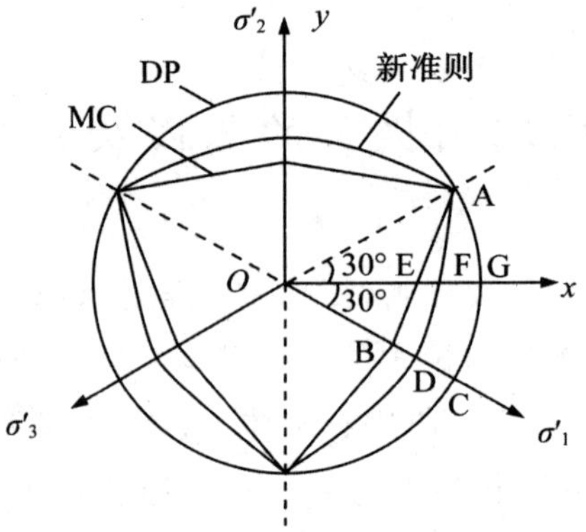

图6-1 直角坐标系中的π平面及π平面上MC准则、DP准则和新准则的屈服面

由于材料具有各向同性的性质，只需要研究π平面上一个60°的区段即可。这里研究$O\sigma_1'$轴正向和$O\sigma_3'$轴负向之间的区段。在$O\sigma_1'$轴正向上，有$\sigma_2=\sigma_3$；在$O\sigma_3'$轴负向上，有$\sigma_2=\sigma_1$。

线段AB是MC准则的屈服面，圆弧线$\widehat{AC}$是DP准则的屈服面，E点和G点分别是MC准则屈服面和DP准则屈服面与Ox轴的交点，如图6-1所示。

在π平面上，新准则屈服面成比例地处于MC准则屈服面和DP准则屈服面之间。在π平面上，新准则的屈服面经过A、F和D三点，F点位于Ox轴上，D点位于线段OC上，如图6-1所示。令$EF=mEG$，$BD=mBC$，其中m是一个比例系数，$0<m\leqslant 1$。

6.2.2 新弹塑性屈服准则的表达式及相关公式

新准则的表达式为：

$$\tau=\alpha_1\sigma_1+\alpha_2\sigma_2+\alpha_3\sigma_3+\Phi \tag{6-1}$$

式中，$\tau=\sqrt{J_2}$，为广义剪应力，其中$J_2=\frac{1}{6}\left[(\sigma_1-\sigma_2)^2+(\sigma_2-\sigma_3)^2+(\sigma_3-\sigma_1)^2\right]$，为第二偏应力不变量；$\alpha_1$、$\alpha_2$、$\alpha_3$和$\Phi$为材料常数。

α_1、α_2和α_3与材料的内摩擦角φ和比例系数m有关，其表达式分别为：

$$\begin{cases}\alpha_1=\frac{\xi}{2}-\frac{\eta}{2\sqrt{3}}-\frac{\zeta}{3\sqrt{2}}\sin\varphi & \text{(6-2a)}\\ \alpha_2=\frac{\eta}{\sqrt{3}}-\frac{\zeta}{3\sqrt{2}}\sin\varphi & \text{(6-2b)}\\ \alpha_3=-\frac{\xi}{2}-\frac{\eta}{2\sqrt{3}}-\frac{\zeta}{3\sqrt{2}}\sin\varphi & \text{(6-2c)}\end{cases}$$

Φ与材料的内摩擦角φ、系数m和材料的凝聚力c有关，其表达式为：

$$\Phi=\frac{\zeta}{\sqrt{2}}c\cos\varphi \tag{6-3}$$

式(6-2)和式(6-3)中，ξ、η和ζ是与内摩擦角φ和系数m有关的参数，其表达式分别为：

$$\begin{cases}\xi=\frac{(2\sqrt{3}-3)(m-1)(m\sin\varphi-\sin\varphi+3)+m(m-1)\sin^2\varphi}{(2\sqrt{3}-3)m(m\sin\varphi+3)+m(m-1)\sin^2\varphi} & \text{(6-4a)}\\ \eta=\frac{(2-\sqrt{3})(1-m)(3-\sin\varphi-3m+m\sin\varphi+2\sqrt{3}m)\sin\varphi}{(2\sqrt{3}-3)m(m\sin\varphi+3)+m(m-1)\sin^2\varphi} & \text{(6-4b)}\\ \zeta=\frac{\sqrt{6}(2-\sqrt{3})[(1-m)(3-\sin\varphi)+2\sqrt{3}m](3-\sin\varphi+2m\sin\varphi)}{(3-\sin\varphi)[(2\sqrt{3}-3)m(m\sin\varphi+3)+m(m-1)\sin^2\varphi]} & \text{(6-4c)}\end{cases}$$

以上新弹塑性屈服准则公式的详细推导见本章6.6节。

6.2.3　新弹塑性屈服准则的屈服面

图6-2给出了π平面上新准则参数m取不同值时的屈服面，各屈服面的内摩擦角$\varphi=40°$，凝聚力$c=1\,\text{MPa}$，$\sigma_1+\sigma_2+\sigma_3=-15\,\text{MPa}$。

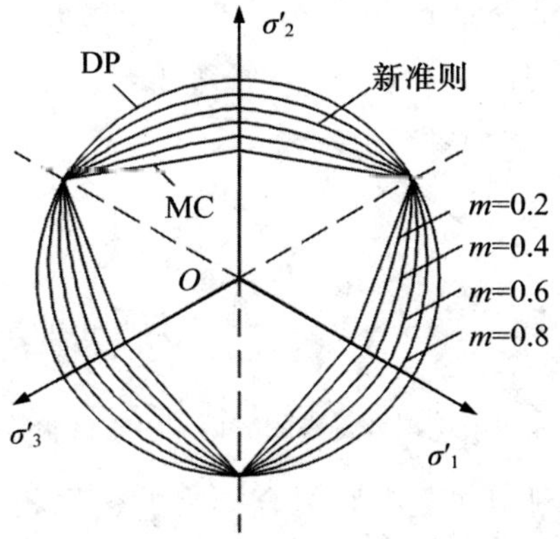

图6-2　π平面上新准则参数m取不同值时的屈服面

在主应力空间的每个区域内，新准则的屈服面是一个光滑的曲面，并具有直线子午线。图6-3显示了主应力空间中新准则的一个屈服面，该屈服面的内摩擦角 $\varphi=40°$，凝聚力 $c=12\ \text{MPa}$，参数 $m=0.45$。

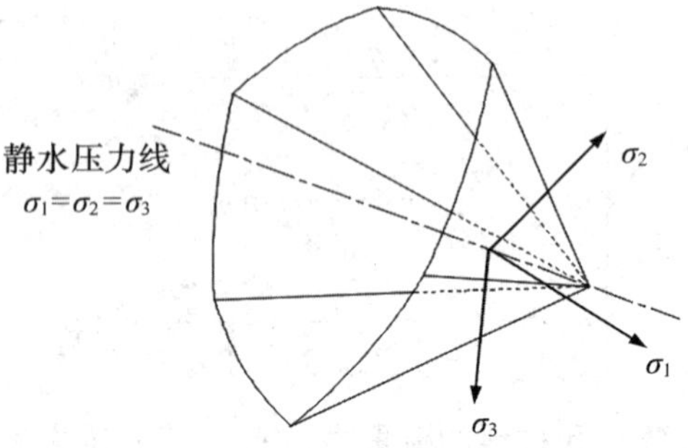

图6-3　主应力空间中新准则的屈服面

6.3　新弹塑性屈服准则的验证

6.3.1　验证方法

取数种完好岩体、砂土和一种混凝土的试验数据，用新准则和已有的几个重要屈服准则，对这几类岩土材料的试验数据进行拟合，并将不同准则的拟合精度进行对比，来考察新准则表达材料破坏的能力。所选择的用于对比的几个岩土材料屈服准则的简要说明，见本章6.7节。

在试验数据拟合中，定义了利用屈服准则拟合得来的数据相对于试验数据点处数据的相对误差，如图6-4所示。A 点代表 π 平面上一个试验数据点的应力状态，B 点代表直线 OA 与某个准则屈服面交点的应力状态。B 点与 A 点是相对应的，与 A 点在同一个 π 平面上，位于某个准则的屈服面上，并且与 A 点有相同的Lode角。

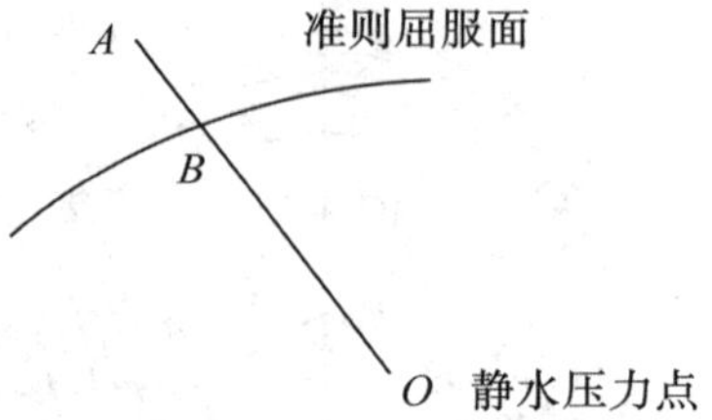

图6-4　试验数据拟合中利用屈服准则拟合得来的数据相对于试验数据点处数据的相对误差的定义示意

在试验数据拟合中，利用屈服准则拟合得来的数据相对于试验数据点处数据的相对误差定义为：

$$er_A=\frac{\tau_A-\tau_B}{\tau_A}\times 100\% \tag{6-5}$$

式中，τ_A为试验数据点A点应力状态下的广义剪应力；τ_B为B点应力状态下的广义剪应力，是对应于A点、由某个屈服准则计算得到的广义剪应力。

相对误差er_A用于表达利用某个屈服准则拟合得来的数据相对于试验数据点处数据的偏离程度。

在主应力空间中，利用某个屈服准则拟合得来的数据相对于各个试验数据点处数据的相对误差，都可由式(6-5)计算得到，并且可以得到各点相对误差中的最大值。通过计算搜索，可以找到某个准则对一组试验数据点最佳拟合的屈服面，并且得到这个最佳拟合屈服面对应的材料常数。这个最佳拟合屈服面是指一组试验数据点相对误差中最大值最小的屈服面。

6.3.2 验证结果

本章所涉及的岩体、砂土和混凝土的试验数据均取自有关文献(见本书参考文献)。

表6-1列出了几种岩体试验数据点的最佳拟合结果，包括各准则对试验数据最佳拟合的正、负最大相对误差，最佳拟合的材料常数。表中，R_c是材料的单轴抗压强度，m_b是Hoek-Brown准则和Zhang-zhu准则的材料常数。

表6-1 新准则和其他几个准则岩体试验数据最佳拟合结果

岩石	试验数据点数	准则	最大相对误差/%	准则材料常数			
				φ/(°)	c/MPa	R_c/MPa	m或m_b
KTB闪岩	40	Modified W-C	−6.819; 6.820	46.93	—	193.79	—
		新准则	−7.719; 7.721	48.40	38.54	—	0.16
		Hoek-Brown	−7.821; 7.821	—	—	142.80	51.40
		Matsuoka-Nakai	−7.837; 7.837	46.00	40.03	—	—
		Zhang-zhu	−9.165; 9.163	—	—	165.00	32.13
		MC	−9.934; 9.934	50.30	39.30	—	—
		Lade-Duncan	−10.271; 10.273	43.90	43.66	—	—
		Zienkiewicz-Pande	−11.290; 11.292	43.00	45.33	—	—
		DP	−23.725; 23.727	40.50	18.26	—	—
Westerly花岗岩	45	Hoek-Brown	−4.546; 4.534	—	—	201.00	47.70
		Matsuoka-Nakai	−5.320; 5.320	50.70	41.58	—	—
		新准则	−5.634; 5.635	54.30	39.44	—	0.12
		Modified W-C	−5.970; 5.970	53.97	—	196.66	—
		MC	−6.396; 6.396	54.90	38.82	—	—

续表

岩石	试验数据点数	准则	最大相对误差/%	准则材料常数			
				φ/(°)	c/MPa	R_c/MPa	m或m_b
Westerly花岗岩	45	Lade-Duncan	−7.518; 7.518	48.90	40.69	—	—
		Zhang-zhu	−8.503; 8.499	—	—	201.00	28.00
		Zienkiewicz-Pande	−9.216; 9.216	48.00	39.35	—	—
		DP	−14.484; 14.488	47.90	23.42	—	—
Dunham白云石	53	Zhang-zhu	−4.689; 4.717	—	—	257.00	9.97
		Modified W-C	−5.293; 5.293	35.50	—	283.14	—
		Zienkiewicz-Pande	−6.452; 6.459	33.20	77.58	—	—
		Lade-Duncan	−6.578; 6.575	33.10	77.75	—	—
		Matsuoka-Nakai	−6.603; 6.604	35.80	73.79	—	—
		新准则	−7.491; 7.487	37.60	72.84	—	0.26
		Hoek-Brown	−10.825; 10.782	—	—	257.00	14.10
		MC	−11.379; 11.384	39.00	76.16	—	—
		DP	−11.761; 11.761	26.90	93.29	—	—
Apache Leap凝灰岩	49	新准则	−7.184; 7.189	46.60	25.77	—	0.52
		Lade-Duncan	−8.312; 8.309	45.20	26.69	—	—
		Zienkiewicz-Pande	−8.540; 8.537	42.60	30.70	—	—
		Modified W-C	−8.752; 8.752	52.66	—	109.96	—
		Zhang-zhu	−9.275; 9.281	—	—	147.30	13.87
		DP	−9.276; 9.284	42.50	29.96	—	—
		Matsuoka-Nakai	−9.648; 9.648	53.50	17.19	—	—
		MC	−12.611; 12.615	53.00	26.64	—	—
		Hoek-Brown	−13.048; 13.037	—	—	147.30	25.20
Mizuho粗面岩	31	Zhang-zhu	−6.692; 6.680	—	—	100.00	10.70
		新准则	−8.044; 8.063	33.80	30.64	—	0.24
		Modified W-C	−8.261; 8.260	33.59	—	115.07	—
		Matsuoka-Nakai	−8.689; 8.686	33.70	31.01	—	—
		Hoek-Brown	−8.836; 9.010	—	—	100.00	12.20
		Zienkiewicz-Pande	−10.153; 10.149	32.20	32.46	—	—
		Lade-Duncan	−10.340; 10.342	31.50	32.89	—	—
		MC	−10.600; 10.598	34.70	30.98	—	—

续表

岩石	试验数据点数	准则	最大相对误差/%	准则材料常数			
				$\varphi/(^\circ)$	c/MPa	R_c/MPa	m或m_b
Mizuho粗面岩	31	DP	−16.041; 16.059	25.70	39.04	—	—
Solen-hofen石灰石	29	新准则	−3.418; 3.417	28.10	99.06	—	0.31
		Zhang-zhu	−4.545; 4.545	—	—	314.93	3.97
		Matsuoka-Nakai	−5.076; 5.073	27.00	96.81	—	—
		Zienkiewicz-Pande	−5.280; 5.277	24.00	106.62	—	—
		Lade-Duncan	−5.462; 5.460	22.40	111.76	—	—
		Modified W-C	−6.132; 6.131	24.30	—	321.88	—
		MC	−7.705; 7.702	30.80	96.65	—	—
		Hoek-Brown	−7.756; 7.747	—	—	304.60	6.80
		DP	−9.104; 9.106	16.60	126.94	—	—
Shira-hama砂岩	38	Hoek-Brown	−4.039; 4.065	—	—	60.20	18.80
		新准则	−5.635; 5.638	41.40	16.70	—	0.04
		MC	−5.768; 5.761	41.40	17.48	—	—
		Matsuoka-Nakai	−6.112; 6.130	38.60	13.93	—	—
		Modified W-C	−7.501; 7.502	41.41	—	50.01	—
		Lade-Duncan	−8.663; 8.667	37.50	13.34	—	—
		Zhang-zhu	−8.882; 8.873	—	—	45.01	15.28
		Zienkiewicz-Pande	−9.145; 9.147	37.30	13.19	—	—
		DP	−20.951; 20.958	31.70	12.66	—	—
Yuubari页岩	26	新准则	−4.686; 4.694	28.50	29.85	—	0.21
		Matsuoka-Nakai	−5.342; 5.339	29.50	25.05	—	—
		Zhang-zhu	−6.115; 6.113	—	—	75.93	6.81
		Zienkiewicz-Pande	−6.463; 6.454	27.30	27.67	—	—
		Modified W-C	−7.182; 7.180	28.09	—	88.65	—
		MC	−7.612; 7.612	30.60	27.85	—	—
		Lade-Duncan	−7.812; 7.811	26.70	27.78	—	—
		Hoek-Brown	−11.517; 11.146	—	—	115.00	4.30
		DP	−16.089; 16.090	25.10	23.77	—	—

表6-2列出了几种砂土试验数据点的最佳拟合结果，包括各准则对试验数据最佳拟合的最大正、负相对误差，最佳拟合的准则材料常数。

表 6-2　新准则和其他准则砂土试验数据最佳拟合结果

砂	试验数据点数	准则	最大相对误差/%	准则材料常数	
				φ/(°)	m
Monterey No.0砂,紧密	7	Lade-Duncan	−1.675; 1.661	48.34	—
		新准则	−4.939; 4.934	50.74	0.17
		Matsuoka-Nakai	−5.705; 5.716	51.16	—
		MC	−7.263; 7.274	51.94	—
		DP	−20.567; 20.551	38.74	—
Monterey No.0砂,疏松	7	新准则	−1.189; 1.209	38.95	0.21
		Lade-Duncan	−4.483; 4.484	37.08	—
		MC	−7.359; 7.384	41.19	—
		Matsuoka-Nakai	−7.725; 7.740	40.35	—
		DP	−15.990; 15.971	32.77	—
Leighton Buzzard砂	6	Lade-Duncan	−2.968; 2.964	40.09	—
		新准则	−5.438; 5.441	41.00	0.27
		Matsuoka-Nakai	−8.061; 8.086	41.97	—
		MC	−11.370; 11.395	43.20	—
		DP	−15.066; 15.041	33.51	—
Cambria砂,具有横向各向异性构造(A)	6	Lade-Duncan	−1.610; 1.601	40.44	—
		新准则	−4.023; 4.040	41.33	0.26
		Matsuoka-Nakai	−7.277; 7.293	42.59	—
		MC	−9.403; 9.387	43.40	—
		DP	−15.530; 15.520	34.04	—
Cambria砂,具有横向各向异性构造(B)	6	Lade-Duncan	−2.934; 2.939	39.64	—
		新准则	−3.363; 3.355	39.81	0.31
		Matsuoka-Nakai	−8.574; 8.570	41.71	—
		MC	−10.538; 10.547	42.43	—
		DP	−13.879; 13.858	33.59	—
Cambria砂,具有横向各向异性构造(C)	6	Lade-Duncan	−2.531; 2.533	38.87	—
		新准则	−3.611; 3.635	39.90	0.24
		Matsuoka-Nakai	−7.371; 7.396	41.27	—
		MC	−9.120; 9.113	41.91	—
		DP	−15.491; 15.495	33.00	—

续表

砂	试验数据点数	准则	最大相对误差/%	准则材料常数	
				φ/(°)	m
Ottawa砂，中等疏松	5	新准则	−1.160; 1.177	35.68	0.32
		Lade-Duncan	−4.772; 4.795	35.29	—
		Matsuoka-Nakai	−8.384; 8.403	38.05	—
		MC	−8.627; 8.639	38.13	—
		DP	−12.812; 12.820	31.10	—
Ottawa砂，中等紧密	5	Lade-Duncan	−2.922; 2.937	42.37	—
		新准则	−3.058; 3.048	44.89	0.12
		Matsuoka-Nakai	−3.695; 3.708	45.16	—
		MC	−5.927; 5.923	46.11	—
		DP	−20.093; 20.121	35.28	—

注：砂的凝聚力c为0。

表6-3列出了一种混凝土的试验数据点最佳拟合结果，包括各准则对试验数据最佳拟合的最大正、负相对误差，最佳拟合的材料常数。表中，R_{cb}是混凝土的双轴压缩强度，R_t是混凝土的单轴拉伸强度，R_c是混凝土的单轴压缩强度，这三个量均是William-Warnkc准则的材料常数。

表6-3　新准则和其他准则混凝土试验数据最佳拟合结果

试验数据点数	准则	最大相对误差/%	准则材料常数					
			φ/(°)	c/MPa	m	R_c/MPa	R_{cb}/MPa	R_t/MPa
62	新准则	−9.428; 9.422	40.90	10.46	0.12	—	—	—
	William-Warnke	−9.948; 9.937	—	—	—	44.90	59.20	13.00
	MC	−12.154; 12.164	44.10	9.35	—	—	—	—
	DP	−20.351; 20.344	30.20	11.08	—	—	—	—

由表6-1可以看出，在八种岩体的试验数据拟合中，新准则对三种岩体试验数据的拟合有最小的相对误差，对另外三种岩体试验数据的拟合有第二小的相对误差。新准则是九个准则中唯一一个，对所有八种岩体试验数据拟合的相对误差都不超过8.063%的准则。对八种岩体试验数据的拟合结果表明，新准则与现有的准则相比，可以更好地表达岩体的破坏。

由表6-2可以看出，在八种砂土的试验数据拟合中，新准则对两种砂土试验数据的拟合有最小的相对误差，对其他六种砂土试验数据的拟合有第二小的相对误差。新准则对所有砂土试验数据拟合的相对误差均不超过5.441%。

Lade-Duncan准则对六种砂土试验数据拟合有最小的相对误差,对两种砂土试验数据拟合有第二小的相对误差。Lade-Duncan准则对所有砂土试验数据拟合的相对误差均不超过4.795%。对八种砂土试验数据拟合结果表明,Lade-Duncan屈服准则可以较好地表达砂土的破坏;新准则在精度上与Lade-Duncan准则接近,二者均可良好表达砂土的破坏。新准则和Lade-Duncan准则在精度方面明显好于现有其他准则。

由表6-3可以看出,对一种混凝土的62个试验数据点拟合后,新准则的最大相对误差为9.428%,精度略好于被广泛认可的William-Warnke准则。对于该混凝土,新准则和William-Warnke准则在精度方面,明显好于MC准则和DP准则。

6.4 新弹塑性屈服准则用于连续介质计算的计算公式和计算过程

本节介绍应用新弹塑性屈服准则进行连续介质计算(采用"试探—修正"算法)的计算公式和计算过程。

6.4.1 "试探—修正"算法的计算公式

公式的推导见6.8节。

6.4.1.1 新弹塑性屈服准则的塑性势函数

可取新准则屈服函数的形式,即:

$$g=\tau-\alpha_1'\sigma_1-\alpha_2'\sigma_2-\alpha_3'\sigma_3 \tag{6-6}$$

式中,α_1'、α_2'和α_3'是材料常数,它们的表达式与α_1、α_2和α_3的表达式[式(6-2a)、式(6-2b)和式(6-2c)]相同,只是材料的内摩擦角φ换成材料的膨胀角ψ。

6.4.1.2 定义的几个参量

定义几个参量,其表达式如下:

$$\begin{cases} P_s=\alpha_1\sigma_1^{\text{Trial}}+\alpha_2\sigma_2^{\text{Trial}}+\alpha_3\sigma_3^{\text{Trial}} & \text{(6-7a)}\\ Q_s=l_1\sigma_1^{\text{Trial}}+l_2\sigma_2^{\text{Trial}}+l_3\sigma_3^{\text{Trial}} & \text{(6-7b)}\\ R_s=k_1\sigma_1^{\text{Trial}}+k_2\sigma_2^{\text{Trial}}+k_3\sigma_3^{\text{Trial}} & \text{(6-7c)}\end{cases}$$

式中,σ_1^{Trial}、σ_2^{Trial}和σ_3^{Trial}为三个主应力的弹性试探值;

$l_1=\dfrac{1}{3}(\alpha_2'+\alpha_3'-2\alpha_1')$;

$l_2=\dfrac{1}{3}(\alpha_3'+\alpha_1'-2\alpha_2')$;

$l_3=\dfrac{1}{3}(\alpha_1'+\alpha_2'-2\alpha_3')$;

$k_1=\frac{1}{3}(\alpha_2+\alpha_3-2\alpha_1)+\frac{2}{3}(\alpha_2'+\alpha_3'-2\alpha_1')$;

$k_2=\frac{1}{3}(\alpha_3+\alpha_1-2\alpha_2)+\frac{2}{3}(\alpha_3'+\alpha_1'-2\alpha_2')$;

$k_3=\frac{1}{3}(\alpha_1+\alpha_2-2\alpha_3)+\frac{2}{3}(\alpha_1'+\alpha_2'-2\alpha_3')$;

α_1、α_2、α_3是新准则屈服函数中的三个材料常数;α_1'、α_2'、α_3'是新准则塑性势函数中的三个材料常数。

6.4.1.3　每个荷载增量的塑性变形系数 d$\boldsymbol{\lambda}$ 的方程

每个载荷增量下,介质中一点处的塑性变形系数dλ的方程为:

$$L_1(\mathrm{d}\lambda)^4+L_2(\mathrm{d}\lambda)^3+L_3(\mathrm{d}\lambda)^2+L_4\mathrm{d}\lambda+L_0=0 \tag{6-8}$$

式中,L_1、L_2、L_3、L_4和L_0是参数,其表达式如下:

$$\begin{cases} L_1=\omega_1^2-2m'\omega_2^2 & \text{(6-9a)}\\ L_2=-2R_s^*\omega_1-4m'\left(P_s^*+\Phi^*\right)\omega_2+2Q_s^*\omega_2^2 & \text{(6-9b)}\\ L_3=(R_s^*)^2-2m'\left(P_s^*+\Phi^*\right)^2+4\omega_2Q_s^*\left(P_s^*+\Phi^*\right)+({}^*\tau^{\text{Trial}})^2\left(2\omega_1-\omega_2^2\right) & \text{(6-9c)}\\ L_4=-2R_s^*({}^*\tau^{\text{Trial}})^2-2\left(P_s^*+\Phi^*\right)({}^*\tau^{\text{Trial}})^2\omega_2+2Q_s^*\left(P_s^*+\Phi^*\right)^2 & \text{(6-9d)}\\ L_0=({}^*\tau^{\text{Trial}})^4-({}^*\tau^{\text{Trial}})^2\left(P_s^*+\Phi^*\right)^2 & \text{(6-9e)} \end{cases}$$

式中,P_s^*、Q_s^*、R_s^*、${}^*\tau^{\text{Trial}}$和Φ^*是无量纲参量,由P_s、Q_s、R_s、τ^{Trial}以及Φ,分别除以材料的剪切模量G得到;$\omega_1=2\left(\overline{m}+m'-\frac{nn'}{3}\right)$、$\omega_2=1+2\overline{m}+\frac{2\mu}{1-2\mu}nn'$是材料常数,其中,

$\overline{m}=\alpha_1\alpha_1'+\alpha_2\alpha_2'+\alpha_3\alpha_3'$;

$m'=\frac{1}{3}[(\alpha_2'-\alpha_1')^2+(\alpha_3'-\alpha_2')^2+(\alpha_1'-\alpha_3')^2]$;

$n=\alpha_1+\alpha_2+\alpha_3$;

$n'=\alpha_1'+\alpha_2'+\alpha_3'$;

μ是材料的泊松比。

6.4.1.4　介质中的应力

(1)广义正应力σ_{m}和广义剪应力τ可分别表示为:

$$\sigma_{\text{m}}=\sigma_{\text{m}}^{\text{Trial}}+Kn'\mathrm{d}\lambda \tag{6-10a}$$

$$\tau=\frac{\left(\tau^{\text{Trial}}\right)^2+BG(\mathrm{d}\lambda)^2-\left(R_s+P_s+\Phi\right)G\mathrm{d}\lambda}{G\mathrm{d}\lambda+A\mathrm{d}\lambda+\Phi+P_s} \tag{6-10b}$$

式中,$\sigma_{\text{m}}=\frac{1}{3}(\sigma_1+\sigma_2+\sigma_3)$,是广义正应力;$\sigma_{\text{m}}^{\text{Trial}}=\frac{1}{3}(\sigma_1^{\text{Trial}}+\sigma_2^{\text{Trial}}+\sigma_3^{\text{Trial}})$,是广义正应力的弹性试探值;$K$是材料的体积模量;$A=\left(2\overline{m}+\frac{2\mu}{1-2\mu}nn'\right)G$, $B=$

$\left[2m'-1-\dfrac{2(1+\mu)}{3(1-2\mu)}nn'\right]G$，均是材料常数。

(2)主应力的表达式如下：

$$\sigma_1=\frac{\sigma_1^{\mathrm{Trial}}\tau+G\sigma_{\mathrm{m}}\mathrm{d}\lambda+C_1\tau\mathrm{d}\lambda}{\tau+G\mathrm{d}\lambda} \tag{6-11a}$$

$$\sigma_2=\frac{\sigma_2^{\mathrm{Trial}}\tau+G\sigma_{\mathrm{m}}\mathrm{d}\lambda+C_2\tau\mathrm{d}\lambda}{\tau+G\mathrm{d}\lambda} \tag{6-11b}$$

$$\sigma_3=\frac{\sigma_3^{\mathrm{Trial}}\tau+G\sigma_{\mathrm{m}}\mathrm{d}\lambda+C_3\tau\mathrm{d}\lambda}{\tau+G\mathrm{d}\lambda} \tag{6-11c}$$

式中，$C_1=B_1\alpha_1'+B_2(\alpha_2'+\alpha_3')$，$C_2=B_1\alpha_2'+B_2(\alpha_3'+\alpha_1')$，$C_3=B_1\alpha_3'+B_2(\alpha_1'+\alpha_2')$，$B_1=K+\dfrac{4}{3}G$，$B_2=K-\dfrac{2}{3}G$，均是材料常数。

(3)应力分量的表达式如下：

$$\sigma_{ij}=\beta_{i1}\beta_{j1}\sigma_1+\beta_{i2}\beta_{j2}\sigma_2+\beta_{i3}\beta_{j3}\sigma_3 \tag{6-12}$$

式中，$i=1,2,3$，$j=1,2,3$，代表三个坐标轴方向；$\beta_{ij}=\cos(\sigma_j,x_i)$是主应力$\sigma_j$和坐标轴$x_i$之间的方向余弦，由弹性试探应力确定，并假定介质在荷载增加、塑性变形过程中，三个主应力的方向保持不变。

6.4.2 “试探—修正”算法的计算过程

一个荷载增量(或者称为荷载步)的计算过程如下：

(1)计算应力分量的弹性试探解$\sigma_{ij}^{\mathrm{Trial}}$，然后确定主应力的弹性试探解$\sigma_1^{\mathrm{Trial}}$、$\sigma_2^{\mathrm{Trial}}$和$\sigma_3^{\mathrm{Trial}}$，确定广义剪应力的弹性试探解$\tau^{\mathrm{Trial}}$和广义正应力的弹性试探解$\sigma_{\mathrm{m}}^{\mathrm{Trial}}$。

(2)计算参量P_{s}、Q_{s}和R_{s}，可由式(6-7a)、式(6-7b)和式(6-7c)计算得到；然后，计算方程(6-8)中的系数L_1、L_2、L_3、L_4和L_0，可由式(6-9a)～式(6-9e)计算得到。

(3)求解方程(6-8)，以获得一个荷载增量的塑性变形系数$\mathrm{d}\lambda$。

(4)计算广义正应力σ_{m}和广义剪应力τ，可由式(6-10a)和式(6-10b)计算得到；然后确定主应力σ_1、σ_2和σ_3，可由式(6-11a)、式(6-11b)和式(6-11c)计算得到；最后，确定应力分量σ_{ij}，可由式(6-12)计算得到。

再进行下一个荷载增量的计算，重复步骤(1)～(4)。直到结构达到平衡状态，或者结构处于不收敛的流动状态，停止计算。

6.5 新弹塑性屈服准则计算例题

本节采用所提出的新准则计算了两个例题。有限单元法计算采用一种根据结点不平衡力近似给予结点位移的多荷载步迭代求解算法和“试探—修正”算法。

6.5.1　半无限大土体地基表面作用竖向均布压力算例

半无限大土体地基表面矩形区域上作用有一竖向均布压力(见图6-5)。压力数值为6.5×10^5 Pa;矩形区域尺寸为3 m × 6 m;取地基计算范围87 m × 90 m × 42 m,在该地基范围内建立有限元网格,其包含50880个八结点六面体单元和54825个结点。

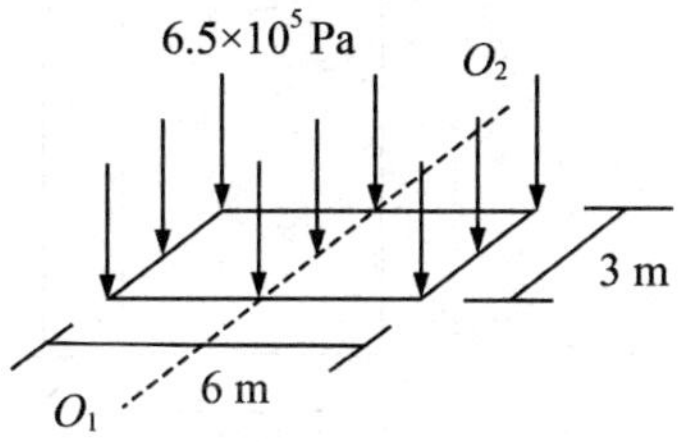

图6-5　半无限大土体地基表面作用均布压力示意

地基土体的力学指标如表6-4所示。

表6-4　地基土体的力学指标

弹性模量E/MPa	泊松比μ	内摩擦角φ/(°)	凝聚力c/MPa	膨胀角ψ/(°)	准则参数m
60	0.25	20	0.02	20	0.5

取地基中通过矩形中线O_1O_2的竖向对称剖面考察计算结果。图6-6显示了计算得出的该剖面上的土体塑性屈服区分布和结点位移,标有“*”的单元表示发生了塑性屈服。计算得出的地基表面矩形中心点的最大竖向位移为120.58 mm,已在图中用箭头“↓”标出,图中各结点引出的短实线表示结点位移的方向和大小。

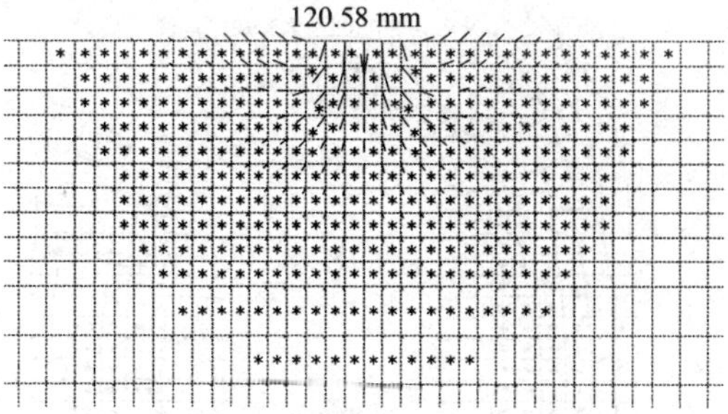

图6-6　地基中O_1O_2竖向对称剖面上的塑性屈服区和结点位移矢量

6.5.2　地下岩体中洞室开挖算例

在地下岩体中开挖洞室,如图6-7所示。岩体计算范围:岩体的竖向边界距离洞室侧边120 m,岩体顶部边界距离洞室顶点100 m,岩体底部边界距离洞室底边100 m。这样,岩体的计算范围为255 m × 227.5 m。作为平面变形问题,岩体厚度取2 m,建立的有限元网格包括6596个八结点六面体单元和13438个结点。初始地应力的竖向分量取上覆岩体的自重应力γh,初始地应力的水平分量取$0.7\gamma h$,其中γ为岩体的重度,h为计算点在岩体表面以下的深度。

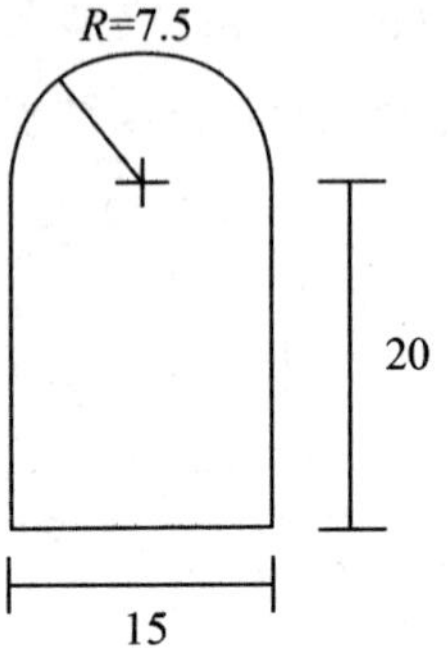

图6-7　地下洞室尺寸(单位:m)

岩体的力学指标如表6-5所示。

表6-5　岩体的力学指标

密度 ρ/(kg/m³)	弹性模量 E/GPa	泊松比μ	内摩擦角 φ/(°)	凝聚力 c/MPa	膨胀角 ψ/(°)	准则参数m
2400	10	0.22	40	0.2	40	0.5

计算得出的洞室围岩的塑性屈服区和围岩表面结点位移矢量如图6-8所示,标有"*"的单元表示发生了塑性屈服。围岩最大结点位移发生在洞室边墙表面,其数值为4.86 mm,已在图6-8中用箭头"→"和箭头"←"标出。

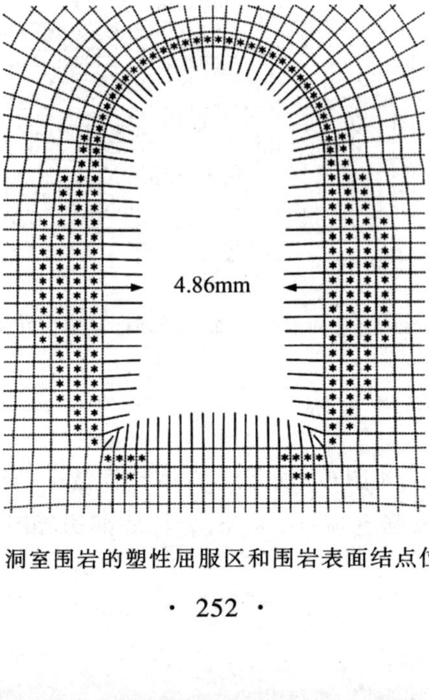

图6-8　洞室围岩的塑性屈服区和围岩表面结点位移矢量

6.5.3 算例结论

在土体地基和岩体开挖这两个算例中,还采用MC准则和DP准则进行了计算,以作为对比。在介质中的不同位置选取若干结点和单元检查计算结果。

采用这三个准则对算例进行计算时,都给出了结点位移、单元应力和塑性屈服范围的计算结果。在土体地基和岩体开挖这两个算例中,MC准则给出的塑性屈服范围和结点位移较大,DP准则给出的塑性屈服范围和结点位移较小,新准则给出的塑性屈服范围和最大结点位移介于MC准则和DP准则计算结果之间。

结果表明,新准则和所给出的计算公式可以有效地进行岩土体力学计算。

6.6 新弹塑性屈服准则公式的推导

在图6-1所示的π平面上,点A、B、C、E和G的主应力分别为:

$$\begin{cases}\sigma_1^A=\dfrac{p(1-\sin\varphi)+2c\cos\varphi}{3-\sin\varphi} & \text{(6-13a)}\\ \sigma_2^A=\sigma_1^A & \text{(6-13b)}\\ \sigma_3^A=\dfrac{p(1+\sin\varphi)-4c\cos\varphi}{3-\sin\varphi} & \text{(6-13c)}\end{cases}$$

$$\begin{cases}\sigma_1^B=\dfrac{p(1-\sin\varphi)+4c\cos\varphi}{3+\sin\varphi} & \text{(6-14a)}\\ \sigma_2^B=\dfrac{p(1+\sin\varphi)-2c\cos\varphi}{3+\sin\varphi} & \text{(6-14b)}\\ \sigma_3^B=\sigma_2^B & \text{(6-14c)}\end{cases}$$

$$\begin{cases}\sigma_1^C=\dfrac{p}{3}-\dfrac{4p\sin\varphi}{3(3-\sin\varphi)}+\dfrac{4c\cos\varphi}{3-\sin\varphi} & \text{(6-15a)}\\ \sigma_2^C=\dfrac{p}{3}+\dfrac{2p\sin\varphi}{3(3-\sin\varphi)}-\dfrac{2c\cos\varphi}{3-\sin\varphi} & \text{(6-15b)}\\ \sigma_3^C=\sigma_2^C & \text{(6-15c)}\end{cases}$$

$$\begin{cases}\sigma_1^E=\dfrac{1}{3}p(1-\sin\varphi)+c\cos\varphi & \text{(6-16a)}\\ \sigma_2^E=\dfrac{1}{3}p & \text{(6-16b)}\\ \sigma_3^E=\dfrac{1}{3}p(1+\sin\varphi)-c\cos\varphi & \text{(6-16c)}\end{cases}$$

$$\begin{cases}\sigma_1^G=\dfrac{p}{3}-\dfrac{2\sqrt{3}\,p\sin\varphi}{3(3-\sin\varphi)}+\dfrac{2\sqrt{3}\,c\cos\varphi}{3-\sin\varphi} & (6\text{-}17\text{a})\\ \sigma_2^G=\dfrac{p}{3} & (6\text{-}17\text{b})\\ \sigma_3^G=\dfrac{p}{3}+\dfrac{2\sqrt{3}\,p\sin\varphi}{3(3-\sin\varphi)}-\dfrac{2\sqrt{3}\,c\cos\varphi}{3-\sin\varphi} & (6\text{-}17\text{c})\end{cases}$$

式中，$p=\sigma_1+\sigma_2+\sigma_3$，决定了$\pi$平面在主应力空间中的位置；$\varphi$为材料的内摩擦角；$c$为凝聚力。

设$EF=mEG$，$BD=mBC$，则有：

$$\sigma_i^F=\sigma_i^E+m(\sigma_i^G-\sigma_i^E) \tag{6-18}$$

$$\sigma_i^D=\sigma_i^B+m(\sigma_i^C-\sigma_i^B) \tag{6-19}$$

式中，下标$i=1,2,3$，代表三个主应力。

把式(6-16)和式(6-17)代入式(6-18)，得到F点的主应力：

$$\begin{cases}\sigma_1^F=\dfrac{(1-\sin\varphi+m\sin\varphi)(3-\sin\varphi)-2\sqrt{3}\,m\sin\varphi}{3(3-\sin\varphi)}p\\ \qquad+\dfrac{(1-m)(3-\sin\varphi)+2\sqrt{3}\,m}{3-\sin\varphi}c\cos\varphi & (6\text{-}20\text{a})\\ \sigma_2^F=\dfrac{1}{3}p & (6\text{-}20\text{b})\\ \sigma_3^F=\dfrac{(1+\sin\varphi-m\sin\varphi)(3-\sin\varphi)+2\sqrt{3}\,m\sin\varphi}{3(3-\sin\varphi)}p\\ \qquad-\dfrac{(1-m)(3-\sin\varphi)+2\sqrt{3}\,m}{3-\sin\varphi}c\cos\varphi & (6\text{-}20\text{c})\end{cases}$$

把式(6-14)和式(6-15)代入式(6-19)，得到D点的主应力：

$$\begin{cases}\sigma_1^D=\dfrac{(3-3\sin\varphi+4m\sin\varphi)(3-\sin\varphi)-4m\sin\varphi(3+\sin\varphi)}{3(3-\sin\varphi)(3+\sin\varphi)}p\\ \qquad+\dfrac{4(3-\sin\varphi+2m\sin\varphi)}{(3-\sin\varphi)(3+\sin\varphi)}c\cos\varphi & (6\text{-}21\text{a})\\ \sigma_2^D=\dfrac{(3+3\sin\varphi-2m\sin\varphi)(3-\sin\varphi)+2m\sin\varphi(3+\sin\varphi)}{3(3-\sin\varphi)(3+\sin\varphi)}p\\ \qquad-\dfrac{2(3-\sin\varphi+2m\sin\varphi)}{(3-\sin\varphi)(3+\sin\varphi)}c\cos\varphi & (6\text{-}21\text{b})\\ \sigma_3^D=\sigma_2^D & (6\text{-}21\text{c})\end{cases}$$

对于π平面上的一点，在xOy坐标系中的坐标可用其主应力表示为：

$$\begin{cases} x=\dfrac{1}{\sqrt{2}}(\sigma_1-\sigma_3) & \text{(6-22a)} \\ y=\dfrac{1}{\sqrt{6}}[2(\sigma_2-\sigma_3)-(\sigma_1-\sigma_3)] & \text{(6-22b)} \end{cases}$$

把式(6-13)、式(6-20)和式(6-21)代入式(6-22)，可分别得到点A、F和D的直角坐标：

$$\begin{cases} x_A=\dfrac{3\sqrt{2}}{3-\sin\varphi}\otimes & \text{(6-23a)} \\ y_A=\dfrac{\sqrt{6}}{3-\sin\varphi}\otimes & \text{(6-23b)} \end{cases}$$

$$\begin{cases} x_F=\dfrac{\sqrt{2}\,[(1-m)(3-\sin\varphi)+2\sqrt{3}\,m]}{3-\sin\varphi}\otimes & \text{(6-24a)} \\ y_F=0 & \text{(6-24b)} \end{cases}$$

$$\begin{cases} x_D=\dfrac{3\sqrt{2}\,(3-\sin\varphi+2m\sin\varphi)}{(3-\sin\varphi)(3+\sin\varphi)}\otimes & \text{(6-25a)} \\ y_D=-\dfrac{\sqrt{6}\,(3-\sin\varphi+2m\sin\varphi)}{(3-\sin\varphi)(3+\sin\varphi)}\otimes & \text{(6-25b)} \end{cases}$$

式中，$\otimes=c\cos\varphi-\dfrac{p}{3}\sin\varphi$。

在π平面上，令新准则的屈服面通过点A、F和D。令新准则屈服面上某一点的广义剪应力相对于坐标x和y发生线性变化，由于广义剪应力$\tau=\dfrac{\sqrt{x^2+y^2}}{\sqrt{2}}$，则新准则的屈服面可表示为：

$$\sqrt{x^2+y^2}=\xi x+\eta y+\zeta\otimes \tag{6-26}$$

式中，ξ、η和ζ为待定参数。

把式(6-23)、式(6-24)和式(6-25)代入式(6-26)，得到一个关于ξ、η和ζ的线性方程组：

$$
\begin{cases}
3\sqrt{2}\,\xi+\sqrt{6}\,\eta+(3-\sin\varphi)\zeta=2\sqrt{6} & \text{(6-27a)}\\
\sqrt{2}\,\left[(1-m)(3-\sin\varphi)+2\sqrt{3}\,m\right]\xi+(3-\sin\varphi)\zeta & \\
=\sqrt{2}\left[(1-m)(3-\sin\varphi)+2\sqrt{3}\,m\right] & \text{(6-27b)}\\
3\sqrt{2}(3-\sin\varphi+2m\sin\varphi)\xi-\sqrt{6}(3-\sin\varphi+2m\sin\varphi)\eta & \\
+(3+\sin\varphi)(3-\sin\varphi)\zeta=\sqrt{24}(3-\sin\varphi+2m\sin\varphi) & \text{(6-27c)}
\end{cases}
$$

求解方程组(6-27),得到式(6-26)中参数ξ、η和ζ的表达式(6-4)。

把$\sqrt{x^2+y^2}=\sqrt{2}\,\tau$,$\otimes=c\cos\varphi-\dfrac{\sigma_1+\sigma_2+\sigma_3}{3}\sin\varphi$和式(6-22)代入式(6-26)得到:

$$
\sqrt{2}\,\tau=\frac{1}{\sqrt{2}}\xi(\sigma_1-\sigma_3)+\frac{1}{\sqrt{6}}\eta\left[2(\sigma_2-\sigma_3)-(\sigma_1-\sigma_3)\right]+\zeta\left(c\cos\varphi-\frac{\sigma_1+\sigma_2+\sigma_3}{3}\sin\varphi\right) \tag{6-28}
$$

整理式(6-28),得到新准则的屈服方程[即式(6-1)所示方程]:

$$
\tau=\alpha_1\sigma_1+\alpha_2\sigma_2+\alpha_3\sigma_3+\Phi
$$

式中,材料常数α_1、α_2、α_3和Φ,由式(6-2)和式(6-3)给出。

6.7 几个重要的岩土材料屈服准则

本节主要介绍几个重要的岩土材料屈服准则,其中σ_1、σ_2和σ_3分别代表大主应力、中主应力和小主应力,并且以拉应力为正;c和φ分别代表材料的凝聚力和内摩擦角。

(1)摩尔-库伦(Mohr-Coulomb)准则,表达式为:

$$
\sigma_1-\frac{1-\sin\varphi}{1+\sin\varphi}\sigma_3-\frac{2c\cos\varphi}{1+\sin\varphi}=0 \tag{6-29}
$$

(2)德鲁克-普拉格(Drucker-Prager)准则,表达式为:

$$
\tau+\alpha\sigma_{\mathrm{m}}-\kappa=0 \tag{6-30}
$$

式中,τ为广义剪应力,$\tau=\sqrt{J_2}$,具体可参考式(6-1)的说明;$\sigma_m=\dfrac{1}{3}(\sigma_1+\sigma_2+\sigma_3)$,为广义正应力;$\alpha$和$\kappa$为材料常数。

如果令Drucker-Prager准则屈服面通过Mohr-Coulomb准则屈服面三轴压缩的角点(即与MC准则屈服面外接),则可得到DP准则与MC准则材料常数之间的关系:

$$
\alpha=\frac{2\sqrt{3}\sin\varphi}{3-\sin\varphi}
$$

$$
\kappa=\frac{2\sqrt{3}\,c\cos\varphi}{3-\sin\varphi}
$$

(3)霍克-布朗(Hoek-Brown)准则,这是一个用于岩体的准则,其表达式为:

$$\sigma_1=\sigma_3+R_c\left(m_b\frac{-\sigma_1}{R_c}+s\right)^a \tag{6-31}$$

式中,R_c为材料的单轴压缩强度;m_b、s和a为材料常数,对于完好岩体,$s=1$,$a=0.5$。

(4)拉德-邓肯(Lade-Duncan)准则。

①对于非黏性材料,准则的表达式为:

$$\frac{I_1^3}{I_3}=k \tag{6-32}$$

式中,$I_1=\sigma_1+\sigma_2+\sigma_3$,$I_3=\sigma_1\sigma_2\sigma_3$,分别为第一应力不变量和第三应力不变量;$k$为材料常数。

如果令Lade-Duncan准则的屈服面通过Mohr-Coulomb准则屈服面三轴压缩的角点,可得到以下关系式:

$$k=\frac{(3-\sin\varphi)^3}{(1-\sin\varphi)^2(1+\sin\varphi)}$$

②对于黏性材料,修正的Lade-Duncan准则的表达式为:

$$\frac{(\bar{I}_1)^3}{\bar{I}_3}=k \tag{6-33}$$

式中,$I_1=\bar{\sigma}_1+\bar{\sigma}_2+\bar{\sigma}_3$,$\bar{I}_3=\bar{\sigma}_1\bar{\sigma}_2\bar{\sigma}_3$,其中$\bar{\sigma}_1=\sigma_1-c\cdot c\tan\varphi$,$\bar{\sigma}_2=\sigma_2-c\cdot c\tan\varphi$,$\bar{\sigma}_3=\sigma_3-c\cdot c\tan\varphi$。

(5)松冈元-中井照夫(Matsuoka-Nakai)准则。

①对于非黏性材料,准则的表达式为:

$$\frac{I_1I_2}{I_3}=\chi \tag{6-34}$$

式中,I_1和I_3分别为第一应力不变量和第三应力不变量;$I_2=\sigma_1\sigma_2+\sigma_2\sigma_3+\sigma_3\sigma_1$,为第二应力不变量;$\chi$是材料常数。

如果令Matsuoka-Nakai准则的屈服面通过Mohr-Coulomb准则屈服面三轴压缩和三轴拉伸的角点,可得到以下关系式:

$$\chi=\frac{9-\sin^2\varphi}{1-\sin^2\varphi}$$

②对于黏性材料,修正的Matsuoka-Nakai准则的表达式为:

$$\frac{\bar{I}_1\bar{I}_2}{\bar{I}_3}=\chi \tag{6-35}$$

式中,$\bar{I}_2=\bar{\sigma}_1\bar{\sigma}_2+\bar{\sigma}_2\bar{\sigma}_3+\bar{\sigma}_3\bar{\sigma}_1$;$\bar{I}_1$和$\bar{I}_3$的表达同式(6-33)。

(6)辛克维奇-潘德(Zienkiewicz-Pande)准则,该准则采用双曲线型屈服面,并且其子午线以Mohr-Coulomb准则的子午线为渐近线。该准则是Mohr-Coulomb准则的近似形式,用于消除Mohr-Coulomb准则的角点,以利于采用Mohr-Coulomb准则计算。准则的表达式为:

$$\tau=\tau_{+}g(\theta) \tag{6-36}$$

式中,τ是广义剪应力;$\tau_{+}=\dfrac{2\sqrt{3}\,(c\cos\varphi-\sigma_{m}\sin\varphi)}{3-\sin\varphi}$,是Mohr-Coulomb准则三轴压缩点处的广义剪应力;θ是Lode角,其关系式为:

$$\sin(3\theta)=-\frac{3\sqrt{3}\,J_{3}}{2J_{2}^{\frac{3}{2}}}$$

式中,$J_{2}=\dfrac{1}{6}\left[(\sigma_{1}-\sigma_{2})^{2}+(\sigma_{2}-\sigma_{3})^{2}+(\sigma_{3}-\sigma_{1})^{2}\right]$,$J_{3}=(\sigma_{1}-\sigma_{m})(\sigma_{2}-\sigma_{m})(\sigma_{3}-\sigma_{m})$,分别是第二偏应力不变量和第三偏应力不变量。

式(6-36)中,$g(\theta)$是一个修正函数,用于使π平面上Mohr-Coulomb准则的屈服面光滑、消除角点。该函数表达式为:

$$g(\theta)=\frac{2K}{(1+K)-(1-K)\sin(3\theta)}$$

式中,$K=\dfrac{3-\sin\varphi}{3+\sin\varphi}$。

(7)修正的Wiebols-Cook准则,表达式为:

$$\tau=M-N\sigma_{m}+D\sigma_{m}^{2} \tag{6-37}$$

式中,τ和σ_{m}分别为广义剪应力和广义正应力;M、N和D为参量,与材料常数和最大主应力有关,表达式分别为:

$$D=\frac{\sqrt{27}}{2C_{1}+(1-q)\sigma_{1}-R_{c}}\left[\frac{C_{1}+(1-q)\sigma_{1}-R_{c}}{2C_{1}-(1+2q)\sigma_{1}-R_{c}}-\frac{q-1}{q+2}\right]$$

$$N=\frac{\sqrt{3}\,(q-1)}{q+2}-\frac{D}{3}\left[2R_{c}-(q+2)\sigma_{1}\right]$$

$$M=\frac{R_{c}}{\sqrt{3}}-\frac{R_{c}}{3}N-\frac{R_{c}^{2}}{9}D$$

式中,R_{c}为材料的单轴压缩强度;$C_{1}=(1+0.6\tan\varphi)R_{c}$,$q=\tan^{2}\left(\dfrac{\pi}{4}+\dfrac{1}{2}\varphi\right)$,均为材料常数。

(8)Zhang-zhu准则,这是一个用于岩体的准则,其表达式为:

$$\frac{1}{R_{c}^{(1/a-1)}}\left(\frac{3}{\sqrt{2}}\tau_{oct}\right)^{1/a}+\frac{3}{2\sqrt{2}}m_{b}\tau_{oct}+m_{b}\sigma_{m,2}=sR_{c} \tag{6-38}$$

式中，$\tau_{oct}=\frac{1}{3}\sqrt{(\sigma_1-\sigma_2)^2+(\sigma_2-\sigma_3)^2+(\sigma_3-\sigma_1)^2}$；$\sigma_{m,2}=\frac{\sigma_1+\sigma_3}{2}$；$R_c$为材料的单轴压缩强度；$m_b$、$s$和$a$为材料常数，对于完好岩体，$s=1$，$a=0.5$。

(9)William-Warnke准则，这是一个专门用于混凝土的准则，其表达式为：

$$T=\left(R_c-\frac{1}{z}\sigma_m\right)r(\theta) \tag{6-39}$$

式中，$T=\frac{1}{\sqrt{15}}\sqrt{(\sigma_1-\sigma_2)^2+(\sigma_2-\sigma_3)^2+(\sigma_3-\sigma_1)^2}$；$\sigma_m=\frac{1}{3}(\sigma_1+\sigma_2+\sigma_3)$。

在π平面上六分之一区域中，$0°\leqslant\theta\leqslant 60°$；$\theta=0°$对应着三轴拉伸点，有$\sigma_2=\sigma_3$；$\theta=60°$对应着三轴压缩点，有$\sigma_2=\sigma_1$。$\theta$角的关系式为：

$$\cos\theta=\frac{2\sigma_1-\sigma_2-\sigma_3}{\sqrt{2}\left[(\sigma_1-\sigma_2)^2+(\sigma_2-\sigma_3)^2+(\sigma_3-\sigma_1)^2\right]^{\frac{1}{2}}}$$

函数$r(\theta)$的表达式为：

$$r(\theta)=\frac{2r_2(r_2^2-r_1^2)\cos\theta+r_2(2r_1-r_2)\left[4(r_2^2-r_1^2)\cos^2\theta+5r_1^2-4r_1r_2\right]^{\frac{1}{2}}}{4(r_2^2-r_1^2)\cos^2\theta+(r_2-2r_1)^2}$$

式中，当$\theta=0°$时，$r=r_1$；当$\theta=60°$时，$r=r_2$。

参数z、r_1和r_2是材料常数，其表达式分别为：

$$z=\frac{\alpha_t\alpha_b}{\alpha_b-\alpha_t}$$

$$r_1=\sqrt{\frac{6}{5}}\frac{\alpha_t\alpha_b}{2\alpha_b+\alpha_t}$$

$$r_2=\sqrt{\frac{6}{5}}\frac{\alpha_t\alpha_b}{3\alpha_b\alpha_t+\alpha_b-\alpha_t}$$

式中，$\alpha_t=R_t/R_c$，$\alpha_b=R_{cb}/R_c$；R_t是材料的单轴拉伸强度，R_c是材料的单轴压缩强度，R_{cb}是材料的双轴压缩强度。

6.8　新准则“试探—修正”算法的计算公式推导

为了方便说明，首先对本节公式中的常数和参数做如下说明：

G、K、μ分别是材料的剪切模量、体积模量、泊松比；

α_1、α_2、α_3、Φ是新准则屈服函数的材料常数；

α_1'、α_2'、α_3'是新准则塑性势函数的材料常数；

$B_1=K+\frac{4}{3}G$；

$B_2 = K - \frac{2}{3}G$;

$n = \alpha_1 + \alpha_2 + \alpha_3$;

$n' = \alpha_1' + \alpha_2' + \alpha_3'$;

$\overline{m} = \alpha_1\alpha_1' + \alpha_2\alpha_2' + \alpha_3\alpha_3'$;

$m' = \frac{1}{3}\,[(\alpha_2' - \alpha_1')^2 + (\alpha_3' - \alpha_2')^2 + (\alpha_1' - \alpha_3')^2]$;

$l_1 = \frac{1}{3}(\alpha_2' + \alpha_3' - 2\alpha_1')$;

$l_2 = \frac{1}{3}(\alpha_3' + \alpha_1' - 2\alpha_2')$;

$l_3 = \frac{1}{3}(\alpha_1' + \alpha_2' - 2\alpha_3')$;

$k_1 = \frac{1}{3}(\alpha_2 + \alpha_3 - 2\alpha_1) + \frac{2}{3}(\alpha_2' + \alpha_3' - 2\alpha_1')$;

$k_2 = \frac{1}{3}(\alpha_3 + \alpha_1 - 2\alpha_2) + \frac{2}{3}(\alpha_3' + \alpha_1' - 2\alpha_2')$;

$k_3 = \frac{1}{3}(\alpha_1 + \alpha_2 - 2\alpha_3) + \frac{2}{3}(\alpha_1' + \alpha_2' - 2\alpha_3')$;

$C_1 = B_1\alpha_1' + B_2(\alpha_2' + \alpha_3')$;

$C_2 = B_1\alpha_2' + B_2(\alpha_3' + \alpha_1')$;

$C_3 = B_1\alpha_3' + B_2(\alpha_1' + \alpha_2')$;

$A = \alpha_1 C_1 + \alpha_2 C_2 + \alpha_3 C_3 = \left(2\overline{m} + \frac{2\mu}{1-2\mu}nn'\right)G$;

$B = (2m' - 1)G - nn'K = \left[2m' - 1 - \frac{2(1+\mu)}{3(1-2\mu)}nn'\right]G$。

根据广义胡克定律，一个荷载增量作用下的应力增量可表示为：

$$\begin{cases} \Delta\sigma_1 = B_1\Delta\varepsilon_1^e + B_2(\Delta\varepsilon_2^e + \Delta\varepsilon_3^e) & (6\text{-}40a) \\ \Delta\sigma_2 = B_1\Delta\varepsilon_2^e + B_2(\Delta\varepsilon_3^e + \Delta\varepsilon_1^e) & (6\text{-}40b) \\ \Delta\sigma_3 = B_1\Delta\varepsilon_3^e + B_2(\Delta\varepsilon_1^e + \Delta\varepsilon_2^e) & (6\text{-}40c) \end{cases}$$

式中，$\Delta\varepsilon_1^e$、$\Delta\varepsilon_2^e$和$\Delta\varepsilon_3^e$为主应变弹性增量，可表示为：

$$\begin{cases} \Delta\varepsilon_1^e = \Delta\varepsilon_1 - \Delta\varepsilon_1^p & (6\text{-}41a) \\ \Delta\varepsilon_2^e = \Delta\varepsilon_2 - \Delta\varepsilon_2^p & (6\text{-}41b) \\ \Delta\varepsilon_3^e = \Delta\varepsilon_3 - \Delta\varepsilon_3^p & (6\text{-}41c) \end{cases}$$

式中，$\Delta\varepsilon_1$、$\Delta\varepsilon_2$和$\Delta\varepsilon_3$为总主应变增量；$\Delta\varepsilon_1^p$、$\Delta\varepsilon_2^p$和$\Delta\varepsilon_3^p$为塑性主应变增量，可表示为：

$$\begin{cases}\Delta\varepsilon_1^{\mathrm{p}}=\mathrm{d}\lambda\dfrac{\partial g}{\partial\sigma_1} & (6\text{-}42a)\\ \Delta\varepsilon_2^{\mathrm{p}}=\mathrm{d}\lambda\dfrac{\partial g}{\partial\sigma_2} & (6\text{-}42b)\\ \Delta\varepsilon_3^{\mathrm{p}}=\mathrm{d}\lambda\dfrac{\partial g}{\partial\sigma_3} & (6\text{-}42c)\end{cases}$$

式中，$\mathrm{d}\lambda$为塑性变形系数；$g(\sigma_1,\sigma_2,\sigma_3)$为塑性势函数。

新准则的塑性势函数由式(6-6)表示为：

$$g=\tau-\alpha_1'\sigma_1-\alpha_2'\sigma_2-\alpha_3'\sigma_3$$

式中，

$$\tau=\sqrt{\frac{1}{6}\left[(\sigma_1-\sigma_2)^2+(\sigma_2-\sigma_3)^2+(\sigma_3-\sigma_1)^2\right]} \tag{6-43}$$

把式(6-6)代入式(6-42)，并应用式(6-43)整理得到：

$$\begin{cases}\Delta\varepsilon_1^{\mathrm{p}}=\mathrm{d}\lambda\left(\dfrac{2\sigma_1-\sigma_2-\sigma_3}{6\tau}-\alpha_1'\right) & (6\text{-}44a)\\ \Delta\varepsilon_2^{\mathrm{p}}=\mathrm{d}\lambda\left(\dfrac{2\sigma_2-\sigma_3-\sigma_1}{6\tau}-\alpha_2'\right) & (6\text{-}44b)\\ \Delta\varepsilon_3^{\mathrm{p}}=\mathrm{d}\lambda\left(\dfrac{2\sigma_3-\sigma_1-\sigma_2}{6\tau}-\alpha_3'\right) & (6\text{-}44c)\end{cases}$$

把式(6-41)代入式(6-40)，并应用式(6-44)整理得到：

$$\begin{cases}\Delta\sigma_1=\Delta\sigma_1^{\mathrm{Trial}}-G\mathrm{d}\lambda\dfrac{\sigma_1-\sigma_{\mathrm{m}}}{\tau}+B_1\alpha_1'\mathrm{d}\lambda+B_2(\alpha_2'+\alpha_3')\mathrm{d}\lambda & (6\text{-}45a)\\ \Delta\sigma_2=\Delta\sigma_2^{\mathrm{Trial}}-G\mathrm{d}\lambda\dfrac{\sigma_2-\sigma_{\mathrm{m}}}{\tau}+B_1\alpha_2'\mathrm{d}\lambda+B_2(\alpha_3'+\alpha_1')\mathrm{d}\lambda & (6\text{-}45b)\\ \Delta\sigma_3=\Delta\sigma_3^{\mathrm{Trial}}-G\mathrm{d}\lambda\dfrac{\sigma_3-\sigma_{\mathrm{m}}}{\tau}+B_1\alpha_3'\mathrm{d}\lambda+B_2(\alpha_1'+\alpha_2')\mathrm{d}\lambda & (6\text{-}45c)\end{cases}$$

式中，$\Delta\sigma_1^{\mathrm{Trial}}=B_1\Delta\varepsilon_1+B_2(\Delta\varepsilon_2+\Delta\varepsilon_3)$，$\Delta\sigma_2^{\mathrm{Trial}}=B_1\Delta\varepsilon_2+B_2(\Delta\varepsilon_3+\Delta\varepsilon_1)$，$\Delta\sigma_3^{\mathrm{Trial}}=B_1\Delta\varepsilon_3+B_2(\Delta\varepsilon_1+\Delta\varepsilon_2)$，为三个主应力增量的弹性试探值；$\sigma_{\mathrm{m}}=\dfrac{1}{3}(\sigma_1+\sigma_2+\sigma_3)$，为广义正应力。

在一个荷载增量作用下，介质的应力变为：

$$\begin{cases}\sigma_1=\sigma_1^0+\Delta\sigma_1 & (6\text{-}46a)\\ \sigma_2=\sigma_2^0+\Delta\sigma_2 & (6\text{-}46b)\\ \sigma_3=\sigma_3^0+\Delta\sigma_3 & (6\text{-}46c)\end{cases}$$

式中，σ_1^0、σ_2^0和σ_3^0为荷载增量施加前介质的初始应力。

把式(6-45)代入式(6-46)，得到：

$$\begin{cases}\sigma_1 = \sigma_1^{\text{Trial}} - \text{d}\lambda G\dfrac{\sigma_1 - \sigma_{\text{m}}}{\tau} + C_1\text{d}\lambda & \text{(6-47a)}\\ \sigma_2 = \sigma_2^{\text{Trial}} - \text{d}\lambda G\dfrac{\sigma_2 - \sigma_{\text{m}}}{\tau} + C_2\text{d}\lambda & \text{(6-47b)}\\ \sigma_3 = \sigma_3^{\text{Trial}} - \text{d}\lambda G\dfrac{\sigma_3 - \sigma_{\text{m}}}{\tau} + C_3\text{d}\lambda & \text{(6-47c)}\end{cases}$$

式中，$\sigma_1^{\text{Trial}} = \sigma_1^0 + \Delta\sigma_1^{\text{Trial}}$，$\sigma_2^{\text{Trial}} = \sigma_2^0 + \Delta\sigma_2^{\text{Trial}}$，$\sigma_3^{\text{Trial}} = \sigma_3^0 + \Delta\sigma_3^{\text{Trial}}$，为三个主应力的弹性试探值。

由式(6-47)，可得到式(6-11)：

$$\begin{cases}\sigma_1 = \dfrac{\sigma_1^{\text{Trial}}\tau + G\sigma_{\text{m}}\text{d}\lambda + C_1\tau\text{d}\lambda}{\tau + G\text{d}\lambda}\\ \sigma_2 = \dfrac{\sigma_2^{\text{Trial}}\tau + G\sigma_{\text{m}}\text{d}\lambda + C_2\tau\text{d}\lambda}{\tau + G\text{d}\lambda}\\ \sigma_3 = \dfrac{\sigma_3^{\text{Trial}}\tau + G\sigma_{\text{m}}\text{d}\lambda + C_3\tau\text{d}\lambda}{\tau + G\text{d}\lambda}\end{cases}$$

根据式(6-47)，有：

$$\sigma_1 + \sigma_2 + \sigma_3 = \sigma_1^{\text{Trial}} + \sigma_2^{\text{Trial}} + \sigma_3^{\text{Trial}} + 3K\text{d}\lambda(\alpha_1' + \alpha_2' + \alpha_3') \tag{6-48}$$

根据式(6-48)，得到式(6-10a)：

$$\sigma_{\text{m}} = \sigma_{\text{m}}^{\text{Trial}} + Kn'\text{d}\lambda$$

式中，$\sigma_{\text{m}}^{\text{Trial}} = \dfrac{1}{3}(\sigma_1^{\text{Trial}} + \sigma_2^{\text{Trial}} + \sigma_3^{\text{Trial}})$，为广义正应力的弹性试探值。

把式(6-11a)、式(6-11b)和式(6-11c)代入式(6-1)，并应用式(6-10a)得到：

$$\tau^2 + (G\text{d}\lambda - P_{\text{s}} - A\text{d}\lambda - \Phi)\tau - (\sigma_{\text{m}}^{\text{Trial}}n + \Phi)G\text{d}\lambda - nn'KG(\text{d}\lambda)^2 = 0 \tag{6-49}$$

式中，$P_{\text{s}} = \alpha_1\sigma_1^{\text{Trial}} + \alpha_2\sigma_2^{\text{Trial}} + \alpha_3\sigma_3^{\text{Trial}}$。

把式(6-11a)、式(6-11b)和式(6-11c)代入式(6-43)，得到：

$$\begin{aligned}&(\tau^{\text{Trial}})^2 - \frac{2}{3}G\text{d}\lambda[(\alpha_2' + \alpha_3' - 2\alpha_1')\sigma_1^{\text{Trial}} + (\alpha_3' + \alpha_1' - 2\alpha_2')\sigma_2^{\text{Trial}} + (\alpha_1' + \alpha_2' - 2\alpha_3')\sigma_3^{\text{Trial}}]\\ &+\frac{2}{3}G^2(\text{d}\lambda)^2\left[(\alpha_2' - \alpha_1')^2 + (\alpha_3' - \alpha_2')^2 + (\alpha_1' - \alpha_3')^2\right] = (\tau + G\text{d}\lambda)^2\end{aligned} \tag{6-50}$$

式中，$\tau^{\text{Trial}} = \sqrt{\dfrac{1}{6}[(\sigma_1^{\text{Trial}} - \sigma_2^{\text{Trial}})^2 + (\sigma_2^{\text{Trial}} - \sigma_3^{\text{Trial}})^2 + (\sigma_3^{\text{Trial}} - \sigma_1^{\text{Trial}})^2]}$，是广义剪应力的弹性试探值。

整理式(6-50)，得到：

$$\tau^2 + 2G\tau\text{d}\lambda + (1 - 2m')G^2(\text{d}\lambda)^2 + 2Q_{\text{s}}G\text{d}\lambda - (\tau^{\text{Trial}})^2 = 0 \tag{6-51}$$

式中，$Q_{\text{s}} = l_1\sigma_1^{\text{Trial}} + l_2\sigma_2^{\text{Trial}} + l_3\sigma_3^{\text{Trial}}$。

为消去τ^2项，用式(6-49)减去式(6-51)，并整理，得到式(6-10b)：

$$\tau=\frac{\left(\tau^{\text{Trial}}\right)^2+BG(\mathrm{d}\lambda)^2-\left(R_{\mathrm{s}}+P_{\mathrm{s}}+\Phi\right)G\mathrm{d}\lambda}{G\mathrm{d}\lambda+A\mathrm{d}\lambda+\Phi+P_{\mathrm{s}}}$$

式中，$R_{\mathrm{s}}=k_1\sigma_1^{\text{Trial}}+k_2\sigma_2^{\text{Trial}}+k_3\sigma_3^{\text{Trial}}$；其他符号的含义同前。

把式(6-10b)代入式(6-51)，并整理，得到式(6-8)，该式是关于$\mathrm{d}\lambda$的四次方程：

$$L_1(\mathrm{d}\lambda)^4+L_2(\mathrm{d}\lambda)^3+L_3(\mathrm{d}\lambda)^2+L_4\mathrm{d}\lambda+L_0=0$$

该方程中的参数L_1、L_2、L_3、L_4和L_0由式(6-9)表达，已在6.4节中说明。

参考文献

[1]陈慧远.土石坝有限元分析[M].南京:河海大学出版社,1988.

[2] BATHE K J. Finite element procedures [M].Upper Saddle River, New Jersey, USA: Prentice-Hall Inc., 1996.

[3] ARGYRIS J H, KELSEY S. Energy theorems and structural analysis [M]. New York, USA: Plenum Press, 1960.

[4]ZHANG L. A generalized three-dimensional Hoek-Brown strength criterion[J]. Rock mechanics and rock engineering, 2008, 41: 893-915.

[5]COLMENARES L B, ZOBACK M D. A statistical evaluation of intact rock failure criteria constrained by polyaxial test data for five different rocks[J]. International journal of rock mechanics & mining sciences, 2002, 39: 695-729.

[6]LADE P V, DUNCAN J M. Cubical triaxial tests on cohesionless soil[J]. Journal of the soil mechanics and foundations division, ASCE, 1973, 99(SM10): 793-812.

[7]ARTHUR J R F, DUNSTAN T, AL-ANI Q A J L, et al. Plastic deformation and failure in granular media[J]. Geotechnique, 1977, 27(1): 53-74.

[8]OCHIAI H, LADE P V. Three-dimensional behavior of sand with anisotropic fabric[J]. Journal of geotechnical engineering, ASCE, 1983, 109: 1313-1328.

[9]KO H Y, SCOTT R F. Deformation of sand at failure[J]. Journal of the soil mechanics and foundations division, ASCE, 1968, 94(SM4): 883-898.

[10]LAUNAY P, GACHON H. Strain and ultimate strength of concrete under triaxial stress[J]. Proceedings of an international seminar on concrete for nuclear reactors, ACI special publication, 1972, SP-34: 269-282.